Advances in Numerical Mathematics

Thomas Sonar
Mehrdimensionale ENO-Verfahren

Mehrdimensionale ENO-Verfahren

Zur Konstruktion nichtoszillatorischer Methoden für hyberbolische Erhaltungsgleichungen

Von Prof. Dr. rer. nat. Thomas Sonar
Universität Hamburg

B. G. Teubner Stuttgart 1997

Prof. Dr. rer. nat. Dipl.-Ing. Thomas Sonar

Geboren 1958 in Sehnde. Von 1977 bis 1980 Studium des Ingenieurwesens (Maschinenbau) an der FH Hannover, 1980 Diplom (FH). Von 1980 bis 1981 Laboringenieur im Labor für Regelungstechnik der FH Hannover. Von 1981 bis 1987 Studium der Mathematik und Informatik an der Universität Hannover, 1987 Diplom. Als Jungwissenschaftler zunächst von 1987 bis 1989 am Institut für Entwurfsaerodynymik der DFVLR in Braunschweig, dann von 1989 bis 1991 als wiss. Mitarbeiter am Mathematischen Institut A der Universität Stuttgart, 1991 Promotion. Von 1991 bis 1996 „Hausmathematiker" am Institut für Strömungsmechanik der DLR in Göttingen, 1995 Habilitation an der Technischen Hochschule Darmstadt. Seit 1996 Professor für Mathematik an der Universität Hamburg.

Die Deutsche Bibliothek – CIP-Einheitsaufnahme

Sonar, Thomas:
Mehrdimensionale ENO-Verfahren : zur Konstruktion nichtoszillatorischer Methoden für hyperbolische Erhaltungsgleichungen / von Thomas Sonar. – Stuttgart : Teubner, 1997
(Advances in numerical mathematics)

ISBN 978-3-519-02724-9 ISBN 978-3-322-90842-1 (eBook)
DOI 10.1007/978-3-322-90842-1

Einband: Peter Pfitz, Stuttgart

Meinen Söhnen
Konstantin, Alexander und **Philipp**
gewidmet

Vorwort

All we need is to recover.

— K. W. MORTON [103]

Nichtlineare hyperbolische Erhaltungsgleichungen beschreiben fundamentale Prinzipien in der uns umgebenden Natur und bilden die Basis ganzer Wissenschaftszweige. Die Euler-Gleichungen der Gasdynamik sind ein prominentes Beispiel dieser Klasse und nach über 200 Jahren ihres Bekanntwerdens durch Euler ist die Frage nach der Existenz von Lösungen noch offen. Da die numerische Behandlung grundlegend ist für die Numerik der Navier-Stokesschen Gleichungen, die die reibungsbehaftete kompressible Strömung von Fluiden (inklusive der Turbulenz) beschreiben, kommt der Entwicklung und Analysis numerischer Methoden seit einigen Jahrzehnten eine besondere Rolle zu.

Im vorliegenden Buch wird eine moderne Klasse von Algorithmen - die wesentlich nichtoszillatorischen (ENO) Diskretisierungen - auf unstrukturierten Gittern untersucht. Unser Hauptaugenmerk liegt dabei auf dem algorithmisch aufwendigsten Schritt, der über die Qualität einer solchen Methode entscheidet. Es handelt sich dabei um die lokale Rekonstruktion einer Approximation an die Lösung aus gegebenen Zellmitteln. Wir verfolgen die Theorie der Optimalen Rekonstruktion und entwickeln neue Rekonstruktionsalgorithmen unter Verwendung radialer Basisfunktionen, die als Splines in Semi-Hilbert-Räumen gewisse Optimalitätseigenschaften aufweisen.

Die Frage nach der Genauigkeit dieser neuen Rekonstruktion wird, außer in numerischen Experimenten, nicht behandelt. Radiale Basisfunktionen sind nicht polynomreproduzierend und die Fehleranalysis im Interpolationsfall basiert auf technisch aufwendigen Fourier-Techniken. Behandelt man wie hier den Rekonstruktionsfall, dann ist die Übertragung dieser Technik nicht trivial. Es gelang Tim Gutzmer vom Seminar für Angewandte Mathematik der ETH Zürich in [45] erstmals, eine Fehleranalysis im Fall der Rekonstruktion aus Zellmitteln mit Plattensplines durchzuführen. Allerdings gelingt dies nur auf einem cartesischen Gitter und die Übertragung auf Triangulierungen steht aus. Hier ist in der Zukunft noch einiges zu tun.

Ich habe von vielen Seiten große menschliche und fachliche Unterstützung erfahren, für die ich mich herzlich bedanken möchte.

Besonderen Dank verdient mein Freund und Kollege Prof. Dr. Gerald Warnecke aus Magdeburg für seinen anhaltenden und ansteckenden Enthusiasmus und seine Förderung.

Professor K.W. Morton, Ph.D., vom Oxford University Computing Laboratory war der erste, dem die Bedeutung der Theorie der Optimalen Rekonstruktion für die numerische Lösung partieller Differentialgleichungen bewußt war, und die heute als ENO-Verfahren bekannten Methoden basieren auf seinen Ideen zur Optimalen Rekonstruktion. Sein – halb ernsthaft, halb scherzhaft gemeinter – Satz: 'All we need is to recover', war der erste Anstoß, diese Arbeit zu schreiben. Für zahlreiche Anregungen, konstruktive Kritik und wohlwollende Förderung bis heute möchte ich mich herzlich bedanken.

Die Herren Profs. Drs. Robert Schaback von der Universität Göttingen und Peter Rentrop von der TH Darmstadt verdienen ebenfalls besonderen Dank, unter anderem für die Übernahme der Korreferate bei meiner Habilitation. Der erstgenannte hat mich mit der Theorie und seinen Arbeiten zu radialen Basisfunktionen bekannt gemacht und stand mit Rat und Tat zur Seite.

Prof. Dr. Schaback machte mich darauf aufmerksam, daß die hier mit 'Wu-Schaback-Optimalität' bezeichnete endliche Optimalitätseigenschaft keinesfalls eine Erfindung von Wu und Schaback ist, sondern in anderem Zusammenhang in der Approximationstheorie bestens bekannt ist. Er möge mir verzeihen, daß ich dennoch bei meiner ursprünglichen Bezeichnung geblieben bin, denn im Fall der radialen Basisfunktionen ist von Schaback und Wu Pionierarbeit geleistet worden.

Die vorliegende Arbeit entstand in ihren wesentlichen Teilen während meiner Tätigkeit am Institut für Strömungsmechanik der DLR in Göttingen. Meinem damaligen Institutsleiter Herrn Dr.-Ing. Willi Kordulla und meinem früheren Abteilungsleiter Herrn Dr.-Ing. Dieter Schwamborn danke ich herzlich für die Freiheiten, die mir in der Entstehungszeit dieser Arbeit gewährt wurden.

Frau Monika Jampert hat bei kitzligen Fragen im LaTeX-Bereich mit gewohnter Perfektion und Rat und Tat geholfen, wofür ich ihr sehr dankbar bin.

Für spirituellen Ausgleich in letzter Zeit habe ich Herrn Günter Braatz und dem Chor herzlich zu danken.

Ich danke meiner Frau Anke und meinen Söhnen Konstantin, Alexander und Philipp von ganzem Herzen, daß sie die Entstehungszeit dieser Arbeit verständnisvoll überbrückt und liebevoll helfend begleitet haben. Die Hoffnung, daß sich die Menge gemeinsamer Freizeit nach Abschluß dieser Arbeit wieder vergrößern werde, hat sich leider nicht erfüllt.

Ein besonders tief empfundener Dank geht an Herrn Professor Dr. W. Törnig. Durch seine freundliche Unterstützung kam meine Habilitation an der TH Darmstadt zustande und sein steter Zuspruch und sein Vertrauen in meine Arbeit haben mich angespornt, ihn nicht zu enttäuschen. Ich kann nur hoffen, daß mir dieses Ziel mit der vorliegenden Arbeit gelungen ist.

Thomas Sonar Salzhausen, September 1997

Inhalt

Einleitung

Flüssigkeiten gehören in ihrer Beweglichkeit
und geheimnisvollen Vielgestaltigkeit zu denjenigen Naturobjekten,
die den forschenden Geist und die Phantasie
seit Anbeginn des wissenschaftlichen Denkens
unaufhörlich beschäftigen.

— L. LICHTENSTEIN [86]

Finite-Volumen-Verfahren sind die natürlichen diskreten Formulierungen der gasdynamischen Erhaltungsgleichungen und dank ihrer Flexibilität in nahezu allen Bereichen der numerischen Strömungsmechanik einsetzbar. Sie beziehen ihre Flexibilität aus einem Zusammenspiel sowohl von Ideen der Finite-Differenzen-, als auch Finite-Elemente-Verfahren. Wie in den Finite-Elemente-Verfahren verfügt man auch in Finite-Volumen-Methoden über die Darstellung der numerischen Lösung als stückweise polynomiale Funktion, allerdings sind diese Funktionen nicht stetig über dem gesamten Rechengebiet. Der natürliche Funktionenraum für Finite-Volumen-Verfahren sind dabei die stückweise konstanten Funktionen, während die Finite-Elemente-Verfahren sämtliche Räume stückweise polynomialer Funktionen gleichermaßen bedienen. Wie in den Finite-Differenzen-Verfahren wird aber der Evolutionsoperator diskretisiert, was man durch die approximative Lösung lokal eindimensionaler Riemann-Probleme mit Hilfe von numerischen Flußfunktionen bewerkstelligt. Zur Erhöhung der Genauigkeit von Finite-Volumen-Verfahren ist es notwendig, Funktionen mit besseren Approximationseigenschaften zu konstruieren, als es die stückweise konstanten Funktionen aufweisen. Punktwerte dieser Rekonstruktionsfunktionen an den Rändern eines Gitters gehen dann in die Berechnung der räumlichen Diskretisierung ein und erhöhen ihre Genauigkeit. Dieser algorithmische Schritt, der häufig als Rekonstruktion bezeichnet wird, ist der Gegenstand der vorliegenden Arbeit.

Alle bisher bekannten Finite-Volumen-Verfahren verwenden stückweise Polynome zur Rekonstruktion des Wertes $u(\underline{x})$ für ein $\underline{x} \in \mathbf{R}^n$ und eine unbekannte Funktion u, deren Stetigkeit angenommen wird, aus den konstanten Zellmitteln $\mathfrak{A}(Z)u := 1/|Z| \int_Z u\, d\underline{x}$, die auf jeder Zelle Z des Gitters gegeben sind. In der Gasdynamik kann für u der Druck p, die cartesischen Geschwindigkeitskomponenten v_1, v_2 und die Dichte ρ des Fluids gesetzt werden. Jede andere Kombination von Strömungsgrößen, die wieder in den Vektor der konservativen Variablen umgerechnet werden kann, ist ebenfalls denkbar. Um eine Rekonstruktion über einen Verdichtungsstoß hinweg zu vermeiden, was zu heftig oszillierenden Polynomen führen würde, bedient man sich für jede Zelle Z des Rechengitters einer Vielzahl verschiedener Polynome gleichen Grades und wählt dann dasjenige aus, welches das angenehmste Oszillationsverhalten aufweist. Die verschiedenen Polynome gewinnt man, in dem man unterschiedliche Umgebungen der Zelle Z betrachtet und die Polynome somit verschiedenen Richtungen im Rechennetz entsprechen.

Es erscheint mir im Rückblick verblüffend, daß in der Vergangenheit offenbar niemand die Frage nach der Optimalität polynomialer Rekonstruktion im Sinne der Approximationstheorie gestellt hat. Durch den algorithmischen Schritt der Rekonstruktion ist in der numerischen Behandlung der partiellen Differentialgleichungen der approximationstheoretische Teil deutlich hervorgetreten. Erstaunlicherweise ist die Theorie zur Beurteilung der polynomialen Rekonstruktion sogar bereits seit mehreren Jahren (eigentlich schon: Jahrzehnten) vorhanden und hat nur darauf gewartet, auf das Problem der optimalen Rekonstruktion angewendet zu werden. Diese Theorie der *optimal recovery*, von Golomb und Weinberger 1959 begründet und von Sard, Larkin, Micchelli und Rivlin ausgebaut ([44], [121], [77], [96], [97], [98]), bedient sich abstrakter funktionalanalytischer Mittel, um die Rekonstruktion des Bildes linearer Funktionale aus den Bildern anderer Funktionale optimal zu rekonstruieren. In dem uns interessierenden Fall ist der Wert $u(\underline{x})$ natürlich nichts anderes als das Bild des Funktionals $\delta_{\underline{x}}$, die bekannten Daten – die Information – sind Bilder des Funktionals $\mathfrak{A}(Z)$ für eine Menge von Zellen Z. In dieser Arbeit führen wir erstmalig die Theorie der optimalen Rekonstruktion mit der numerischen Lösung hyperbolischer Erhaltungsgleichungen durch Finite-Volumen-Methoden zusammen. Es ergibt sich dabei nicht nur eine natürliche Interpretation der polynomialen Rekonstruktion, sondern wir entdecken in den radialen Basisfunktionen eine ganze Klasse optimaler Rekonstruktionen in Semi-Hilbert-Räumen mit reproduzierendem Kern, in dem wir die abstrakte Theorie der Splines nach Laurent mit der Theorie der optimalen Rekonstruktion verbinden.

Die Arbeit hat folgenden Aufbau: Im ersten Kapitel geben wir den theoretischen Hintergrund der uns interessierenden Differentialgleichungen an. Dabei wird besonderer Wert auf die Gleichungen der Gasdynamik gelegt, deren spezielle Eigenschaften beschrieben werden. Das zweite Kapitel liefert die Definition und eine Analysis der Genauigkeit von Finite-Volumen-Verfahren. Wir unterscheiden dabei zwischen Primärnetzmethoden, die direkt auf den Dreiecken einer Triangulierung arbeiten, und Sekundärnetzmethoden, die auf einer dualen Partition einer Triangulierung definiert sind. Die Herleitung der Finite-Volumen-Verfahren über eine Evolutionsgleichung der Zellmittel der schwachen Lösungen ist wohl neu. Ebenso ist die Analysis der Genauigkeit solcher Methoden in der hier vorliegenden Form meines Wissens nach noch nicht erfolgt. Um bekannte Phänomene der Suprakonvergenz zu vermeiden (Konvergente Methoden können inkonsistent im Sinne des Abschneidefehlers sein), basiert unser Genauigkeitsbegriff nur auf der Güte einer Quadraturregel und der Approximationseigenschaft der Rekonstruktion. Durch die Analyse der Genauigkeit wird die Rekonstruktion glatter Funktionen aus den bekannten Zellmitteln motiviert.
Im dritten Kapitel diskutieren wir polynomiale Rekonstruktionen. Dabei wird die Rekonstruktion bereits konsequent aus der Sicht der Theorie der optimalen Rekonstruktion (*optimal recovery*) beschrieben. Wir stellen den Knotenwähler als wichtigen algorithmischen Bestandteil eines jeden Rekonstruktionsverfahrens vor und beweisen eine Strategie zur polynomialen Rekonstruktion von Polynomen (theoretisch) beliebigen Grades. Zur Dokumentation der diskutierten Algorithmen wird ein Anfangswertproblem für eine lineare Advektionsgleichung mit einem Finite-Volumen-Verfahren gelöst, in das verschiedene Rekonstruktionen implementiert sind. Neben bekannten Verfahren werden neue Rekonstruktionen vorgestellt. Alle Algorithmen werden dann auf die gasdynamischen Bewegungsgleichungen übertragen, und es werden Beispielrechnungen angegeben. Mit dem DLR-τ-Code, den ich während meiner Tätigkeit am Institut für Strömungsmechanik der DLR entworfen habe, wird eine Sekundärnetzmethode vorgestellt, die mit polynomialer Rekonstruktion arbeitet.
Kapitel vier ist der Theorie der optimalen Rekonstruktion gewidmet. Die in der Literatur verstreuten Ergebnisse von Micchelli und Rivlin, Golomb und Weinberger, sowie Traub und Woźniakowski werden hier erstmalig in einheitlicher Form präsentiert und in den Problemkreis der Rekonstrukti-

on aus Zellmitteln eingebettet. Besonderes Interesse wird der Rekonstruktion in Hilbert-Räumen eingeräumt. Mit Hilfe dieser Theorie interpretieren wir dann die polynomiale Rekonstruktion als triviale Klasse von Algorithmen. Polynomiale Rekonstruktionen sind nur dann optimal, wenn stark einschränkende Bedingungen erfüllt werden. Sehr intensiv gehen wir auf Splines ein. Der abstrakte Spline[1] wird als optimale Rekonstruktion in Hilbert-Räumen erkannt. Wir verbinden die Theorie der Splines mit einer Arbeit von Laurent [79] über quadratische konvexe Funktionale in Semi-Hilbert-Räumen und sind dadurch in der Lage, die genaue Repräsentation einer optimalen Rekonstruktion mit Hilfe des Semi-Kernes des Funktionenraums anzugeben. Die Darstellung dieser Zusammenhänge ist sicher neu.
Auf der Suche nach nicht-trivialen optimalen Rekonstruktionen bin ich auf Meinguets Plattenspline gestoßen ([93]), da dieser das mehrdimensionale Analogon zum kubischen Spline darstellt, wenn man das Interpolationsproblem betrachtet. Im fünften Kapitel wird die Theorie des Plattensplines für das Rekonstruktionsproblem entwickelt. Es stellt sich heraus, daß dieser Spline eine optimale Rekonstruktion im Beppo-Levi-Raum darstellt. Wir entwickeln eine numerisch anwendbare Rekonstruktion und zeigen an numerischen Experimenten, daß der Plattenspline in der Tat hervorragende Rekonstruktionseigenschaften aufweist. Im Fall der gasdynamischen Bewegungsgleichungen zeigen sich allerdings auch die Nachteile, denn der Plattenspline neigt zu Schwingungen und führt zu negativen Werten von Dichte und Druck. Allerdings gelingt der Nachweis der Machbarkeit einer Finite-Volumen-Methode mit einer auf Plattensplines basierenden Rekonstruktion. Die vorgestellte Theorie sowie die numerischen Verfahren und ihre Ergebnisse sind bisher ebenfalls unveröffentlicht.
Folgt man der Interpolationstheorie mit radialen Funktionen (und der Plattenspline ist ein Vertreter dieser Klasse) so gelangt man zu den Arbeiten von Madych und Nelson ([89], [90]) über die Konstruktion spezieller Semi-Hilbert-Räume. Wir übertragen wichtige Begriffe dieser Theorie auf den Rekonstruktionsfall und beweisen, daß die bedingt positiv $\mathfrak{A}$-definiten radialen Basisfunktionen – eine in Kapitel fünf von uns definierte Klasse von Funktionen – optimale Rekonstruktionen in ihren zugehörigen Semi-Hilbert-Räumen sind. Durch eine neue Arbeit von Weinrich [157], die sich ebenfalls dem Interpolationsproblem widmet, sind wir sogar in der Lage, diese Semi-

[1] Wir bezeichnen als Spline **nur** solche Funktionen, die eine Norm (Seminorm) in einem Banachraum minimieren. Es sind also **nicht** beliebige, stückweise polynomiale Funktionen gemeint, obwohl unser Begriff des Splines in einer Raumdimension mit dem klassischen Spline zusammenfällt!

Hilbert-Räume genau zu charakterisieren. Dabei eröffnet sich ein faszinierender Blick auf die innere (funktionalanalytische) Struktur der Rekonstruktion in solchen Funktionenräumen.
Zum Nachweis der numerischen Machbarkeit solcher Rekonstruktionen im Rahmen von Finite-Volumen-Verfahren bringen wir Ergebnisse für eine lineare Advektionsgleichung, sowie für die Euler-Gleichungen der Gasdynamik.
Neuere Arbeiten von Wu und Schaback [163] sowie Handscomb [48] haben ein weiteres, endlichdimensionales Optimalitätsprinzip bei der Interpolation mit radialen Basisfunktionen aufgedeckt. Wir zeigen, daß sich diese Optimalität tatsächlich auf den Rekonstruktionsfall überträgt. Diese Wu-Schaback-Optimalität für radiale Rekonstruktionen ist sogar äquivalent zu dem klassischen Optimalitätsbegriff in der Theorie der optimalen Rekonstruktion, was wir am Ende von Kapitel fünf beweisen. Die gesamte hier geschilderte Theorie der radialen Rekonstruktion, die wir in Kapitel fünf darstellen, ist bisher unveröffentlicht und neu.
Alle radialen Rekonstruktionsalgorithmen leiden an einem ihnen gemeinsamen Nachteil: Sämtliche radialen Rekonstruktionen sind global, d.h. auf dem gesamten $\mathbf{R}^2$ definiert. Da wir Rekonstruktionen auf den Zellen eines Rechengitters verwenden, konstruieren wir diese globalen Funktionen aus wenigen lokalen Daten. Dann wird die Rekonstruktion künstlich auf die Zelle des Rechengitters heruntergeschnitten. Durch diesen Konstruktionsprozeß treten notorisch schwingende Rekonstruktionen auf. Man kann durch eine verbesserte Knotenwahl zur Rekonstruktion dieses Problem zwar beseitigen, allerdings sind die Kosten (Rechenzeit und Speicherbedarf) der in dieser Arbeit dargestellten radialen Rekonstruktionen bereits so hoch, daß sich dann ihre praktische Verwendung nahezu verbietet. Eine weitere Aufwandserhöhung wäre nicht erträglich. Einen Ausweg aus dieser Situation wären radiale Rekonstruktionen mit kompaktem Träger. Es gelang Schaback und H. Wendland [123] in Göttingen, solche Funktionen als Faltungen charakteristischer Funktionen auf euklidischen Kugeln zu konstruieren. Kapitel sechs ist der Darstellung ihres 'Euklidischen Hutes' gewidmet, umfaßt aber auch schon die Darstellung glatterer radialer Funktionen mit kompaktem Träger, die deutlich verbesserte Approximationseigenschaften bezüglich der Rekonstruktion aufweisen. Diese Funktionen sind – für den Fall der Interpolation – von Wu während eines Gastaufenthaltes am Institut für Numerische und Angewandte Mathematik der Universität Göttingen vor wenigen Wochen konstruiert worden. Ihr Einsatz im Bereich der optimalen Rekonstruktion

ist daher ebenfalls neu und liefert überraschend gute Ergebnisse.
Kapitel sechs soll diese Arbeit beschließen, aber auch als Ausblick verstanden werden. Radiale Rekonstruktionen mit kompaktem Träger werden ganz sicher eine große Rolle in der Zukunft der optimalen Rekonstruktion spielen. Im Erkennen ihrer Eigenschaften wie auch bei ihrer Konstruktion stehen wir erst am Anfang der Entwicklung.

Die vorliegende Arbeit vereint erstmals scheinbar disjunkte Gebiete. Die (approximationstheoretische) Theorie der optimalen Rekonstruktion wird als Analyse-Werkzeug für Finite-Volumen-Methoden zur numerischen Lösung hyperbolischer Erhaltungsgleichungen entwickelt. Parallel dazu fließt die Theorie der radialen Basisfunktionen ein, in der sich die idealen Objekte für die Rekonstruktion finden. Obwohl diese Kombination von Ideen zu einer abgerundeten, in sich geschlossenen Theorie führt, darf man einen wichtigen Mangel nicht übersehen: Wir wissen nicht, ob die von uns zur Rekonstruktion verwendeten Funktionenräume irgendeinen Bezug zu denjenigen Funktionenräumen aufweisen, in denen wir Lösungen der Euler-Gleichungen finden. Dieser wichtige Punkt ist keine spezielle Kritik an den radialen Rekonstruktionen, da er ja auch auf polynomiale Rekonstruktionen zutrifft, trotzdem sollte man sich über diesen wichtigen Punkt im klaren sein.
In wie weit die radialen Basisfunktionen mit kompaktem Träger das überlegene Konzept bei der Rekonstruktion darstellen, muß die Zukunft zeigen. Ihre Konstruktion und Analysis hat gerade erst begonnen und ihre Anwendung auf das Rekonstruktionsproblem würde sicher eine Arbeit gleichen Umfangs füllen können.

Obwohl die Euler-Gleichungen als Bewegungsgleichungen der Gasdynamik und ihre numerische Lösung im Mittelpunkt unseres Interesses stehen, ist die vorliegende Arbeit doch rein mathematisch orientiert! Wollte man eine auch nur annähernd befriedigende Auswahl an möglichen Rekonstruktionen numerisch testen und beurteilen, dann wäre man allein mit den polynomialen Algorithmen überfordert. Zur Zeit erleben wir eine Flut von Publikationen, in der polynomiale Rekonstruktionen vorgestellt und numerisch getestet werden. Da diese polynomialen Algorithmen bereits teuer sind, ist als neues, aus der Theorie der Wavelets stammende, Schlagwort die Multiresolutionsanalyse ins Spiel gekommen. Hierbei versucht man, ein numerisch berechnetes Strömungsfeld mit Hilfe geeigneter Indikatorfunktionen zu untersuchen, die Auskunft über Lokalisierung und Stärke der Unstetigkeiten geben. In Bereichen, in denen die numerische Lösung glatt ist, kann eine einfache, 'billige' Rekonstruktion eingesetzt werden (u.U. ohne Knotenwahl), während in der

Umgebung von Unstetigkeiten aufwendigere Rekonstruktionen für eine gute Auflösung der Phänomene verwendet werden könnten. Ami Harten, von dem diese Idee i.w. stammt (siehe [53]), schätzte den Geschwindigkeitsgewinn eines solchen Algorithmus' auf einen Faktor 10 bis 100 im Vergleich zu konventionellen polynomialen Rekonstruktionsmethoden. Ob sich in der Multiresolutionsanalyse der Schlüssel zur rapiden Beschleunigung optimaler Rekonstruktionen mit radialen Funktionen findet, bleibt in zukünftigen Arbeiten zu klären, die sich mehr mit den Aspekten des wissenschaftlichen Rechnens befassen.

Ein paar Bemerkungen zu einigen Eigenheiten: Die notorische Beschränkung auf zwei Raumdimensionen mag dem Mathematiker als lästig erscheinen und wirft die Frage auf, in wie weit sich die Ergebnisse dieser Arbeit auf höherdimensionale Fälle übertragen lassen. Ich habe mich auf den $\mathbf{R}^2$ konzentriert, da ich nur für diesen Fall numerische Resultate zeigen konnte. Alle mathematischen Ergebnisse in dieser Arbeit sind uneingeschränkt n-dimensional für jedes $n \in \mathbf{N}$. Dort, wo die Angabe einer Formel für allgemeines $n \in \mathbf{N}$ wichtig ist (z.B. bei der Beschreibung der Schaback-Wendland-Funktion), befindet sich jeweils ein expliziter Hinweis.

Skalare sind konsequent gar nicht, Vektoren sind einfach und Matrizen doppelt unterstrichen. Diese Notation geht einher mit der syntaktischen Verwendung des zentrierten Punktes: Ist $\underline{x} \in \mathbf{R}^n$, $\underline{\underline{A}} \in \mathbf{R}^{n \times n}$, dann ist

$$\underline{\underline{A}}\,\underline{x} = \begin{bmatrix} a_{11} & \cdots & a_{1n} \\ \vdots & \ddots & \vdots \\ a_{n1} & \cdots & a_{nn} \end{bmatrix} \begin{bmatrix} x_1 \\ \vdots \\ x_n \end{bmatrix} = \begin{bmatrix} \sum_{i=1}^n a_{1i} x_i \\ \vdots \\ \sum_{i=1}^n a_{ni} x_i \end{bmatrix},$$

aber

$$\underline{x} \cdot \underline{\underline{A}} = [x_1, \cdots, x_n] \begin{bmatrix} a_{11} & \cdots & a_{1n} \\ \vdots & \ddots & \vdots \\ a_{n1} & \cdots & a_{nn} \end{bmatrix} = \left[\sum_{i=1}^n a_{i1} x_i, \cdots, \sum_{i=1}^n a_{in} x_i \right].$$

Demnach ist für $\underline{x}, \underline{y} \in \mathbf{R}^n$ die Größe $\underline{x} \cdot \underline{y}$ gerade das Skalarprodukt.

In der Bezeichnung der Funktionenräume habe ich stets Pedanterie einer simplifizierten Darstellung vorgezogen. So ist der Raum der stetigen Funktionen vom $\mathbf{R}^2$ in den $\mathbf{R}$ stets mit $C(\mathbf{R}^2; \mathbf{R})$ bezeichnet. Dualräume sind (wie üblich) durch Anbringung des Striches $'$ gekennzeichnet.

1 Hyperbolische Erhaltungsgleichungen

1.1 Schwache Lösungen

Im folgenden bezeichne $\mathbf{R} \ni t \geq 0$ stets die Koordinatenrichtung der Zeit und $\mathbf{R}^2 \ni \underline{x} = (x_1, x_2)$ die räumlichen Koordinaten eines Punktes. Es sei

$$D := \{(\underline{x}, t) \in \mathbf{R}^2 \times \mathbf{R}_0^+\}$$

und $S \subset \mathbf{R}^d$, $d \in \mathbf{N}$, eine offene Menge, die Zustandsraum heißt. Die Abbildungen

$$S \ni \underline{s} \overset{\underline{f}_j}{\longmapsto} \underline{f}_j(\underline{s}) := \left(f_j^1(\underline{s}), \ldots, f_j^d(\underline{s})\right) \in \mathbf{R}^d, j = 1, 2$$

mit $\underline{f}_j \in C^1(S; \mathbf{R}^d)$ heißen Flußfunktionen. Mit diesen Notationen lassen sich die uns interessierenden Systeme von partiellen Differentialgleichungen einführen.

Definition 1.1 Ein System partieller Differentialgleichungen der Form

$$\partial_t \underline{u} + \partial_{x_1} \underline{f}_1(\underline{u}) + \partial_{x_2} \underline{f}_2(\underline{u}) = \underline{0} \tag{1.1}$$

heißt System von Erhaltungsgleichungen (konservatives System) in zwei Raumdimensionen für einen gesuchten Funktionenvektor

$$D \ni (\underline{x}, t) \overset{\underline{u}}{\longmapsto} \underline{u}(\underline{x}, t) \in S.$$

Systeme von Erhaltungsgleichungen lassen sich kanonisch in die Klasse der quasilinearen Systeme einordnen. Bezeichnen wir mit

$$\nabla_{\underline{u}} \underline{f}_j := \begin{bmatrix} \partial_{u_1} f_j^1 & \cdots & \partial_{u_d} f_j^1 \\ \vdots & \ddots & \vdots \\ \partial_{u_1} f_j^d & \cdots & \partial_{u_d} f_j^d \end{bmatrix}$$

die Jacobi-Matrix der Flußfunktion $\underline{f}_j$, so gilt offenbar

Lemma 1.1 *Mit* $\underline{\underline{A}}_j(\underline{u}) := \nabla_{\underline{u}} \underline{f}_j(\underline{u}), j = 1, 2,$ *sind Systeme von Erhaltungsgleichungen* (1.1) *spezielle Systeme quasilinearer Differentialgleichungen*

$$\partial_t \underline{u} + \underline{\underline{A}}_1(\underline{u})\partial_{x_1}\underline{u} + \underline{\underline{A}}_2(\underline{u})\partial_{x_2}\underline{u} = \underline{0}. \tag{1.2}$$

Nimmt man o.B.d.A. an, daß $\underline{f}_j(\underline{0}) = \underline{0}$ für $j = 1, 2$ gilt und betrachtet man Lösungen mit $\lim_{|\underline{x}|\to\infty} |\underline{u}| = 0$, so folgt nach Integration von (1.1) über die Raumvariablen

$$\int_{\mathbf{R}^2} \partial_t \underline{u}\, d\underline{x} = \underline{0},$$

also $\int_{\mathbf{R}^2} \underline{u}(\underline{x}, t)\, d\underline{x} = \int_{\mathbf{R}^2} \underline{u}(\underline{x}, 0)\, d\underline{x}$ für alle $t > 0$. Das Integral der Lösung eines Systems von Erhaltungsgleichungen bleibt also zeitlich konstant (was den Namen erklärt).

Cauchy-Probleme für lineare Systeme partieller Differentialgleichungen sind dann sachgemäß gestellt, wenn die Systeme hyperbolisch sind. Wir betrachten im folgenden nur solche Systeme von Erhaltungsgleichungen, die hyperbolisch im Sinne der folgenden Definition sind.

Definition 1.2 Das System (1.1) heißt hyperbolisch, wenn die Matrix

$$\underline{\underline{A}}(\underline{u}, \underline{\nu}) := \nabla_{\underline{u}} \underline{f}_1(\underline{u})\nu_1 + \nabla_{\underline{u}} \underline{f}_2(\underline{u})\nu_2$$

für alle Zustände $\underline{u} \in S$ und alle $\underline{\nu} \in \mathbf{R}^2$ d reelle Eigenwerte

$$\lambda_1(\underline{u}, \underline{\nu}) \le \lambda_2(\underline{u}, \underline{\nu}) \le \ldots \le \lambda_d(\underline{u}, \underline{\nu})$$

sowie d linear unabhängige Eigenvektoren $\underline{r}_k, k = 1, \ldots, d$, definiert durch

$$\underline{\underline{A}}(\underline{u}, \underline{\nu})\underline{r}_k(\underline{u}, \underline{\nu}) = \lambda_k(\underline{u}, \underline{\nu})\underline{r}_k(\underline{u}, \underline{\nu})$$

besitzt.

Hyperbolizität erscheint nach Majda [88] als Folgerung einer allgemeinen Struktur, der zahlreiche partielle Differentialgleichungen der mathematischen Physik gehorchen. Diese Struktur ist die simultane Symmetrisierbarkeit der Jacobi-Matrizen, d.h. für alle $\underline{u} \in S$ gibt es eine symmetrische, positiv-definite Matrix $\underline{\underline{\hat{A}}}(\underline{u})$, so daß

$$c\underline{\underline{E}} \leq \underline{\underline{\hat{A}}}(\underline{u}) \leq \frac{1}{c}\underline{\underline{E}}, \quad \underline{\underline{\hat{A}}} = \underline{\underline{\hat{A}}}^T$$

mit einer für $\underline{u} \in S_1$, $\overline{S_1} \subset\subset S$ gültigen Konstante c, und

$$\underline{\underline{\hat{A}}}(\underline{u}) \nabla_{\underline{u}} \underline{f}_i(\underline{u}) = \underline{\underline{\hat{A}}}_i(\underline{u}) \text{ mit } \underline{\underline{\hat{A}}}_i(\underline{u}) = \underline{\underline{\hat{A}}}_i^T(\underline{u}) \text{ für } i = 1,2$$

gilt. Die Symmetrisierungsmatrix ist im allgemeinen nicht eindeutig bestimmt. Es wird sich zeigen, daß die Hesse-Matrix der noch einzuführenden Entropiefunktion eine Symmetrisierungsmatrix darstellt.

Nimmt man die eben beschriebene Struktur der Systeme als gegeben an, so läßt sich mit Hilfe der Friedrichsschen Energiebeziehung und Gronwalls Lemma der Nachweis erbringen, daß das um einen konstanten Zustand linearisierte System zu einem sachgemäß gestellten Problem führt.

Klassische Lösungen des Cauchy-Problems für (1.1), also stetig differenzierbare Funktionen, die das System (1.1) erfüllen und für die

$$\underline{u}(\underline{x}, 0) = \underline{u}_0(\underline{x}) \; ; \underline{x} \in \mathbf{R}^2$$

gilt, existieren nur für kleine Zeiten. Ein sehr allgemeiner Existenzsatz wird von Majda [88] bewiesen, den wir hier zitieren.

Satz 1.1 *Es sei* $\underline{u}_0 \in W^{s,2}(\mathbf{R}^2; S)$ *mit* $s > 2$ *und* $\underline{u}_0(\underline{x}) \in S_1 \subset\subset S$ *für alle* $\underline{x} \in \mathbf{R}^2$. *Dann existiert ein Zeitintervall* $[0, t^\star]$, $t^\star > 0$, *so daß das Cauchy-Problem für* (1.1) *eine eindeutig bestimmte, klassische Lösung* $\underline{u} \in C^1(\mathbf{R}^2 \times [0, t^\star]; S)$ *besitzt. Für diese Lösung gilt* $\underline{u}(\underline{x}, t) \in S_2 \subset\subset S$ *für alle* $(\underline{x}, t) \in \mathbf{R}^2 \times [0, t^\star]$ *und* $\underline{u} \in C\left([0, t^\star], W^{s,2}(\mathbf{R}^2; S)\right) \cap C^1\left([0, t^\star], W^{s-1,2}(\mathbf{R}^2; S)\right)$. *Die kritische Zeit* $t^\star$ *hängt dabei sowohl von* $\|\underline{u}_0\|_{W^{s,2}(\mathbf{R}^2;S)}$ *als auch von* S_1 *ab.*

Ein interessantes Resultat über das Verhalten von klassischen Lösungen bei Erreichen einer kritischen Zeit $t^\star$ findet sich ebenfalls bei Majda [88].

Satz 1.2 *Es sei $\underline{u}_0 \in W^{s,2}(\mathbf{R}^2; S)$. Für $s > 2$ ist das Zeitintervall $[0, t^\star]$ mit $t^\star < \infty$ ein maximales Intervall klassischer Lösungen von (1.1) dann und nur dann, wenn entweder*

$$\overline{\lim_{t \uparrow t^\star}} \left(|\partial_t \underline{u}|_{L^\infty(D;S)} + \sum_{|\underline{\alpha}|=1} |\partial^{\underline{\alpha}} \underline{u}|_{L^\infty(D;S)} \right) = \infty \tag{1.3}$$

gilt, oder es für jedes Kompaktum $K \subset\subset S$ ein $\tilde{\underline{x}} \in \mathbf{R}^2$ gibt, für das

$$\lim_{t \uparrow t^\star} \underline{u}(\tilde{\underline{x}}, t) \notin K$$

gilt. Dabei ist $\underline{\alpha} := (\alpha_1, \alpha_2)$ ein Multiindex und $\partial^{\underline{\alpha}} := \partial_{x_1}^{\alpha_1} \partial_{x_2}^{\alpha_2}$.

Im Rahmen der Theorie hyperbolischer Erhaltungsgleichungen besonders interessant ist der in (1.3) beschriebene Zusammenhang, da es sich hierbei um die Entstehung von Stößen handelt. Solche Unstetigkeiten korrespondieren zu dem Phänomen der Verdichtungsstöße in den gasdynamischen Bewegungsgleichungen und sind daher als natürliche physikalische Phänomene zu betrachten. Zu ihrer Beschreibung führen wir den Begriff der schwachen Lösung ein.

Definition 1.3 Es sei $\underline{u}_0 \in \left[L^\infty \cap L^1\right](\mathbf{R}^2; S)$. Dann heißt eine Abbildung

$$\underline{u} \in \left[L^\infty \cap L^1\right](D; S)$$

schwache Lösung des Cauchy-Problems zu (1.1), wenn

$$\int_D \left\{ \underline{u} \cdot \partial_t \underline{\Phi} + \sum_{i=1}^{2} \underline{f}_i(\underline{u}) \cdot \partial_{x_i} \underline{\Phi} \right\} d\underline{x}\, dt + \int_{\mathbf{R}^2} \underline{u}_0(\underline{x}) \cdot \underline{\Phi}(\underline{x}, 0)\, d\underline{x} = \underline{0}$$

für alle Testfunktionen $\underline{\Phi} \in C_0^1(D; \mathbf{R}^d)$ gilt.

In einem mehr funktionalanalytisch orientierten Zugang (vergleiche [155]) erscheint es für beliebige Systeme fraglich, ob schwache Lösungen im oben definierten Sinne existieren. Wir nehmen hier einen naiven Standpunkt ein und nehmen stets an, daß glatte Bereiche der Lösung nur durch niederdimensionale Unstetigkeiten unterbrochen werden. Im Hinblick auf die Anwendungen in der numerischen Strömungsmechanik erscheint dieser naive Standpunkt gerechtfertigt.

In der Gasdynamik gelten Sprungbedingungen – die sogenannten Rankine-Hugoniot-Bedingungen – der beteiligten Variablen über Unstetigkeiten hinweg. Es ist leicht zu zeigen, daß diese Sprungbedingungen äquivalent zur obigen Definition der schwachen Lösung sind. Allgemein gilt der folgende Satz.

Satz 1.3 *Es sei* $\underline{u}$ *eine stückweise stetig differenzierbare Lösung eines Systems* (1.1). *In* D *sei* γ *eine stetig differenzierbare Hyperfläche, längs der* $\underline{u}$ *eine Unstetigkeit aufweist. Die einseitigen Limiten an* γ *seien* $\underline{u}_l$ *und* $\underline{u}_r$ *und* $\underline{n} = (n_t, n_1, n_2)$ *bezeichne die Einheitsnormale an* γ. *Dann gilt die Sprungbedingung (Rankine-Hugoniot-Bedingung)*

$$\forall(\underline{x}, t) \in \gamma: \quad n_t\,(\underline{u}_l - \underline{u}_r) + \sum_{i=1}^{2} n_i \left(\underline{f}_i(\underline{u}_l) - \underline{f}_i(\underline{u}_r)\right) = \underline{0}.$$

Schwache Lösungen können auch über andere Definitionen als Definition 1.3 eingeführt werden. Wir interessieren uns in diesem Zusammenhang besonders für eine integrale Formulierung der Erhaltungsgleichungen, die direkt aus der Gasdynamik stammt. Morrey [102] hat gezeigt, daß diese integrale Formulierung äquivalent ist zu der in Definition 1.3 angegebenen Beschreibung schwacher Lösungen. Eine sehr schöne Darstellung der Morreyschen Resultate für skalare, eindimensionale Erhaltungsgleichungen findet man in der Diplomarbeit von Mittnacht [99]. Für Systeme in mehreren Raumdimensionen kann auch die Arbeit von Bruhn [17] dienen, in der noch schwächere Voraussetzungen an die beteiligten Integrationsgebiete gestellt werden als hier. Wir benötigen den Begriff des Kontrollvolumens.

Definition 1.4 Eine beschränktes Gebiet $Z \subset \mathbf{R}^2$ heißt Kontrollvolumen, wenn der Rand $\partial Z = \overline{Z} \backslash Z$ lokal Lipschitz-stetig ist.

Verallgemeinerungen dieser Definition sind möglich. Die Forderung nach der lokalen Lipschitz-Stetigkeit rührt von der Anwendbarkeit des Gaußschen Integralsatzes her, wie wir gleich sehen werden. Denkt man an Verallgemeinerungen dieses Satzes – wie etwa den Satz von Gauß-Green-Federer in der geometrischen Maßtheorie [37], bei dem selbst fraktale Ränder betrachtet werden können – so sind nahezu beliebig berandete Kontrollvolumina denkbar. In unserem Zusammenhang mit der Gasdynamik spielen nur polygonal berandete Kontrollvolumina eine Rolle.

Wir geben nun die zu Definition 1.3 äquivalente Definition.

Definition 1.5 Eine Abbildung $\underline{u} \in BV([0,t^*]; L^\infty \cap L^1(\mathbf{R}^2; S))$ heißt schwache Lösung des Systems (1.1), wenn

$$\frac{d}{dt}\int_Z \underline{u}\, d\underline{x} + \int_{\partial Z} \sum_{i=1}^{2} \underline{f}_i(\underline{u}) n_i \, ds = \underline{0}$$

für alle Kontrollvolumina Z gilt. Dabei bezeichnet $\underline{n} = (n_1, n_2)$ die äußere Einheitsnormale an ∂Z.

Formal folgt diese Definition aus der Multiplikation von (1.1) mit Testfunktionen

$$\chi_Z(t) = \begin{cases} 1 \ , \ (\underline{x}, t) \in Z \times [t, t+\Delta t] \\ 0 \ , \ \text{sonst} \end{cases} ,$$

die nur in einem Raum-Zeit-Prisma von Null verschieden sind. Integration über D liefert dann

$$\int_{[t,t+\Delta t]\times Z} \partial_t \underline{u}\, dt\, d\underline{x} + \int_{[t,t+\Delta t]\times Z} \sum_{i=1}^{2} \underline{f}_i(\underline{u})\, d\underline{x}\, dt = \underline{0}.$$

Ausführen der Zeitintegration und Anwendung des Gaußschen Satzes führt auf

$$\int_Z (\underline{u}(\underline{x}, t+\Delta t) - \underline{u}(\underline{x}, t))\, d\underline{x} + \int_t^{t+\Delta t} \int_{\partial Z} \sum_{i=1}^{2} \underline{f}_i(\underline{u}) n_i \, ds = \underline{0}.$$

Division durch Δt und (formales) Bilden des Limes $\Delta t \to 0$ liefert dann (1.5).

Die Form (1.5) ist nicht nur die kanonische Form für die Gleichungen der Gasdynamik, sondern betont auch den evolutionären Charakter der Systeme und ist die Grundlage aller Finite-Volumen-Verfahren, mit denen wir uns beschäftigen wollen.

Die Definition der schwachen Lösung ist natürlich eine echte Erweiterung des klassischen Lösungsbegriffes, d.h. eine stetig differenzierbare Lösung ist eine klassische Lösung und jede klassische Lösung ist eine schwache Lösung.

Die Klasse der schwachen Lösungen ist zu groß, um Eindeutigkeit zu garantieren. Tatsächlich lassen sich bereits triviale Beispiele konstruieren, in denen Kontinua von schwachen Lösungen auftreten ([135]). In der Physik werden kontinuumsmechanische Prozesse durch den zweiten Hauptsatz der Thermodynamik ausgewählt, nach dem eine Zustandsgröße, die Entropie, den Verlust an Information im Verlauf einer Änderung anderer Zustandsgrößen mißt. Hat man den Begriff der Information wohldefiniert, dann wird eine Zustandsänderung als physikalisch richtig akzeptiert, wenn die Menge an Information während der Zustandsänderung nicht zunimmt. Nimmt diese Informationsmenge ab, so spricht man von einer irreversiblen Zustandsänderung, anderenfalls verläuft die Zustandsänderung reversibel. Lax gibt in [80] eine schöne Interpretation des Informationsbegriffes im Kontext hyperbolischer Erhaltungsgleichungen.

Wir führen hier eine abstrakte Entropie ein. Die Motivation ergibt sich aus dem eben gesagten wie folgt: Die Entropie soll für glatte Lösungen erhalten bleiben, bei unstetigen Lösungen soll sie sich nur in einer Richtung ändern.

Definition 1.6 Eine konvexe Funktion

$$S \ni \underline{u} \stackrel{\eta}{\longmapsto} \eta(\underline{u}) \in \mathbf{R}$$

heißt Entropie(funktion). Funktionen

$$S \ni \underline{u} \stackrel{q_i}{\longmapsto} q_i(\underline{u}) \in \mathbf{R}, \quad i = 1, 2$$

heißen Entropieflüsse, wenn

$$\nabla_{\underline{u}} \eta(\underline{u}) \cdot \nabla_{\underline{u}} \underline{f}_i(\underline{u}) = \nabla_{\underline{u}} q_i(\underline{u}), \quad i = 1, 2 \tag{1.4}$$

für alle $\underline{u} \in S$ gilt.

Formel (1.4) ist eine Kompatibilitätsbeziehung zwischen Entropie und Entropieflüssen die wir gleich motivieren wollen. Mit Hilfe dieser Funktionen, deren Existenz wir für den Augenblick voraussetzen wollen, sind wir in der Lage, ein Auswahlkriterium für schwache Lösungen anzugeben.

Definition 1.7 Eine schwache Lösung $\underline{u} \in BV([0,t^*]; L^\infty \cap L^1(\mathbf{R}^2; S))$ eines Systems (1.1) heißt zulässig, wenn die Entropieungleichung

$$\partial_t \eta(\underline{u}) + \sum_{i=1}^{2} \partial_{x_i} q_i(\underline{u}) \leq 0$$

für alle kompatiblen Tripel (η, q_1, q_2) im Sinne von (1.4) im schwachen Sinne gilt, d.h. wenn

$$\frac{d}{dt} \int_Z \eta(\underline{u})\, dx \leq - \int_{\partial Z} \sum_{i=1}^{2} q_i(\underline{u}) n_i \, ds$$

für alle Kontrollvolumina Z gilt.

Nehmen wir an, eine schwache Lösung $\underline{u}$ eines Systems (1.1) ist stetig differenzierbar, also eine klassische Lösung. Dann löst $\underline{u}$ das äquivalente quasilineare System (1.2)

$$\partial_t \underline{u} + \nabla_{\underline{u}} \underline{f}_1(\underline{u}) \partial_{x_1} \underline{u} + \nabla_{\underline{u}} \underline{f}_2(\underline{u}) \partial_{x_2} \underline{u} = \underline{0}.$$

Multiplikation mit $\nabla_{\underline{u}} \eta(\underline{u})$ von links liefert

$$\partial_t \eta(\underline{u}) + \nabla_{\underline{u}} \eta(\underline{u}) \cdot \nabla_{\underline{u}} \underline{f}_1(\underline{u}) \partial_{x_1} \underline{u} + \nabla_{\underline{u}} \eta(\underline{u}) \cdot \nabla_{\underline{u}} \underline{f}_2(\underline{u}) \partial_{x_2} \underline{u} = 0. \quad (1.5)$$

Da Entropie für glatte Lösungen erhalten werden soll, gilt die Entropieerhaltungsgleichung

$$\partial_t \eta(\underline{u}) + \nabla_{\underline{u}} q_1(\underline{u}) \partial_{x_1} \underline{u} + \nabla_{\underline{u}} q_2(\underline{u}) \partial_{x_2} \underline{u} = 0,$$

die bei einem Vergleich mit (1.5) die Kompatibilitätsbedingungen (1.4) liefert.

Die Hoffnung, daß sich zulässige Lösungen im Sinne der obigen Definition als eindeutig erweisen, hat sich nicht erfüllt. In der Arbeit [129] konstruierte Sever ein 5×5-System hyperbolischer Erhaltungsgleichungen, zu dem mehrere zulässige Lösungen gehören. Ob es auch zu den Bewegungsgleichungen der Gasdynamik mehrere zulässige Lösungen gibt, ist ein offenes Problem.

Interessant ist die Fähigkeit der Entropie, Systeme von Erhaltungsgleichungen zu symmetrisieren. Lax und Friedrichs bemerkten in [82], daß die Hesse-Matrix $\nabla^2_{\underline{u}} \eta$ wegen der strikten Konvexität der Entropie positiv definit ist und daß eine Linksmultiplikation des Systems (1.1) mit dieser Hesse-Matrix auf ein symmetrisch hyperbolisches System führt, d.h. daß

$$\nabla^2_{\underline{u}}\eta(\underline{u})\nabla_{\underline{u}}\underline{f}_i(\underline{u}) = \left(\nabla^2_{\underline{u}}\eta(\underline{u})\nabla_{\underline{u}}\underline{f}_i(\underline{u})\right)^T, \quad i = 1, 2,$$

gilt. Diese Form der Symmetrisierung nennt man auch Lax-Friedrichs-Symmetrisierung. Obwohl sie bereits tiefe Einblicke in die Struktur hyperbolischer Erhaltungsgleichungen gestattet, erhält sie doch keine schwachen Lösungen, da sie von der quasilinearen Form ausgeht.
Eine Symmetrisierung mit gleichzeitigem Erhalt schwacher Lösungen gelang Mock in [100], siehe auch [55], [151]. Führt man die sogenannten Entropievariablen

$$\underline{\nu}(\underline{u}) := \nabla_{\underline{u}}\eta(\underline{u})$$

ein, so ist die Abbildung $\underline{u} \longmapsto \underline{\nu}$ wegen der Konvexität der Entropie invertierbar. Dann gilt der Satz

Satz 1.4 *Für das System*

$$\partial_t \underline{u}(\underline{\nu}) + \sum_{i=1}^{2} \partial_{x_i} \underline{f}_i(\underline{u}(\underline{\nu})) = \underline{0} \tag{1.6}$$

gilt

- $\nabla_{\underline{\nu}}\underline{u}(\underline{\nu})$ *ist positiv definit und* $\nabla_{\underline{\nu}}\underline{f}_i(\underline{u}(\underline{\nu})), i = 1, 2,$ *ist symmetrisch, und*
- $\underline{u}$ *ist eine schwache Lösung des Systems* (1.1) *dann und nur dann, wenn* $\underline{u}$ *auch eine schwache Lösung des Systems* (1.6) *ist.*

Beweis: [137]. □

Die Symmetrisierung hyperbolischer Erhaltungsgleichungen ist nicht nur theoretisch, sondern auch praktisch von einiger Bedeutung. In [140], [141] wird eine solche Symmetrisierung durchgeführt, um Fehlerindikatoren zur adaptiven Berechnung kompressibler Strömungsfelder zu konstruieren.

1.2 Spezielle Systeme

Im Hinblick auf die gasdynamischen Bewegungsgleichungen betrachten wir nun den speziellen Fall rotationsinvarianter Systeme. Solche Systeme kann man längs beliebiger Vektoren im $\mathbf{R}^2$ als eindimensionale Systeme auffassen.

Definition 1.8 Ein System (1.1) hyperbolischer Erhaltungsgleichungen heißt rotationsinvariant, wenn es eine matrixwertige Abbildung

$$\mathbf{R} \ni \beta \overset{\underline{\underline{T}}}{\longmapsto} \underline{\underline{T}}(\beta) \in \mathbf{R}^{d \times d}$$

mit $\forall \beta \in \mathbf{R} : \det(\underline{\underline{T}}(\beta)) = 1$ gibt, so daß

$$\underline{f}_1(\underline{u}) \cos\beta + \underline{f}_2(\underline{u}) \sin\beta = \underline{\underline{T}}(\beta)^{-1} \underline{f}_1(\underline{\underline{T}}(\beta)\underline{u})$$

für alle $\underline{u} \in S$ und für alle $\beta \in \mathbf{R}$ gilt.

Für unsere Zwecke ist es angenehmer, $\cos\beta$ und $\sin\beta$ als Komponenten des Vektors

$$\underline{n} = \begin{pmatrix} n_1 \\ n_2 \end{pmatrix} = \begin{pmatrix} \cos\beta \\ \sin\beta \end{pmatrix}$$

zu interpretieren, in welchem Fall wir dann $\underline{\underline{T}}(\underline{n})$ schreiben. Dann nämlich geht die schwache Form (1.5) über in

$$\frac{d}{dt} \int\limits_Z \underline{u}\, d\underline{x} + \int\limits_{\partial Z} \underline{\underline{T}}(\underline{n})^{-1} \underline{f}_1(\underline{\underline{T}}(\underline{n})\underline{u})\, ds = \underline{0}. \tag{2.7}$$

Rotationsinvariante Systeme lassen sich demnach längs Vektoren $\underline{0} \neq \underline{n} \in \mathbf{R}^2$ als eindimensionale Systeme betrachten. Es ist daher sinnvoll, sich bei der Behandlung solcher Probleme auf Systeme der Form

$$\partial_t \underline{\tilde{u}} + \partial_{\tilde{x}} \underline{f}(\underline{\tilde{u}}) = \underline{0} \tag{2.8}$$

mit $\underline{\tilde{u}} := \underline{\underline{T}}(\underline{n})\underline{u}$ in einem Koordinatensystem zu beschränken, in dem $\tilde{x}$ die Achse in $\underline{n}$-Richtung bezeichnet.

Definition 1.9 Unter einem Riemann-Problem für das System (2.8) versteht man das Cauchy-Problem mit den Anfangswerten

$$\underline{u}_0(\tilde{x}) = \begin{cases} \underline{u}_l \; ; \tilde{x} < 0 \\ \underline{u}_r \; ; \tilde{x} > 0 \end{cases},$$

und konstanten Werten $\underline{u}_l, \underline{u}_r \in S$.

Da die Lösungsstruktur der in (2.8) angegebenen Systeme bei der späteren Behandlung der approximativen Riemann-Löser von entscheidender Bedeutung ist, repetieren wir an dieser Stelle einige nützliche Fakten, die man zum Beispiel in dem Buch von Smoller [135] findet.

Definition 1.10 Sind $\underline{r}_k(\tilde{\underline{u}}), k = 1, \ldots, d$, die rechten Eigenvektoren der Jacobi-Matrix $\nabla_{\tilde{\underline{u}}} \underline{f}(\tilde{\underline{u}})$ und $\lambda_k(\tilde{\underline{u}}), k = 1, \ldots, d$, die zugehörigen Eigenwerte, dann nennt man diejenigen Kurven, die die Gleichung

$$\frac{d\tilde{x}}{dt} = \lambda_k(\tilde{\underline{u}}(\tilde{x}, t)), \quad k = 1, \ldots, d$$

erfüllen, das k-te charakteristische Wellenfeld. Dieses heißt echt nichtlinear im Zustandsraum, wenn für alle $\tilde{\underline{u}} \in \tilde{S}$

$$\nabla_{\tilde{\underline{u}}} \lambda_k(\tilde{\underline{u}}) \cdot \underline{r}_k(\tilde{\underline{u}}) \neq 0 \tag{2.9}$$

gilt. Anderenfalls spricht man von einem linear degenerierten Feld. Dabei bezeichnet $\tilde{S}$ den durch $\underline{\underline{T}}(\underline{n})$ gedrehten Zustandsraum der Variablen $\underline{u}$. Ist das k-te charakteristische Wellenfeld echt nichtlinear, dann sei $\underline{r}_k$ so normiert, daß

$$\nabla_{\tilde{\underline{u}}} \lambda_k(\tilde{\underline{u}}) \cdot \underline{r}_k(\tilde{\underline{u}}) = 1$$

gilt.

Über die Lösungen von Riemann-Problemen auf den einzelnen Wellenfeldern weiß man relativ viel. Der folgende Satz gibt Aufschluß über Ähnlichkeitslösungen.

Satz 1.5 *Unter der Annahme der Existenz einer eindeutig bestimmten schwachen Lösung* $\tilde{\underline{u}}$ *des Riemann-Problems für das System* (2.8) *handelt es sich bei der Lösung um eine Ähnlichkeitslösung*

$$\tilde{\underline{u}}(\tilde{x}, t) = \phi(\xi),$$

wobei

$$\xi := \frac{\tilde{x}}{t}$$

den Ähnlichkeitsparameter bezeichnet.

Beweis: Mit $\underline{u}(\tilde{x}, t)$ ist auch $\underline{u}(\sigma\tilde{x}, \sigma t)$ für alle $\sigma > 0$ eine Lösung des Riemann-Problems. □

Definition 1.11 Es sei $\underline{r}_k(\tilde{\underline{u}}), k = 1, \ldots, d$, der k-te rechte Eigenvektor von $\nabla_{\tilde{\underline{u}}} \underline{f}(\tilde{\underline{u}})$. Eine Funktion $R_k \in C^1(S; \mathbf{R})$ heißt k-Riemannsche Invariante, wenn

$$\nabla_{\tilde{\underline{u}}} R_k(\tilde{\underline{u}}) \cdot \underline{r}_k(\tilde{\underline{u}}) = 0$$

für alle $\tilde{\underline{u}} \in \tilde{S}$ gilt.

Gehört der Eigenvektor $\underline{r}_k$ zu einem linear degenerierten Wellenfeld, dann ist der korrespondierende Eigenwert λ_k bereits eine k-Riemannsche Invariante. Im allgemeinen gibt es $d - 1$ k-Riemannsche Invarianten, deren Gradienten bezüglich $\tilde{\underline{u}}$ linear unabhängig sind ([135]).

Satz 1.6 *Eine k-Riemannsche Invariante ist konstant auf der durch*

$$\frac{d\tilde{\underline{u}}(\xi)}{d\xi} = \underline{r}_k(\tilde{\underline{u}}(\xi)) \tag{2.10}$$

$$\tilde{\underline{u}}(0) = \tilde{\underline{u}}_l, \tag{2.11}$$

definierten Kurve, wobei $\tilde{\underline{u}}_l$ *einen festen Zustand bezeichnet.*

Beweis: Die Lösung des Systems (2.10) sei gegeben durch $\underline{\tilde{u}}(\xi), 0 \leq \xi \leq \xi_r$, für ein $\xi_r > 0$. Dann gilt

$$\frac{d}{d\xi} R_k(\underline{\tilde{u}}(\xi)) = \nabla_{\underline{\tilde{u}}} R_k(\underline{\tilde{u}}(\xi)) \cdot \underline{r}_k(\underline{\tilde{u}}(\xi)) = 0.$$

□

Es stellt sich nun heraus, daß die allgemeine Lösung des Riemann-Problems nur wenige Phänomene umfaßt. Neben den konstanten Zuständen, die keiner Erklärung bedürfen, sind dies Unstetigkeiten und einfache Wellen.

Definition 1.12 Es sei $\underline{\tilde{u}} \in C^1(G; \mathbf{R}^d)$ eine Lösung von (2.8) in einem Gebiet $G \subset D$ und seien alle k-Riemannschen Invarianten in G konstant. Dann heißt $\underline{\tilde{u}}$ eine k-einfache Welle oder k-Verdünnungswelle.
Eine k-einfache Welle heißt zentriert bei $(\tilde{x}_0, t_0)$, wenn

$$\underline{\tilde{u}}(\tilde{x}, t) = \phi\left(\frac{\tilde{x} - \tilde{x}_0}{t - t_0}\right)$$

mit einer stetig differenzierbaren Funktion ϕ gilt.

Definition 1.13 Das k-te charakteristische Wellenfeld sei echt nichtlinear und γ eine Hyperfläche in D, längs der $\underline{\tilde{u}}$ eine Unstetigkeit mit linken und rechten Limiten $\underline{\tilde{u}}_l$ und $\underline{\tilde{u}}_r$ aufweist, die die Rankine-Hugoniot-Bedingung nach Satz 1.3 erfüllt, d.h. es gilt

$$-s\,(\underline{\tilde{u}}_l - \underline{\tilde{u}}_r) + \left(\underline{f}(\underline{\tilde{u}}_l) - \underline{f}(\underline{\tilde{u}}_r)\right) = \underline{0}$$

mit der Geschwindigkeit $s := dx/dt$ der Unstetigkeit. Gelten die Ungleichungen

$$\lambda_k(\underline{\tilde{u}}_r) < s < \lambda_{k+1}(\underline{\tilde{u}}_r) \tag{2.12}$$

$$\lambda_{k-1}(\underline{\tilde{u}}_l) < s < \lambda_k(\underline{\tilde{u}}_l), \tag{2.13}$$

dann heißt die Unstetigkeit γ ein k-Stoß.

Bemerkung 1.1 Die Ungleichungen (2.12) und (2.13) lassen sich offenbar in die Form

$$\lambda_k(\tilde{\underline{u}}_r) < s < \lambda_k(\tilde{\underline{u}}_l)$$
$$\lambda_{k-1}(\tilde{\underline{u}}_l) < s < \lambda_{k+1}(\tilde{\underline{u}}_r)$$

überführen. In dieser Form sieht man sofort die geometrische Bedeutung dieser Bedingung: Eine Unstetigkeit ist ein k-Stoß genau dann, wenn die links und rechts von γ verlaufenden Charakteristiken in die Unstetigkeit hineinlaufen. Da unphysikalische Verdünnungsstöße *per definitionem* diese Ungleichungen verletzen, nennt man (2.12) und (2.13) auch Laxsche oder geometrische Entropiebedingungen, siehe auch [81] und [87].

Neben den Stößen gibt es noch eine weitere Klasse von zulässigen Unstetigkeiten, die sogenannten Kontakte.

Definition 1.14 Das k-te charakteristische Wellenfeld sei linear degeneriert und γ sei eine Hyperfläche in D, längs der $\tilde{\underline{u}}$ eine Unstetigkeit mit linken und rechten Limiten $\tilde{\underline{u}}_l$ und $\tilde{\underline{u}}_r$ aufweist, die sich mit der Geschwindigkeit s bewegt. Die Unstetigkeit heißt Kontakt(unstetigkeit), wenn

$$\lambda_k(\tilde{\underline{u}}_l) = s = \lambda_k(\tilde{\underline{u}}_r)$$

gilt, d.h. ein Kontakt bewegt sich mit charakteristischer Geschwindigkeit.

Damit gilt der folgende Satz, der die eindeutige lokale Lösbarkeit des Riemann-Problems garantiert.

Satz 1.7 *Sei $\tilde{\underline{u}}_l \in \tilde{S}$, das System (2.8) sei hyperbolisch und jedes charakteristische Wellenfeld sei entweder ausschließlich echt nichtlinear oder aber linear degeneriert. Dann existiert eine Umgebung $O(\tilde{\underline{u}}_l) \subset \tilde{S}$, so daß das Riemann-Problem mit $\tilde{\underline{u}}_l$ und $\tilde{\underline{u}}_r \in O(\tilde{\underline{u}}_l)$ als linkem und rechtem Zustand für (2.8) eine Lösung besitzt. Diese Lösung besteht aus höchstens $(d+1)$ konstanten Zuständen, die durch Stöße, zentrierte Verdünnungswellen und Kontaktunstetigkeiten getrennt sind. In $O(\tilde{\underline{u}}_l)$ ist diese Lösung eindeutig bestimmt.*

Beweis: [135]. □

Für weitergehende Untersuchungen des Riemann-Problems sei auch auf das Buch von Chang und Hsiao [20] verwiesen.

1.3 Die Bewegungsgleichungen kompressibler Fluide

Viele Gleichungen der mathematischen Physik lassen sich auf physikalische Erhaltungsprinzipien zurückführen und lassen sich somit in Form von Systemen von Erhaltungsgleichungen angeben. In der Strömungsmechanik gibt es drei fundamentale Prinzipien, die sich als Erhaltungssätze formulieren lassen, nämlich

1. die Erhaltung der Masse,
2. die Erhaltung des Impulses, und
3. die Erhaltung der Energie.

Der Energieerhalt ist im Gegensatz zu den beiden anderen Prinzipien eine rein thermodynamische Beziehung und bezieht sich deshalb auf kompressible Fluide. Er stellt die mathematische Formulierung des ersten Hauptsatzes der Thermodynamik dar. Die Herleitung der Erhaltungsgleichungen für reibungsfreie, kompressible Fluide kann leicht an einem Kontrollvolumen vorgenommen werden (siehe [24], [68], [10]), das man sich zeitfest in eine Strömung eingebracht denkt. Wir führen folgende Funktionen ein:

- die Dichte des Fluides $D \ni (\underline{x}, t) \stackrel{\rho}{\longmapsto} \rho(\underline{x}, t) \in \mathbf{R}^+$,
- die cartesische Geschwindigkeit des Fluids $D \ni (\underline{x}, t) \stackrel{\underline{v}}{\longmapsto} \underline{v}(\underline{x}, t) =: (v_1(\underline{x}, t), v_2(\underline{x}, t)) \in \mathbf{R}^2$,
- den Druck im Fluid $D \ni (\underline{x}, t) \stackrel{\mathsf{p}}{\longmapsto} \mathsf{p}(\underline{x}, t) \in \mathbf{R}^+$, und
- die Totalenergie im Fluid $D \ni (\underline{x}, t) \stackrel{E}{\longmapsto} E(\underline{x}, t) \in \mathbf{R}^+$.

Die Komponenten des Impulses des Fluides sind definiert als die beiden Produkte $\rho v_j, j = 1, 2$. Die Totalenergie E eines Fluides ist die Summe aus der inneren Energie pro Einheitsmasse $D \ni (\underline{x}, t) \stackrel{e}{\longmapsto} e(\underline{x}, t) \in \mathbf{R}^+$, einer thermodynamischen Größe, und der kinetischen Energie pro Einheitsmasse $e_{\mathsf{kin}} := \frac{1}{2}|\underline{v}|^2$. Die Enthalpie eines Fluides ist definiert als $\mathsf{H} := E + \frac{\mathsf{p}}{\rho}$. Mit Hilfe dieser Terminologie lassen sich nun die Erhaltungssätze der Strömungsmechanik angeben.

Bemerkung 1.2 Es sei $Z \subset \mathbf{R}^2$ ein Kontrollvolumen. Das physikalische Gesetz von der Erhaltung der Masse wird beschrieben durch

$$\int_Z \partial_t \rho \, d\underline{x} + \int_{\partial Z} \rho \underline{v} \cdot \underline{n} \, ds = 0.$$

Ist die Strömung des Fluids frei von äußeren Kräften und von Reibung, so sind die beiden Impulserhaltungsgleichungen gegeben durch

$$\int_Z \partial_t(\rho v_i) d\underline{x} + \int_{\partial Z} (\rho \underline{v} \cdot \underline{n}) v_i \, ds + \int_{\partial Z} \mathsf{p} n_i \, ds = 0, \quad i = 1, 2.$$

Ist die Strömung zusätzlich adiabat (d.h. es wird keine Wärme zu- oder abgeführt) , so läßt sich die Energieerhaltungsgleichung in der Form

$$\int_Z \partial_t(\rho E) \, d\underline{x} + \int_{\partial Z} \rho E \underline{v} \cdot \underline{n} \, ds + \int_{\partial Z} \mathsf{p} \underline{v} \cdot \underline{n} \, ds = 0$$

schreiben.

Massen-, Impuls- und Energieerhalt treten also bereits als physikalische Gesetzmäßigkeiten in der Form der schwachen Lösung nach Definition 1.5 auf. Definiert man nämlich die Funktionen

$$\underline{u} := \begin{pmatrix} \rho \\ \rho v_1 \\ \rho v_2 \\ \rho E \end{pmatrix}, \quad \underline{f}_j := \begin{pmatrix} \rho v_j \\ \rho v_1 v_j + \delta_1^j \mathsf{p} \\ \rho v_2 v_j + \delta_2^j \mathsf{p} \\ \rho \mathsf{H} v_j \end{pmatrix}, \quad j = 1, 2, \tag{3.14}$$

wobei $\delta_i^j = \begin{cases} 1 & i = j \\ 0 & i \neq j \end{cases}$ das Kroneckersymbol bezeichnet, dann lassen sich die Erhaltungssätze für Masse, Impuls und Energie in der Form

$$\int_Z \partial_t \underline{u} \, d\underline{x} + \int_{\partial Z} \sum_{i=1}^{2} \underline{f}_i(\underline{u}) n_i \, ds = \underline{0}$$

schreiben. Der Vektor $\underline{u}$ in (3.14) wird Vektor der konservativen Variablen genannt.

Unter geeigneten Glattheitsvoraussetzungen an die beteiligten Funktionen läßt sich der Gaußsche Integralsatz auf die jeweiligen Randintegrale anwenden. Da die so entstehenden Volumenintegrale für alle Kontrollvolumina Z verschwinden müssen, verschwinden die Integranden notwendig. Daraus ergeben sich die Erhaltungsgleichungen in differentieller Form. Sind Dichte, Impulse und Totalenergie stetig differenzierbar, so beschreibt das System

$$\partial_t \begin{pmatrix} \rho \\ \rho v_1 \\ \rho v_2 \\ \rho E \end{pmatrix} + \sum_{i=1}^{2} \partial_{x_i} \begin{pmatrix} \rho v_i \\ \rho v_1 v_i + \mathsf{p}\delta_1^i \\ \rho v_2 v_i + \mathsf{p}\delta_2^i \\ \rho \mathsf{H} v_i \end{pmatrix} = \underline{0} \tag{3.15}$$

die Strömung eines reibungsfreien, kompressiblen Fluides. Das System (3.15) wird System der Euler-Gleichungen genannt. Es handelt sich um ein System von 4 partiellen Differentialgleichungen erster Ordnung für die 5 unbekannten Funktionen $\rho, v_1, v_2, \mathsf{p}$ und E. Als Schließungsbedingung fungiert die Zustandsgleichung des Fluids, die eine Beziehung zwischen Druck und Energie herstellt. Im Fall eines idealen Gases wird

$$\mathsf{p} = (\kappa - 1)\rho \left(E - \frac{|\underline{v}|^2}{2} \right) \tag{3.16}$$

angesetzt. Dabei bezeichnet $\kappa := \frac{c_V}{c_\mathsf{p}}$ den Quotienten aus den spezifischen Wärmen bei konstantem Volumen bzw. konstantem Druck. Für trockene Luft ist $\kappa = 1.4$ anzunehmen.

Es ist interessant zu sehen, daß in der Gasdynamik der kanonische Weg der Beschreibung von Phänomenen bei der schwachen Lösung beginnt, aus der man dann unter Zusatzannahmen ein System partieller Differentialgleichungen gewinnt. Wie im ersten Kapitel dargestellt, betrachtet man mathematisch das Problem in umgekehrter Richtung, d.h. man gibt sich ein System partieller Differentialgleichungen vor, beobachtet das unbefriedigende Existenzproblem klassischer Lösungen und erweitert dadurch den Lösungsbegriff.

Es bezeichne im folgenden $\underline{u}$ stets den Vektor der konservativen Variablen und $\underline{f}_j, j = 1, 2,$ stets die Flußfunktionen der Euler-Gleichungen wie in (3.14) definiert. Da die hier beschriebenen Eigenschaften der Euler-Gleichungen leicht nachgerechnet, bzw. in Büchern wie [69] nachgelesen werden können, geben wir sie ohne Beweise an.

Durch einfaches Ausrechnen ergeben sich die folgenden Jacobi-Matrizen.

Lemma 1.2 *Die Jacobi-Matrizen der Flußfunktionen der Euler-Gleichungen sind gegeben durch*

$$\nabla_{\underline{u}} f_1(\underline{u}) =$$
$$\begin{bmatrix} 0 & 1 & 0 & 1 \\ \frac{\kappa-3}{2}v_1^2 + \frac{\kappa-1}{2}v_2^2 & (3-\kappa)v_1 & (1-\kappa)v_2 & \kappa-1 \\ -v_1v_2 & v_2 & v_1 & 0 \\ (\kappa-1)v_1|\underline{v}|^2 - \kappa v_1 E & \kappa E - \frac{\kappa-1}{2}(v_2^2+3v_1^2) & (1-\kappa)v_1v_2 & \kappa v_1 \end{bmatrix}$$

$$\nabla_{\underline{u}} f_2(\underline{u}) =$$
$$\begin{bmatrix} 0 & 0 & 1 & 0 \\ -v_1v_2 & v_2 & v_1 & 0 \\ \frac{\kappa-3}{2}v_2^2 + \frac{\kappa-1}{2}v_1^2 & (1-\kappa)v_1 & (3-\kappa)v_2 & \kappa-1 \\ (\kappa-1)v_2|\underline{v}|^2 - \kappa v_2 E & (1-\kappa)v_1v_2 & \kappa E - \frac{\kappa-1}{2}(v_1^2+3v_2^2) & \kappa v_2 \end{bmatrix}$$

Man kann nun leicht nachweisen, daß die Euler-Gleichungen im Sinne der Definition 1.2 hyperbolisch sind, d.h. die Matrix $\underline{\underline{A}}(\underline{u},\underline{\nu}) := \nabla_{\underline{u}}\underline{f}_1(\underline{u})\nu_1 + \nabla_{\underline{u}}\underline{f}_2(\underline{u})\nu_2$ besitzt vier reelle Eigenwerte. Da sich $\underline{\underline{A}}$ damit diagonalisieren läßt, geben wir aus Gründen der Vollständigkeit die Symmetrisierungsmatrizen mit an, benötigen aber vorher noch die Begriffe der Schallgeschwindigkeit und der Machzahl.

Definition 1.15 Die durch

$$\mathsf{a} := \sqrt{\kappa \frac{\mathsf{p}}{\rho}}$$

definierte Funktion $D \ni (\underline{x}, t) \overset{\mathsf{a}}{\longmapsto} \mathsf{a}(\underline{x}, t) \in \mathbf{R}^+$ heißt Schallgeschwindigkeit. Die dimensionslose Größe

$$\mathrm{Ma} := \frac{|\underline{v}|}{\mathsf{a}},$$

$D \ni (\underline{x}, t) \overset{\mathrm{Ma}}{\longmapsto} \mathrm{Ma}(\underline{x}, t) \in \mathbf{R}^+$, wird die Machzahl genannt.

Gilt an einem Punkt $\underline{x}$ zur Zeit t Ma < 1, dann ist der Betrag der lokalen Geschwindigkeit des Fluids kleiner als die lokale Schallgeschwindigkeit. In diesem Fall spricht man von einer Unterschallströmung an diesem Punkt und zu dieser Zeit. Der Fall Ma > 1 wird dementsprechend als Überschallströmung bezeichnet. Von einer transsonischen Strömung (oder Strömung im Transschall) spricht man bei Machzahlen um Ma $= 1$.

Lemma 1.3 *Die Euler-Gleichungen* (3.15) *sind hyperbolisch für alle* $\underline{\nu} \in \mathbf{R}^2$. *Die Matrix*

$$\underline{\underline{A}}(\underline{u}, \underline{\nu}) := \nabla_{\underline{u}} \underline{f}_1(\underline{u})\nu_1 + \nabla_{\underline{u}} \underline{f}_2(\underline{u})\nu_2$$

läßt sich durch eine Transformation

$$\underline{\underline{\Lambda}}(\underline{u}, \underline{\nu}) := \underline{\underline{P}}^{-1}(\underline{u}, \underline{\nu})\underline{\underline{A}}(\underline{u}, \underline{\nu})\underline{\underline{P}}(\underline{u}, \underline{\nu}) \tag{3.17}$$

mit der Matrix

$$P(\underline{u}, \underline{\nu}) := \begin{bmatrix} 1 & 0 & \frac{\rho}{2\mathsf{a}} & \frac{\rho}{2\mathsf{a}} \\ v_1 & \rho\frac{\nu_2}{|\underline{\nu}|} & \frac{\rho}{2\mathsf{a}}(v_1 + \mathsf{a}\frac{\nu_1}{|\underline{\nu}|}) & \frac{\rho}{2\mathsf{a}}(v_1 - \mathsf{a}\frac{\nu_1}{|\underline{\nu}|}) \\ v_2 & -\rho\frac{\nu_1}{|\underline{\nu}|} & \frac{\rho}{2\mathsf{a}}(v_2 + \mathsf{a}\frac{\nu_2}{|\underline{\nu}|}) & \frac{\rho}{2\mathsf{a}}(v_2 - \mathsf{a}\frac{\nu_2}{|\underline{\nu}|}) \\ \frac{|\underline{v}|^2}{2} & \rho(v_1\frac{\nu_2}{|\underline{\nu}|} - v_2\frac{\nu_1}{|\underline{\nu}|}) & \frac{\rho}{2\mathsf{a}}(\mathsf{H} + \mathsf{a}\underline{v}\cdot\frac{\underline{\nu}}{|\underline{\nu}|}) & \frac{\rho}{2\mathsf{a}}(\mathsf{H} - \mathsf{a}\underline{v}\cdot\frac{\underline{\nu}}{|\underline{\nu}|}) \end{bmatrix}$$

diagonalisieren. Die Inverse der Transformationsmatrix ist gegeben durch

$$P^{-1}(\underline{u}, \underline{\nu}) =$$
$$\begin{bmatrix} 1 - \frac{\kappa-1}{2}\mathrm{Ma}^2 & (\kappa-1)\frac{v_1}{\mathsf{a}^2} & (\kappa-1)\frac{v_2}{\mathsf{a}^2} & \frac{1-\kappa}{\mathsf{a}^2} \\ \frac{1}{\rho}(v_2\frac{\nu_1}{|\underline{\nu}|} - v_1\frac{\nu_2}{|\underline{\nu}|}) & \frac{\nu_2}{|\underline{\nu}|\rho} & -\frac{\nu_1}{|\underline{\nu}|\rho} & 0 \\ \frac{\mathsf{a}}{\rho}\left(\frac{\kappa-1}{2}\mathrm{Ma}^2 - \frac{\underline{v}\cdot\underline{\nu}}{|\underline{\nu}|\mathsf{a}}\right) & \frac{1}{\rho}\left(\frac{\nu_1}{|\underline{\nu}|} - (\kappa-1)\frac{v_1}{\mathsf{a}}\right) & \frac{1}{\rho}\left(\frac{\nu_2}{|\underline{\nu}|} - (\kappa-1)\frac{v_2}{\mathsf{a}}\right) & \frac{\kappa-1}{\rho\mathsf{a}} \\ \frac{\mathsf{a}}{\rho}\left(\frac{\kappa-1}{2}\mathrm{Ma}^2 + \frac{\underline{v}\cdot\underline{\nu}}{|\underline{\nu}|\mathsf{a}}\right) & -\frac{1}{\rho}\left(\frac{\nu_1}{|\underline{\nu}|} + (\kappa-1)\frac{v_1}{\mathsf{a}}\right) & -\frac{1}{\rho}\left(\frac{\nu_2}{|\underline{\nu}|} + (\kappa-1)\frac{v_2}{\mathsf{a}}\right) & \frac{\kappa-1}{\rho\mathsf{a}} \end{bmatrix}.$$

Die Diagonalmatrix $\underline{\underline{\Lambda}}$ *lautet*

$$\underline{\underline{\Lambda}}(\underline{u}, \underline{\nu}) = \mathrm{diag}\{\underline{v}\cdot\underline{\nu}, \underline{v}\cdot\underline{\nu}, \underline{v}\cdot\underline{\nu} + \mathsf{a}|\underline{\nu}|, \underline{v}\cdot\underline{\nu} - \mathsf{a}|\underline{\nu}|\}.$$

Im vorangegangenen Abschnitt haben wir rotationsinvariante Systeme eingeführt, die man lokal als eindimensional betrachten konnte. Die Euler-Gleichungen bilden ein solches System.

Lemma 1.4 *Die Euler-Gleichungen* (3.15) *sind rotationsinvariant im Sinne der Definition 1.8. Die Drehmatrix* $\underline{\underline{T}}$ *ist gegeben durch*

$$\underline{\underline{T}}(\beta) = \begin{bmatrix} 1 & 0 & 0 & 0 \\ 0 & \cos\beta & \sin\beta & 0 \\ 0 & -\sin\beta & \cos\beta & 0 \\ 0 & 0 & 0 & 1 \end{bmatrix},$$

beziehungsweise in der vom Vektor $\underline{n} = (n_1, n_2) = (\cos\beta, \sin\beta)$ *abhängigen Form durch*

$$\underline{\underline{T}}(\underline{n}) = \begin{bmatrix} 1 & 0 & 0 & 0 \\ 0 & n_1 & n_2 & 0 \\ 0 & -n_2 & n_1 & 0 \\ 0 & 0 & 0 & 1 \end{bmatrix}.$$

Beweis: Nachrechnen. □

Diese schöne Eigenschaft der Euler-Gleichungen kann man für die Konstruktion von numerischen Methoden ausnutzen.

Durch die spezielle Form der Drehmatrix werden die Gleichungen für Massen- und Energieerhalt nicht betroffen. Es sind vielmehr nur die Geschwindigkeiten, die in Richtung des Vektors $\underline{n}$ projeziert werden, denn als neuer Variablensatz erscheint im gedrehten System

$$\underline{\tilde{u}} := \underline{\underline{T}}(\underline{n})\underline{u} = \begin{pmatrix} \rho \\ \rho\tilde{v}_1 \\ \rho\tilde{v}_2 \\ \rho E \end{pmatrix}.$$

Dabei ist

$$\underline{\tilde{v}} = \begin{pmatrix} \tilde{v}_1 \\ \tilde{v}_2 \end{pmatrix} = \begin{pmatrix} v_1 n_1 + v_2 n_2 \\ v_2 n_1 - v_1 n_2 \end{pmatrix}$$

der Geschwindigkeitsvektor der Komponenten in Richtung $\underline{n}$ und senkrecht dazu. Bezeichnet $\tilde{x}$ wie in (2.8) die Koordinate in Richtung von $\underline{n}$, so lassen sich die Euler-Gleichungen längs jedes Richtungsvektors $\underline{n}$ in der Form

$$\partial_t \underline{\tilde{u}} + \partial_{\tilde{x}} \underline{f}_1(\underline{\tilde{u}}) = \underline{0} \tag{3.18}$$

angeben.

Lemma 1.5 *Die Eigenwerte der Matrix* $\nabla_{\tilde{\underline{u}}}\, \underline{f}_1(\tilde{\underline{u}})$ *sind*

$$\begin{aligned} \lambda_1(\tilde{\underline{u}}) &= \tilde{v}_1 - \mathsf{a} \\ \lambda_2(\tilde{\underline{u}}) &= \tilde{v}_1 \\ \lambda_3(\tilde{\underline{u}}) &= \tilde{v}_1 \\ \lambda_4(\tilde{\underline{u}}) &= \tilde{v}_1 + \mathsf{a}. \end{aligned}$$

Die zugehörigen rechten Eigenvektoren sind gegeben durch

$$\underline{r}_1(\tilde{\underline{u}}) = \begin{pmatrix} 1 \\ \tilde{v}_1 - \mathsf{a} \\ \tilde{v}_2 \\ \mathsf{H} - \mathsf{a}\tilde{v}_1 \end{pmatrix}, \underline{r}_2(\tilde{\underline{u}}) = \begin{pmatrix} 1 \\ \tilde{v}_1 \\ \tilde{v}_2 \\ \frac{1}{2}(\tilde{v}_1^2 + \tilde{v}_2^2) \end{pmatrix},$$

$$\underline{r}_3(\tilde{\underline{u}}) = \begin{pmatrix} 0 \\ 0 \\ 1 \\ \tilde{v}_2 \end{pmatrix}, \underline{r}_4(\tilde{\underline{u}}) = \begin{pmatrix} 1 \\ \tilde{v}_1 + \mathsf{a} \\ \tilde{v}_2 \\ \mathsf{H} + \mathsf{a}\tilde{v}_1 \end{pmatrix}.$$

Der Beweis erfolgt durch elementares Nachrechnen. Durch Nachprüfen der Beziehungen in Definition 1.10 ergibt sich folgendes Lemma.

Lemma 1.6 *Die in Lemma 1.5 angegebenen rechten Eigenvektoren* $\underline{r}_k(\tilde{\underline{u}})$ *gehören für* $k = 1$ *und* $k = 4$ *zu echt nichtlinearen Wellenfeldern und für* $k = 2$ *und* $k = 3$ *zu linear degenerierten Feldern.*

Die Flußfunktionen der Euler-Gleichungen weisen noch eine weitere, angenehme Eigenschaft auf, sie sind nämlich homogen.

Lemma 1.7 *Die Flußfunktionen* $\underline{f}_1$ *und* $\underline{f}_2$ *der Euler-Gleichungen sind homogen vom Grad 1, d.h. es gilt*

$$\underline{f}_i(\underline{u}) = \nabla_{\underline{u}}\, \underline{f}_i(\underline{u})\underline{u} \quad , i = 1, 2. \tag{3.19}$$

Beweis: Nachrechnen. □

Bei der Diskussion approximativer Riemann-Löser im Zusammenhang mit Finite-Volumen-Verfahren zur numerischen Lösung der Euler-Gleichungen werden die Riemannschen Invarianten eine große Rolle spielen. Für das reduzierte Problem (3.18) sind die Invarianten sehr einfache Funktionen.

Definition 1.16 Die Funktion

$$s := \log \frac{\mathsf{p}}{\rho^\kappa}$$

heißt thermodynamische Entropie.

Die thermodynamische Entropie übernimmt in der Gasdynamik die Rolle der abstrakten Entropiefunktion η. Im Gegensatz zu dieser ist die thermodynamische Entropie eine konkave Funktion, was einer anderen Vorzeichenkonvention entspricht.

Lemma 1.8 *Die 1-Riemannschen Invarianten sind gegeben durch*

$$R_1^1(\underline{\tilde{u}}) = \tilde{v}_1 + \frac{2}{\kappa - 1}\mathsf{a},\, R_1^2(\underline{\tilde{u}}) = \tilde{v}_2,\, R_1^3(\underline{\tilde{u}}) = s,$$

die 2- und 3-Riemannschen Invarianten sind

$$R_2^1(\underline{\tilde{u}}) = \tilde{v}_1,\, R_2^2(\underline{\tilde{u}}) = \mathsf{p},\, R_3^1(\underline{\tilde{u}}) = \tilde{v}_1,\, R_3^2(\underline{\tilde{u}}) = \mathsf{p},$$

und die 4-Riemannschen Invarianten lauten

$$R_4^1(\underline{\tilde{u}}) = \tilde{v}_1 - \frac{2}{\kappa - 1}\mathsf{a},\, R_4^2(\underline{\tilde{u}}) = \tilde{v}_2,\, R_4^3(\underline{\tilde{u}}) = s.$$

2 Finite-Volumen-Verfahren

2.1 Triangulierungen

Wir betrachten hyperbolische Erhaltungsgleichungen (1.1) in einem beschränkten Gebiet $\Omega \subset \mathbf{R}^2$. Zur Vereinfachung wird angenommen, daß der Rand $\partial\Omega := \overline{\Omega}\backslash\Omega$ stets polygonal ist. Auf der Menge $\overline{\Omega}$ führen wir zwei Zerlegungen ein.

Definition 2.1 Eine Triangulierung $\mathcal{T}^h$ von $\overline{\Omega}$ ist die Zerlegung in endlich viele (genau $\#T$ Stück) Teilmengen $T_i \subset \overline{\Omega}$, $i = 1, \ldots, \#T$, so daß gilt:

- $\overline{\Omega} = \bigcup_{i\in\{1,\ldots,\#T\}} T_i$.
- Jedes $T_i \in \mathcal{T}^h$ ist abgeschlossen und für das Innere gilt $\mathring{T}_i \neq \emptyset$.
- Für je zwei $T_i, T_j \in \mathcal{T}^h$ mit $i \neq j$ gilt $\mathring{T}_i \cap \mathring{T}_j = \emptyset$.
- Jedes $T_i \in \mathcal{T}^h$ ist Lipschitz-stetig berandet.

Eine Triangulierung heißt konform, wenn zusätzlich gilt:

- Jede eindimensionale Kante eines jeden $T_i \in \mathcal{T}^h$ ist entweder Teilmenge des Randes $\partial\Omega$ oder die eindimensionale Kante eines $T_j \in \mathcal{T}^h$ mit $i \neq j$.

Der Parameter h korrespondiert dabei zu einer typischen geometrischen Größe der Triangulierung, etwa der längsten auftretenden Seitenkante der T_i.

Für die noch einzuführenden Finite-Volumen-Methoden spielt es keine Rolle, welche geometrische Form für die Teilmengen T_i gewählt wird. Vankeirsbilck erlaubt in [154] beliebige polygonale Strukturen, ist aber bei der Implementierung seiner Finite-Volumen-Methode auf die unterstützende Hilfe einer objektorientierten Programmiersprache (C++) angewiesen, um den anfallenden Verwaltungsaufwand in adaptiven Algorithmen bewältigen zu können. Vom Standpunkt der algorithmischen Komplexität ist es daher wesentlich günstiger, sich auf eine einheitliche Geometrie für alle T_i festzulegen[1].

Definition 2.2 Eine konforme Triangulierung $\mathcal{T}^h$ heißt primäres Netz, wenn sämtliche $T_i \in \mathcal{T}^h$ 2-Simplexe (d.h. Dreiecke) sind. Die Eckpunkte der Dreiecke heißen die Knoten des primären Netzes.

Neben diesem primären Netz lassen sich Erhaltungsgleichungen auch vorteilhaft auf den baryzentrischen Unterteilungen der 2-Simplexe des primären Netzes diskretisieren. Zu deren Definition (vergleiche auch [9]) sei

$$K_{h,i} := \{T \in \mathcal{T}^h \mid \text{Knoten } i \text{ ist Eckpunkt von } T\} \tag{1.1}$$

die Menge aller um einen Knoten des primären Netzes liegenden Dreiecke. Jedes Dreieck T besitzt drei Kanten $e_{T,k}, k = 1, 2, 3$. Die Menge aller von einem festen Knoten des primären Netzes abgehenden Kanten ist dann

$$E_{h,i} := \{e_{T,k} \mid T \in \mathcal{T}^h, k \in \{1,2,3\}, \text{ Knoten } i \text{ ist Eckpunkt von } e_{T,k}\}.$$

Mit diesen Notationen lassen sich Zerlegungen definieren, deren Elemente jeweils einen Knoten des primären Netzes umschließen.

Definition 2.3 Verbindet man für jeden Knoten i des primären Netzes die Schwerpunkte der Dreiecke $T_k \in K_{h,i}$ mit den Mittelpunkten ihrer Kanten $e_{T_k,j} \in E_{h,i}$ durch Geraden, dann nennt man das durch diese Verbindungslinien berandete Gebiet die Box B_i. Ist i ein Randpunkt, dann wird die Box B_i durch Hinzunahme der halben Randkanten der beteiligten Randdreiecke gebildet, die zum Knoten i verlaufen. Die Vereinigung $\mathcal{B}^h := \bigcup_{i=1,\ldots,\#B} B_i$ aller Boxen heißt sekundäres Netz. Die Anzahl $\#B$ der Boxen entspricht genau der Anzahl von Knoten in der Triangulierung.

Primäres und sekundäres Netz sind zur Veranschaulichung in Abbildung 2.1 dargestellt, wobei das sekundäre Netz gestrichelt dargestellt ist. Die beiden am Rand des Gebietes auftretenden Fälle zeigt die Abbildung 2.2. Die Fälle unterscheiden sich durch die Anzahl der Kanten, die von einem Randpunkt

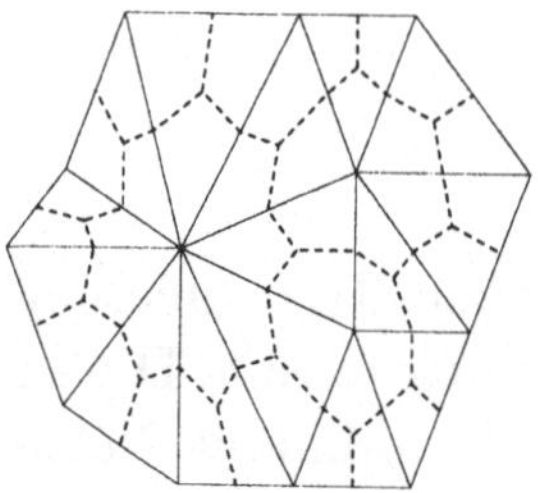

Abb. 2.1 Primäres und sekundäres Netz

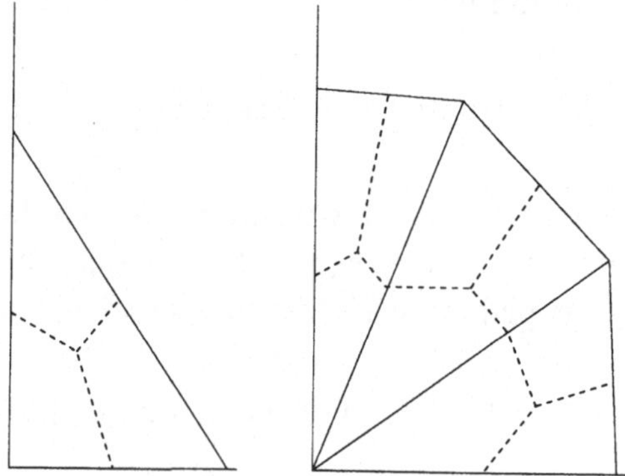

Abb. 2.2 Primäres und sekundäres Netz am Rand

ausgehen. Es ist ersichtlich, daß die Definition der Box in allen Fällen konsistent ist und keine Sonderbehandlung der Ränder erforderlich ist. Boxen lassen sich natürlich auch auf andere Art einführen. So könnte man etwa die Umkreismittelpunkte der Dreiecke miteinander verbinden ([65]), was aber dazu führt, daß bei einem inneren Winkel eines der um einen Knoten liegenden Dreiecke von mehr als $\pi/2$ die Berandung der Box die Dreiecke der Menge $K_{h,i}$ verlassen würde. Dies hätte aufwendige Kontrollen bei der Netzgenerierung zur Folge. Verbindet man nur die Schwerpunkte und verzichtet auf die Kantenmittelpunkte, dann benötigen Randboxen eine Sonderbehandlung, da dort keine korrespondierenden Dreiecke mehr existieren.

[1] Der Vergleich zwischen einer Lösung des Vankeirsbilckschen Verfahrens mit einer auf Dreiecksnetzen basierenden Methode von Barth in [154], Seiten 136,137, zeigt ein deutlich schlechteres Abschneiden der allgemeineren Methode. Ohne Zweifel ist dies auf die extrem unregelmäßige Zerlegung des Gebietes zurückzuführen.

Zur Vereinfachung geben wir noch eine Bezeichnungskonvention an.

Definition 2.4 Die Koordinaten des Knotens i in einer Triangulierung $\mathcal{T}^h$ seien stets mit $\underline{x}_i = (x_{i,1}, x_{i,2})$ bezeichnet. Der Schwerpunkt eines Dreiecks T_k bzw. der Schwerpunkt einer Box B_k sei stets mit $\underline{c}_k$ bezeichnet.

2.2 Evolutionsgleichungen und der Zellmittelungsoperator

Mit jedem hyperbolischen System von Erhaltungsgleichungen kann ein Evolutionsoperator $\mathfrak{E}$ vermöge

$$\underline{u}(\cdot, t) \overset{\mathfrak{E}(\Delta t)}{\longmapsto} \mathfrak{E}(\Delta t)\underline{u}(\cdot, t) := \underline{u}(\cdot, t + \Delta t)$$

assoziiert werden. In jeder numerischen Methode zur Lösung von Erhaltungsgleichungen spielt die Approximation des Evolutionsoperators eine entscheidende Rolle. Man kann prinzipiell zwei verschiedene Klassen von Methoden unterscheiden, nämlich

- Methoden, die den Evolutionsoperator durch (approximative) Lösung von Riemann-Problemen approximieren, und

- Methoden, die Informationen über den exakten Evolutionsoperator verwenden.

Zur Illustration der beiden Konzepte, von denen wir das erste verwenden wollen, stelle man sich eine gegebene Anfangswertverteilung $\underline{u}_0(\underline{x}) = \underline{u}(\underline{x}, 0)$ vor, die man auf jeder Zelle einer Triangulierung durch eine konstante Funktion approximiert. Die erste Klasse von Methoden würde nun sämtliche lokalen Riemann-Probleme zwischen den unterschiedlichen Zuständen auf den Zellen lösen und zur Zeit Δt die so erhaltenen Lösungen auf stückweise konstante Funktionen zurückprojezieren. In der zweiten Klasse, zu der die charakteristischen Galerkinverfahren nach Morton ([23], [22]) gehören, würde jede stückweise konstante Funktion entlang der Charakteristiken verschoben. Da Unstetigkeiten in den Lösungen auftreten können, ist hier ein zusätzlicher Mechanismus wie der *transport-collapse*-Operator von Brenier [16] nötig, um zur Zeit Δt auf stückweise konstante Funktionen projezieren zu können. Für die erwähnten charakteristischen Galerkinverfahren (in

einer Raumdimension!) ist sogar die Äquivalenz zum Brenierschen *transport-collpase*-Operator gezeigt worden.
Ein weiterer, weitaus weniger abstrakter, Operator spielt in unserem Zusammenhang ebenfalls eine wichtige Rolle.

Definition 2.5 Für $\underline{u} \in [L^\infty \cap L^1](Z;S)$ ist der Zellmittelungsoperator $\mathfrak{A}$ auf einem Kontrollvolumen Z definiert durch

$$[L^\infty \cap L^1](Z;S) \ni \underline{u} \overset{\mathfrak{A}(Z)}{\longmapsto} \mathfrak{A}(Z)\underline{u}(t) := \frac{1}{|Z|}\int\limits_Z \underline{u}(\underline{x},t)\,d\underline{x} \in \mathbf{R}^d. \quad (2.2)$$

Wir bemerken, daß es sich bei dem Zellmittelungsoperator um einen d-Vektor linearer Funktionale handelt.

Führen wir den Zellmittelungsoperator $\mathfrak{A}$ in die Formulierung der schwachen Lösung nach Definition 1.5 ein, dann erhalten wir folgendes einfache, aber weitreichende Resultat.

Lemma 2.1 *Es sei* $\underline{u} \in BV([0,t^*]; L^\infty \cap L^1(\mathbf{R}^2;S))$ *eine schwache Lösung des Systems* (1.1). *Auf jedem Kontrollvolumen* $Z \subset \mathbf{R}^2$ *erfüllen die Zellmittel dieser Lösung die Evolutionsgleichung*

$$\frac{d}{dt}\mathfrak{A}(Z)\underline{u}(t) = -\frac{1}{|Z|}\int\limits_{\partial Z}\sum_{i=1}^{2}\underline{f}_i(\underline{u})n_i\,ds. \quad (2.3)$$

Allgemein lassen sich Finite-Volumen-Verfahren wie folgt definieren.

Definition 2.6 Ein Finite-Volumen-Verfahren ist eine Vorschrift zur Diskretisierung der Evolutionsgleichung (2.3) der Zellmittel. Wird diese Diskretisierung auf dem primären Netz vorgenommen, so wollen wir die so entstehenden Verfahren als Primärnetzverfahren bezeichnen. Arbeitet eine Diskretisierung mit Zellmitteln über den Boxen, so wollen wir von Sekundärnetzverfahren oder Boxmethoden sprechen.

2.3 Finite-Volumen-Ansätze

2.3.1 Der Primärnetzansatz

In diesem Abschnitt entwickeln wir einen allgemeinen Zugang zu Finite-Volumen-Verfahren zur numerischen Lösung hyperbolischer Erhaltungsgleichungen. Dabei spielt es zwar keine Rolle, ob es sich um Primärnetz- oder Boxmethoden handelt, aber die Notationen sind in beiden Fällen etwas verschieden voneinander. Wir beginnen mit Primärnetzmethoden, die mit stückweise konstanten Ansätzen auf den Dreiecken der Triangulierung arbeiten.

Definition 2.7 Es bezeichne $T_i \subset \mathbf{R}^2$ ein Dreieck aus einer Triangulierung $\mathcal{T}^h, i = 1, \ldots, \#T$. Es sei

$$N(i) := \{j \in \mathbf{N} | T_i \cap T_j \text{ ist eine Kante von } T_i\}.$$

Wir betrachten nun die Evolutionsgleichung (2.3) für die Zellmittel der schwachen Lösung auf dem Kontrollvolumen T_i:

$$\frac{d}{dt}\mathfrak{A}(T_i)\underline{u}(t) = -\frac{1}{|T_i|} \sum_{j\in N(i)} \int_{\partial T_i \cap \partial T_j} \sum_{l=1}^{2} \underline{f}_l(\underline{u}) n_{ij,l}\, ds. \tag{3.4}$$

Der zur Kante $\partial T_i \cap \partial T_j$ gehörige Normaleneinheitsvektor ist dabei mit $\underline{n}_{ij} = (n_{ij,1}, n_{ij,2})$ bezeichnet.

Unter der Annahme der Glattheit der Lösung wollen wir für das verbleibende Integral über die Dreieckskante $\partial T_i \cap \partial T_j$ eine Gaußsche Quadratur einführen. Zu diesem Zweck wird die Kante vermöge

$$[-1,1] \ni s \stackrel{\underline{x}_{ij}}{\longmapsto} \underline{x}_{ij}(s) = \frac{1}{2}(\underline{x}_i + \underline{x}_j) + \frac{s}{2}(\underline{x}_j - \underline{x}_i)$$

parametrisiert. Unter Benutzung dieser Parametrisierung schreibt sich (3.4) in der Form

$$\frac{d}{dt}\mathfrak{A}(T_i)\underline{u}(t) = -\frac{1}{|T_i|} \sum_{j\in N(i)} \frac{|\partial T_i \cap \partial T_j|}{2} \int_{-1}^{1} \sum_{l=1}^{2} \underline{f}_l(\underline{u}(\underline{x}_{ij}(s), t)) n_{ij,l}\, ds.$$

Bezeichnen wir die Anzahl der Gaußpunkte der Quadraturregel je Kante mit n_G, die Gaußpunkte auf $\partial T_i \cap \partial T_j$ mit $\underline{x}_{ij}(s_\nu), \nu = 1, \ldots, n_G$, und die Gewichte (die auf Grund der Parametrisierung nicht mehr von $|\partial T_i \cap \partial T_j|$ abhängen!) mit ω_ν, so folgt

$$\frac{d}{dt}\mathfrak{A}(T_i)\underline{u}(t) = \tag{3.5}$$

$$-\frac{1}{|T_i|}\sum_{j\in N(i)} \frac{|\partial T_i \cap \partial T_j|}{2}\left\{\sum_{\nu=1}^{n_G}\sum_{l=1}^{2}\omega_\nu \underline{f}_l(\underline{u}(\underline{x}_{ij}(s_\nu),t))n_{ij,l} + \mathcal{O}\left(h^{2n_G}\right)\right\}.$$

Für die praktisch relevanten Fälle $n_G = 1$ und $n_G = 2$ gelten die bekannten Werte der nachstehenden Tabelle.

n_G	ω_ν	s_ν
1	$\omega_1 = 2$	$s_1 = 0$
2	$\omega_1 = \omega_2 = 1$	$s_1 = -s_2 = -0.5773502692\ldots$

Auf der rechten Seite von (3.5) taucht immer noch die schwache (aber als glatt angenommene) Lösung auf. Um aus der vorstehenden Beziehung ein Verfahren zu konstruieren, möchte man das auf der linken Seite verwendete Zellmittel auch auf der rechten Seite einsetzen. Dazu führen wir eine numerische Flußfunktion ein.

Definition 2.8 Eine Abbildung

$$\mathbf{R}^d \times \mathbf{R}^d \times \mathbf{R}^2 \ni (\underline{u}_l, \underline{u}_r; \underline{n}) \overset{\underline{H}}{\longmapsto} \underline{H}(\underline{u}_l, \underline{u}_r; \underline{n}) \in \mathbf{R}^d$$

heißt numerische Flußfunktion, wenn sie der Konsistenzbedingung

$$\forall \underline{u} \in \mathbf{R}^d: \quad \underline{H}(\underline{u}, \underline{u}; \underline{n}) = \sum_{i=1}^{2} \underline{f}_i(\underline{u})n_i$$

genügt.

Wegen unserer Annahme der Glattheit der schwachen Lösung läßt sich ohne weiteres eine numerische Flußfunktion in (3.5) einführen:

$$\frac{d}{dt}\mathfrak{A}(T_i)\underline{u}(t) = -\frac{1}{|T_i|}\sum_{j\in N(i)} \frac{|\partial T_i \cap \partial T_j|}{2} \times \tag{3.6}$$
$$\left\{\sum_{\nu=1}^{n_G} \omega_\nu \underline{H}(\underline{u}(\underline{x}_{ij}(s_\nu),t),\underline{u}(\underline{x}_{ij}(s_\nu),t);\underline{n}_{ij}) + \mathcal{O}\left(h^{2n_G}\right)\right\}.$$

Ausgehend von dieser Darstellung lassen sich alle auf Primärnetzen definierten Finite-Volumen-Verfahren beschreiben. Bevor wir zur Konstruktion und Analysis solcher Methoden kommen, sollen die für den Primärnetzansatz durchgeführten Betrachtungen auf die Boxmethoden übertragen werden.

2.3.2 Der Boxansatz

Definition 2.9 Es bezeichne $B_i \subset \mathbf{R}^2$ eine Box aus einem Sekundärnetz $\mathcal{B}^h, i = 1,\dots,\#B$. Es sei

$$N(i) := \{j \in \mathbf{N} | B_i \cap B_j \text{ ist eine Kante von } B_i\}.$$

Im Fall der Sekundärnetzmethoden besteht die Kante $\partial B_i \cap \partial B_j$ aus zwei Teilstücken, die wir wie in Abbildung 2.3 mit l_{ij}^1 und l_{ij}^2 bezeichnen wollen. Damit ergibt sich für Boxmethoden als Ausgangspunkt das System

$$\frac{d}{dt}\mathfrak{A}(B_i)\underline{u}(t) = -\frac{1}{|B_i|}\sum_{j\in N(i)}\sum_{k=1}^{2}\int_{l_{ij}^k}\sum_{l=1}^{2} \underline{f}_l(\underline{u}) n_{ij,l}^k \, ds. \tag{3.7}$$

Wird nun jedes Segment l_{ij}^k vermöge

$$[-1,1] \ni s \stackrel{\underline{x}_{ij}^k}{\longmapsto} \underline{x}_{ij}^k(s) = \frac{1}{2}\left(\underline{c}_k + \frac{1}{2}(\underline{x}_i + \underline{x}_j)\right) + \frac{s}{2}\left(\frac{1}{2}(\underline{x}_i + \underline{x}_j) - \underline{c}_k\right)$$

parametrisiert so folgt nach Einführung einer Gaußschen Quadraturregel

$$\frac{d}{dt}\mathfrak{A}(B_i)\underline{u}(t) =$$
$$-\frac{1}{|B_i|}\sum_{j\in N(i)}\sum_{k=1}^{2}\frac{\left|l_{ij}^k\right|}{2}\left\{\sum_{\nu=1}^{n_G}\sum_{l=1}^{2}\omega_\nu^k \underline{f}_l(\underline{u}(\underline{x}_{ij}^k(s_\nu),t)) n_{ij,l}^k + \mathcal{O}\left(h^{2n_G}\right)\right\}.$$

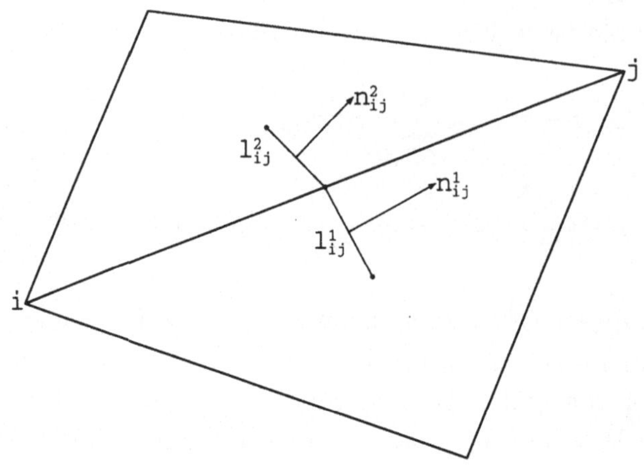

Abb. 2.3 Geometrie zwischen Boxen i und j

Wie bei den Primärnetzmethoden wird eine numerische Flußfunktion eingeführt. Damit ergibt sich als Ausgangspunkt zur Konstruktion von Boxmethoden die Darstellung

$$\frac{d}{dt}\mathfrak{A}(B_i)\underline{u}(t) = -\frac{1}{|B_i|}\sum_{j\in N(i)}\sum_{k=1}^{2}\frac{\left|l_{ij}^k\right|}{2}\times \tag{3.8}$$
$$\left\{\sum_{\nu=1}^{n_G}\omega_\nu^k \underline{H}(\underline{u}(\underline{x}_{ij}^k(s_\nu),t),\underline{u}(\underline{x}_{ij}^k(s_\nu),t);\underline{n}_{ij}^k) + \mathcal{O}\left(h^{2n_G}\right)\right\},$$

die, wie im Fall der Primärnetzmethoden, nur für glatte Lösungen gilt.

2.3.3 Basisdiskretisierungen

Die im vorstehenden Abschnitt hergeleiteten Formen (3.6) und (3.8) für Primärnetz- und Sekundärnetzmethoden sind noch keine anwendbaren numerischen Verfahren, da die Argumente der numerischen Flußfunktion Werte der schwachen Lösung der Erhaltungsgleichung an Gaußpunkten enthält. Da wir von einer Evolutionsgleichung für die Zellmittel der schwachen Lösung gestartet sind, liegt jetzt folgender Algorithmus zur numerischen Lösung von Cauchy-Problemen nahe: An Stelle der schwachen Lösung selbst werden die Zellmittel $\mathfrak{A}(T_i)\underline{u}(t)$ und $\mathfrak{A}(T_j)\underline{u}(t)$ (bzw. $\mathfrak{A}(B_i)\underline{u}(t)$ und $\mathfrak{A}(B_j)\underline{u}(t)$) als Argumente der numerischen Flußfunktion verwendet.

Definition 2.10 Das Finite-Volumen-Verfahren: *Für $t^* > 0$ finde $\underline{\overline{u}}_i(t^*)$ für alle $T_i, i = 1, \ldots, \#T$, als Lösung des Anfangswertproblems gewöhnlicher Differentialgleichungen*

$$\frac{d}{dt}\underline{\overline{u}}_i(t) = -\frac{1}{|T_i|} \sum_{j \in N(i)} |\partial T_i \cap \partial T_j| \, \underline{H}(\underline{\overline{u}}_i(t), \underline{\overline{u}}_j(t); \underline{n}_{ij}) \tag{3.9}$$

$$\underline{\overline{u}}_i(0) = \mathfrak{A}(T_i)\underline{u}(0), \tag{3.10}$$

heißt Basisdiskretisierung des Primärnetzansatzes. Entsprechend soll das Verfahren: *Für $t^* > 0$ finde $\underline{\overline{u}}_i(t^*)$ für alle $B_i, i = 1, \ldots, \#B$, als Lösung des Anfangswertproblems gewöhnlicher Differentialgleichungen*

$$\frac{d}{dt}\underline{\overline{u}}_i(t) = -\frac{1}{|B_i|} \sum_{j \in N(i)} \sum_{k=1}^{2} \left|l_{ij}^k\right| \underline{H}(\underline{\overline{u}}_i(t), \underline{\overline{u}}_j(t); \underline{n}_{ij}^k) \tag{3.11}$$

$$\underline{\overline{u}}_i(0) = \mathfrak{A}(B_i)\underline{u}(0), \tag{3.12}$$

die Basisdiskretisierung des Boxansatzes heißen.

Es ist klar, daß wir durch den auftretenden Diskretisierungsfehler nur noch Approximationen $\underline{\overline{u}}(t) \approx \mathfrak{A}(Z)u(t)$ erwarten können. Um von den Darstellungen (3.6) und (3.8) auf die Basisdiskretisierungen zu kommen, wurde von vornherein eine einpunktige Gaußformel gewählt. Zur Analysis des Diskretisierungsfehlers der Basismethoden geben wir folgende Definition.

Definition 2.11 Eine Basisdiskretisierung heißt von r-ter Ordnung genau im Raum, wenn

$$\underline{H}(\underline{\overline{u}}_i, \underline{\overline{u}}_j; \underline{n}_{ij}) = \sum_{l=1}^{2} \underline{f}_l(\underline{u}(\underline{x}_{ij}(0), t))n_{ij,l} + \mathcal{O}(h^r)$$

für die Primärnetzmethode und

$$\underline{H}(\underline{\overline{u}}_i, \underline{\overline{u}}_j; \underline{n}_{ij}^k) = \sum_{l=1}^{2} \underline{f}_l(\underline{u}(\underline{x}_{ij}^k(0), t))n_{ij,l}^k + \mathcal{O}(h^r)$$

für die Boxmethode gilt.

Bemerkung 2.1 Im Hinblick auf die Verwendung der einpunktigen Gaußformel in Basisdiskretisierungen sind in der obigen Definition nur die Fälle $r \leq 2$ interessant.

Zur Analysis des Fehlers der Basisdiskretisierungen benötigen wir Informationen über die Approximationseigenschaften des Zellmittels. Trivial, aber bemerkenswert, ist folgende Aussage.

Lemma 2.2 *Gegeben sei die Identität* $\mathbf{R}^2 \ni \underline{x} \stackrel{\mathfrak{i}_{\mathbf{R}^2}}{\longmapsto} \mathfrak{i}(\underline{x}) = \underline{x} \in \mathbf{R}^2$. *Dann liefert für jedes Kontrollvolumen* $Z_i \subset \mathbf{R}^2$ *der Ausdruck* $\mathfrak{A}(Z_i)\mathfrak{i}_{\mathbf{R}^2}$ *den Schwerpunkt von* Z_i, *d.h.*

$$\mathfrak{A}(Z_i)\mathfrak{i}_{\mathbf{R}^2} = \frac{1}{|Z_i|}\int_{Z_i} \underline{x}\, d\underline{x} = \underline{c}_i. \tag{3.13}$$

Das Lemma folgt natürlich sofort aus der Definition des Schwerpunktes. Es erklärt aber auch die hervorzuhebenden Approximationseigenschaften des Zellmittelungsoperators im Schwerpunkt eines Kontrollvolumens.

Lemma 2.3 *Für den Zellmittelungsoperator gilt im Schwerpunkt* $\underline{c}_i$ *der Zelle* Z_i

$$\mathfrak{A}(Z_i)\underline{u}(t) = \underline{u}(\underline{c}_i, t) + \mathcal{O}\left(h^2\right).$$

Beweis: Ist $\underline{\alpha} = (\alpha_1, \alpha_2)$ ein Multiindex und $u_j, j = 1, \ldots, d$, eine Komponente von $\underline{u}$, dann lautet die Taylorentwicklung von u_j um den Schwerpunkt $\underline{c}_i$ unter geeigneten Glattheitsvoraussetzungen

$$u_j(\underline{x}, t) = \sum_{\mu=0}^{r-1} \frac{1}{\mu!} \sum_{|\underline{\alpha}|=\mu} (\underline{x} - \underline{c}_i)^{\underline{\alpha}}\, \partial^{\underline{\alpha}} u_j\big|_{\underline{x}=\underline{c}_i} + \mathcal{O}\left(|\underline{x} - \underline{c}_i|^r\right).$$

Wendet man den Zellmittelungsoperator $\mathfrak{A}(Z_i)$ an, so folgt

$$\mathfrak{A}(Z_i)u_j(t) = \sum_{\mu=0}^{r-1} \frac{1}{\mu!} \sum_{|\underline{\alpha}|=\mu} \frac{1}{|Z_i|} \int_{Z_i} (\underline{x} - \underline{c}_i)^{\underline{\alpha}}\, d\underline{x}\;\; \partial^{\underline{\alpha}} u_j\big|_{\underline{x}=\underline{c}_i} + \mathcal{O}\left(|\underline{x} - \underline{c}_i|^r\right).$$

Wählen wir $r = 2$, dann ergibt sich

$$\mathfrak{A}(Z_i)u_j(t) = u_j(\underline{c}_i, t) + \frac{1}{|Z_i|} \int\limits_{Z_i} (\underline{x} - \underline{c}_i)\, d\underline{x} \cdot \nabla_{\underline{x}}\, u_j(\underline{x}, t)\big|_{\underline{x}=\underline{c}_i}$$
$$+\mathcal{O}\left(|\underline{x} - \underline{c}_i|^2\right).$$

Nun gilt wegen (3.13) die Beziehung

$$\int\limits_{Z_i} (\underline{x} - \underline{c}_i)\, d\underline{x} = \underline{0},$$

die das Lemma beweist. □

Nicht ganz so vorteilhaft steht es um die Approximationseigenschaft des Zellmittelungsoperators in anderen Punkten als dem Schwerpunkt.

Lemma 2.4 *Ist Z_i eine Box oder ein Dreieck und ist $\underline{x} \in Z_i$ mit $\underline{x} \neq \underline{c}_i$, dann gilt*

$$\mathfrak{A}(Z_i)\underline{u}(t) = \underline{u}(\underline{x}, t) + \mathcal{O}(h).$$

Beweis: Der Beweis verläuft vollständig analog zum Beweis des vorhergehenden Lemmas. Da jetzt nicht um den Schwerpunkt der Zelle, sondern um einen anderen Punkt entwickelt werden muß, fällt der lineare Term in der Taylor-Entwicklung nicht mehr weg. □

Im Hinblick auf die Definition 2.11 folgt sofort eine wichtige Aussage über den Diskretisierungsfehler der Basisdiskretisierungen.

Satz 2.1 *Unter der Annahme der Glattheit der Lösung $\underline{u}$ sowie der numerischen Flußfunktion $\underline{H}$ und bei exaktem Zellmittel $\overline{\underline{u}}_i(t) = \mathfrak{A}(Z_i)\underline{u}(t)$ sind die in* Definition 2.10 *eingeführten Basisdiskretisierungen von erster Ordnung genau im Raum, d.h. es gilt $r = 1$ in Definition 2.11.*

2.3.4 Numerische Flußfunktionen

Die Literatur über numerische Flußfunktionen ist inzwischen nahezu unüberschaubar groß geworden, wie ein Blick in das Buch von Hirsch [69] zeigt. In der modernen numerischen Strömungsmechanik benutzt man heute fast ausschließlich sogenannte *upwind*-Verfahren[2], die im Kontext von Finite-Differenzen-Verfahren den einseitigen Differenzen entsprechen. In der Ingenieurliteratur unterscheidet man upwind-Flußfunktionen häufig in *flux vector splitting*- und *flux difference splitting*-Methoden. Wir werden uns dieser Unterteilung nicht anschließen, da sie nicht eindeutig ist.
Wir werden zwei upwind-Methoden diskutieren, nämlich das Verfahren von Steger & Warming [143] und die Methode von Osher & Solomon [109]. Betrachtet man eine skalare, lineare Erhaltungsgleichung

$$\partial_t u + a\partial_x u = 0$$

für $a \in \mathbf{R}$, so ergeben sich zwei grundsätzlich verschiedene Verläufe der durch

$$\frac{dx}{dt} = a$$

definierten charakteristischen Grundkurven. Für $a > 0$ verlaufen die charakteristischen Grundkurven in der (t, x)-Ebene mit positiver Steigung $1/a$, Information wird im Verlauf der Zeit also nur in Richtung der positiven x-Achse transportiert. Ein entsprechend anderes Verhalten folgt für $a < 0$. Eine Diskretisierung der linearen Advektionsgleichung sollte auf dieses Verhalten Rücksicht nehmen. Die einseitigen Differenzen

$$\partial_x u = \begin{cases} \dfrac{u_i(t) - u_{i-1}(t)}{\Delta x} + \mathcal{O}(\Delta x)\ ; a > 0 \\[2ex] \dfrac{u_{i+1}(t) - u_i(t)}{\Delta x} + \mathcal{O}(\Delta x)\ ; a < 0 \end{cases}$$

mit $u_i(t) := u(i\Delta x, t)$ respektieren gerade das Verhalten der charakteristischen Grundkurven. Definieren wir

$$a^+ := \max(a, 0) = \frac{1}{2}(a + |a|)$$
$$a^- := \min(a, 0) = \frac{1}{2}(a - |a|),$$

[2] Hier gibt es leider keine deutsche Entsprechung, so daß man mit gemischtsprachlichen Konstrukten leben muß.

dann ist durch

$$\begin{aligned} H(u_l, u_r) &:= H^+(u_l) + H^-(u_r) \\ H^+(u_l) &:= a^+ u_l \\ H^-(u_r) &:= a^- u_r \end{aligned} \tag{3.14}$$

eine einfache upwind-Flußfunktion definiert, mit der man vermöge

$$\frac{d}{dt} u_i(t) = -\frac{1}{\Delta x} \left(H(u_i(t), u_{i+1}(t)) - H(u_{i-1}(t), u_i(t)) \right)$$

ein upwind-Verfahren definieren kann. Diese einfache Konstruktionsidee ist die prinzipielle Basis aller upwind-Verfahren und führt durch direkte Verallgemeinerung auf Systeme auch direkt zum Verfahren von Steger & Warming. Für den Fall einer skalaren, nichtlinearen Erhaltungsgleichung

$$\partial_t u + \partial_x f(u) = 0$$

entwickelten Engquist und Osher [36] eine upwind-Flußfunktion, die sich durch einige hervorragende Eigenschaft auszeichnet und durch Verallgemeinerung zum Verfahren von Osher & Solomon führt. Wir nehmen o.B.d.A. $u(0) = 0$ an. Man definiert wieder

$$H^{EO}(u_l, u_r) := H^+(u_l) + H^-(u_r), \tag{3.15}$$

jetzt aber mit

$$H^+(u_l) := \int_0^{u_l} \mu(\xi) f'(\xi)\, d\xi \tag{3.16}$$

$$H^-(u_r) := \int_0^{u_r} (1 - \mu(\xi)) f'(\xi)\, d\xi, \tag{3.17}$$

wobei die Schalterfunktion

$$\mu(\xi) = \begin{cases} 1\, ; & f'(\xi) \geq 0 \\ 0\, ; & f'(\xi) < 0 \end{cases}$$

das upwind-Verhalten implementiert. Man überzeugt sich leicht davon, daß die numerische Flußfunktion von Engquist & Osher sich im Fall einer linearen Advektionsgleichung auf den einfachen upwind-Ansatz (3.14) reduziert.

Zu den positiven Eigenschaften der numerischen Flußfunktion von Engquist & Osher zählt ihre Monotonie (vergl. [36]). Nach bekannten Sätzen über monotone Verfahren ([61], [31]), (siehe auch Abschnitt 3.2 in Kapitel 3) sind damit Finite-Differenzen-Verfahren für skalare, nichtlineare Erhaltungsgleichungen automatisch konvergent gegen die Entropielösung. In mehreren Raumdimensionen und für Basisdiskretisierungen mit dem numerischen Fluß von Engquist & Osher existieren inzwischen ebenfalls Konvergenzresultate für skalare Erhaltungsgleichungen (siehe [75], [29]).

Für Finite-Volumen-Verfahren in mehreren Raumdimensionen muß noch der Normalenvektor an den Kanten berücksichtigt werden. Eine Basisdiskretisierung für die skalare Erhaltungsgleichung

$$\partial_t u + \sum_{i=1}^{2} \partial_{x_i} f_i(u) = 0$$

kann in der Form

$$\partial_t \overline{u}_i(t) = -\frac{1}{|T_i|} \sum_{j \in N(i)} H(\overline{u}_i(t), \overline{u}_j(t); \underline{n}_{ij})$$

angegeben werden, wobei die numerische Flußfunktion H durch

$$H(\overline{u}_i(t), \overline{u}_j(t); \underline{n}_{ij}) := H^1(\overline{u}_i(t), \overline{u}_j(t)) n_{ij,1} + H^2(\overline{u}_i(t), \overline{u}_j(t)) n_{ij,2}$$

definiert werden kann. Dabei sind H^1 und H^2 eindimensionale numerische Flußfunktionen, die der Konsistenzbedingung

$$H^i(s,s) = f_i(s) \quad , i = 1, 2,$$

genügen müssen. Damit lassen sich sämtliche numerische Flußfunktionen, die für eindimensionale Probleme entwickelt wurden, im Rahmen der Finite-Volumen-Methoden einsetzen. Insbesondere gilt

Definition 2.12 *Die Abbildung*

$$\begin{aligned} H^{EO}(u_l, u_r; \underline{n}) := & \int_0^{u_l} \mu(\xi) \sum_{i=1}^{2} f_i'(\xi) n_i \, d\xi \\ & + \int_0^{u_r} (1 - \mu(\xi)) \sum_{i=1}^{2} f_i'(\xi) n_i \, d\xi \end{aligned}$$

mit

$$\mu(\xi) = \begin{cases} 1\,; \sum_{i=1}^{2} f_i'(\xi) n_i \geq 0 \\ 0\,; \sum_{i=1}^{2} f_i'(\xi) n_i < 0 \end{cases}$$

heißt numerische Flußfunktion von Engquist & Osher.

Für die Euler-Gleichungen ist die Konstruktion geeigneter numerischer Flußfunktionen auch (äquivalent) einfacher zu beschreiben. Wie wir in Lemma 1.4 sahen, sind die Euler-Gleichungen rotationsinvariant, d.h. sie reduzieren sich in Richtung eines Vektors auf ein eindimensionales System, in dem nur noch eine der beiden Flußfunktionen auftaucht:

$$\frac{d}{dt}\int_Z \underline{u}\, d\underline{x} + \int_{\partial Z} \underline{\underline{T}}(\underline{n})^{-1} \underline{f}_1(\underline{\underline{T}}(\underline{n})\underline{u})\, ds = \underline{0}.$$

Ist $\underline{\tilde{H}}$ eine im Sinne von $\underline{\tilde{H}}(\underline{s}, \underline{s}) = \underline{f}_1(\underline{s})$ konsistente numerische Flußfunktion, dann ist

$$H(\overline{\underline{u}}_i(t), \overline{\underline{u}}_j(t); \underline{n}_{ij}) := \underline{\underline{T}}(\underline{n}_{ij})^{-1} \underline{\tilde{H}}(\underline{\underline{T}}(\underline{n}_{ij})\overline{\underline{u}}_i(t), \underline{\underline{T}}(\underline{n}_{ij})\overline{\underline{u}}_j(t))$$

die korrespondierende numerische Flußfunktion für eine Finite-Volumen-Methode.

Das Verfahren nach Steger & Warming [143] basiert auf der in Lemma 1.7 angegebenen Homogenität der Flußfunktionen der Euler-Gleichungen und der in Lemma 1.3 angegebenen Diagonalisierung der Matrix $\underline{\underline{A}}(\underline{u}, \underline{n}) := \nabla_{\underline{u}} \underline{f}_1(\underline{u}) n_1 + \nabla_{\underline{u}} \underline{f}_2(\underline{u}) n_2$ mit Hilfe der Matrix $\underline{\underline{P}}$, wie in (3.17) beschrieben. Sind die Flußfunktionen homogen, so folgt aus der Evolutionsgleichung (3.4) (Da sich alle Schritte für Boxmethoden ganz analog ergeben, verzichten wir auf eine Diskussion und behandeln nur den Fall der Primärnetzmethoden) auf dem Dreieck T_i

$$\begin{aligned} \frac{d}{dt}\mathfrak{A}(T_i)\underline{u}(t) &= -\frac{1}{|T_i|} \sum_{j \in N(i)} \int_{\partial T_i \cap \partial T_j} \left(\nabla_{\underline{u}} \underline{f}_1(\underline{u}) n_{ij,1} + \nabla_{\underline{u}} \underline{f}_2(\underline{u}) n_{ij,2} \right) \underline{u}\, ds \\ &= -\frac{1}{|T_i|} \sum_{j \in N(i)} \int_{\partial T_i \cap \partial T_j} \underline{\underline{A}}(\underline{u}, \underline{n}) \underline{u}\, ds. \end{aligned}$$

Nach (3.17) gilt $\underline{\underline{\Lambda}}(\underline{u}, \underline{n}) = \underline{\underline{P}}^{-1}(\underline{u}, \underline{n}) \underline{\underline{A}}(\underline{u}, \underline{n}) \underline{\underline{P}}(\underline{u}, \underline{n})$, wobei $\underline{\underline{\Lambda}}$ die Diagonalmatrix der Eigenwerte von $\underline{\underline{A}}$ bezeichnet. Wir zerlegen nun die Matrix $\underline{\underline{\Lambda}}$

genau so, wie wir bereits den Koeffizienten a in der skalaren Advektionsgleichung zerlegt haben, nämlich in einen positiven und einen negativen Anteil:

$$\underline{\underline{\Lambda}}^+(\underline{u},\underline{n}) := \frac{1}{2}(\underline{\underline{\Lambda}} + |\underline{\underline{\Lambda}}|)(\underline{u},\underline{n})$$
$$\underline{\underline{\Lambda}}^-(\underline{u},\underline{n}) := \frac{1}{2}(\underline{\underline{\Lambda}} - |\underline{\underline{\Lambda}}|)(\underline{u},\underline{n}).$$

Dabei definieren wir den Betrag einer Diagonalmatrix als die Diagonalmatrix der Beträge. Mit Hilfe der Zerlegung $\underline{\underline{\Lambda}} = \underline{\underline{\Lambda}}^+ + \underline{\underline{\Lambda}}^-$ lassen sich nun die Matrizen

$$\underline{\underline{A}}^\pm(\underline{u},\underline{n}) := \underline{\underline{P}}(\underline{u},\underline{n})\underline{\underline{\Lambda}}^\pm(\underline{u},\underline{n})\underline{\underline{P}}^{-1}(\underline{u},\underline{n})$$

definieren, auf denen die numerische Flußfunktion von Steger & Warming beruht.

Definition 2.13 Die Abbildung

$$H^{SW}(\underline{u}_l,\underline{u}_r;\underline{n}) := \underline{\underline{A}}^+(\underline{u}_l,\underline{n})\underline{u}_l + \underline{\underline{A}}^-(\underline{u}_r,\underline{n})\underline{u}_r$$

heißt numerische Flußfunktion von Steger & Warming.

Man überzeugt sich leicht von der Konsistenz dieser Flußfunktion, denn es gilt

$$\begin{aligned} H^{SW}(\underline{u},\underline{u};\underline{n}) &= (\underline{\underline{A}}^+ + \underline{\underline{A}}^-)(\underline{u},\underline{n})\underline{u} = (\underline{\underline{P}}(\underline{\underline{\Lambda}}^+ + \underline{\underline{\Lambda}}^-)\underline{\underline{P}}^{-1})(\underline{u},\underline{n})\underline{u} \\ &= \underline{\underline{P}}(\underline{u},\underline{n})\underline{\underline{\Lambda}}(\underline{u},\underline{n})\underline{\underline{P}}^{-1}(\underline{u},\underline{n})\underline{u} = \underline{\underline{A}}(\underline{u},\underline{n})\underline{u} \\ &= \nabla_{\underline{u}}\underline{f}_1(\underline{u})\underline{u}n_1 + \nabla_{\underline{u}}\underline{f}_2(\underline{u})\underline{u}n_2 = \underline{f}_1(\underline{u})n_1 + \underline{f}_2(\underline{u})n_2, \end{aligned}$$

wobei die letzte Gleichheit wieder wegen der Homogenität der Flüsse folgt.

Im Gegensatz zu der numerischen Flußfunktion von Steger & Warming enthält die für die Euler-Gleichungen verallgemeinerte Methode von Engquist & Osher – die numerische Flußfunktion von Osher & Solomon – wesentlich mehr physikalische Details.

Zur Beschreibung gehen wir auf die lokal eindimensionale Form (3.18) der Euler-Gleichungen in Richtung des Normalenvektors $\underline{n}$ zurück. Wir verwenden wieder die Bezeichnung

$$\underline{\tilde{u}} := \underline{\underline{T}}(\underline{n})\underline{u}$$

für die neue Variable im gedrehten Koordinatensystem und schreiben somit die Evolutionsgleichung für Zellmittel nach 2.7 in der Form

$$\frac{d}{dt}\mathfrak{A}(Z_i)\underline{u}(t) + \sum_{j\in N(i)} \underline{\underline{T}}^{-1}(\underline{n}_{ij}) \int_{\partial Z_i \cap \partial Z_j} \underline{f}_1(\underline{\tilde{u}})\, ds = \underline{0}. \tag{3.18}$$

Die numerische Flußfunktion von Engquist & Osher für skalare Erhaltungsgleichungen in einer Raumdimension (3.15), (3.16), (3.17) läßt sich unmittelbar in die Form

$$H^{EO}(u_l, u_r) = H^+(u_l) + H^-(u_r) = f(u_r) - \int_{u_l}^{u_r} \mu(\xi) f'(\xi)\, d\xi$$

überführen. Wir wollen diese Form auf das System (3.18) der Euler-Gleichungen übertragen.

Nach Lemma 1.5 läßt sich die Jacobi-Matrix $\nabla_{\underline{\tilde{u}}}\, \underline{f}_i(\underline{\tilde{u}})$ ebenfalls diagonalisieren. Die Diagonalmatrix sei wieder mit $\underline{\underline{\Lambda}}$ bezeichnet[3]. Die Zerlegung in eine Matrix mit positiven und eine mit negativen Einträgen geschieht durch

$$\underline{\underline{\Lambda}}^+(\underline{\tilde{u}}) := \frac{1}{2}(\underline{\underline{\Lambda}} + |\underline{\underline{\Lambda}}|)(\underline{\tilde{u}})$$

$$\underline{\underline{\Lambda}}^-(\underline{\tilde{u}}) := \frac{1}{2}(\underline{\underline{\Lambda}} - |\underline{\underline{\Lambda}}|)(\underline{\tilde{u}}),$$

und die Matrizen $\underline{\underline{A}}^{\pm}$ seien wieder durch

$$\underline{\underline{A}}^{\pm}(\underline{\tilde{u}}) := \underline{\underline{P}}(\underline{\tilde{u}})\underline{\underline{\Lambda}}^{\pm}(\underline{\tilde{u}})\underline{\underline{P}}^{-1}(\underline{\tilde{u}})$$

gegeben, wobei die Matrix $\underline{\underline{P}}(\underline{\tilde{u}})$ jetzt konsequenterweise die Diagonalisierungsmatrix der Jacobi-Matrix $\nabla_{\underline{\tilde{u}}}\, \underline{f}_1$ bezeichnet.

Im Fall des eindimensionalen Systems (3.18) nehmen wir nun an, daß es Funktionen $\mathbf{R}^4 \ni \underline{\tilde{u}} \overset{\underline{H}^+, \underline{H}^-}{\longmapsto} \underline{H}^+(\underline{\tilde{u}}), \underline{H}^-(\underline{\tilde{u}}) \in \mathbf{R}^4$ gibt, so daß

$$\underline{f}_1(\underline{\tilde{u}}) = \underline{H}^+(\underline{\tilde{u}}) + \underline{H}^-(\underline{\tilde{u}})$$

mit

$$\nabla_{\underline{\tilde{u}}} \underline{H}^{\pm}(\underline{\tilde{u}}) = \underline{\underline{A}}^{\pm}(\underline{\tilde{u}})$$

[3] Verwechselungen mit den entsprechenden gleichbenannten Größen bei der Entwicklung der numerischen Flußfunktion von Steger & Warming sind nicht zu erwarten.

gilt. Analog zum numerischen Fluß von Engquist und Osher definieren wir dann

$$\begin{aligned}
\underline{H}^{OS}(\tilde{\underline{u}}_l, \tilde{\underline{u}}_r) &:= \underline{H}^+(\tilde{\underline{u}}_l) + \underline{H}^-(\tilde{\underline{u}}_r) \\
&= \underline{f}_1(\tilde{\underline{u}}_l) - \underline{H}^-(\tilde{\underline{u}}_l) + \underline{H}^-(\tilde{\underline{u}}_r) = \underline{f}_1(\tilde{\underline{u}}_l) + \int_{\tilde{\underline{u}}_l}^{\tilde{\underline{u}}_r} \underline{\underline{A}}^-(\underline{\xi})\, d\underline{\xi} \\
&= \underline{f}_1(\tilde{\underline{u}}_r) - \underline{H}^+(\tilde{\underline{u}}_r) + \underline{H}^+(\tilde{\underline{u}}_l) = \underline{f}_1(\tilde{\underline{u}}_r) - \int_{\tilde{\underline{u}}_l}^{\tilde{\underline{u}}_r} \underline{\underline{A}}^+(\underline{\xi})\, d\underline{\xi} \\
&= \frac{1}{2}(\underline{f}_1(\tilde{\underline{u}}_l) + \underline{f}_1(\tilde{\underline{u}}_r)) - \frac{1}{2}\int_{\tilde{\underline{u}}_l}^{\tilde{\underline{u}}_r} |\underline{\underline{A}}(\underline{\xi})|\, d\underline{\xi}
\end{aligned} \tag{3.19}$$

als die numerische Flußfunktion von Osher & Solomon ([109]), wobei $|\underline{\underline{A}}| := \underline{\underline{A}}^+ - \underline{\underline{A}}^-$ gesetzt wurde. Die auftretenden Integrale sind Intergale im Zustandsraum und daher als Linienintegrale aufzufassen, die längs Kurven berechnet werden müssen, die die Zustände $\tilde{\underline{u}}_l$ und $\tilde{\underline{u}}_r$ verbinden. Man kann zeigen, daß diese Integrale wegabhängig sind ([109]), weshalb die Eigenschaften des resultierenden Verfahrens zu einem vorgebenen Weg nachgeprüft werden müssen.

Die Idee von Osher und Solomon, die zu einer praktikablen numerischen Flußfunktion mit bemerkenswerten Eigenschaften führt, liegt in der Wahl des Integrationsweges. Wir nehmen an, daß die Zustände $\tilde{\underline{u}}_l$ und $\tilde{\underline{u}}_r$ stets durch einfache Wellen verbunden werden können. Wir parametrisieren dazu den Weg durch einen reellen Parameter $s \in [0,1]$. Da $\tilde{\underline{u}}_l$ und $\tilde{\underline{u}}_r$ (nach Annahme) durch eine einfache Welle verbunden werden können, ist $\tilde{\underline{u}}(s,t)$ für festes t Lösung des Problems

$$\begin{aligned}
\frac{d\tilde{\underline{u}}}{ds}(s,t) &= \underline{r}_k(\tilde{\underline{u}}(s,t) \\
\tilde{\underline{u}}(0,t) &= \tilde{\underline{u}}_l \\
\tilde{\underline{u}}(1,t) &= \tilde{\underline{u}}_r,
\end{aligned}$$

wobei die $\underline{r}_k$ die in Lemma 1.5 angegebenen rechten Eigenvektoren von $\nabla_{\tilde{\underline{u}}}\, \underline{f}_1$ bezeichnen. Damit ist z.B. das Integral $\int_{\tilde{\underline{u}}_l}^{\tilde{\underline{u}}_r} \underline{\underline{A}}^-(\underline{\xi})\, d\underline{\xi}$ berechenbar, denn es gilt

$$\int_{\tilde{\underline{u}}_l}^{\tilde{\underline{u}}_r} \underline{\underline{A}}^-(\underline{\xi})\, d\underline{\xi} = \int_0^1 \underline{\underline{A}}^-(\tilde{\underline{u}}(s,t)) \frac{d\tilde{\underline{u}}}{ds}(s,t)\, ds$$

$$= \int_0^1 \underline{\underline{A}}^-(\underline{\tilde{u}}(s,t))\underline{r}_k(\underline{\tilde{u}}(s,t))\,ds$$
$$= \int_0^1 \lambda_k^-(\underline{\tilde{u}}(s,t))\underline{r}_k(\underline{\tilde{u}}(s,t))\,ds.$$

Die auftretenden Eigenwerte λ_k sind die Eigenwerte der Jacobi-Matrix $\nabla_{\underline{\tilde{u}}}\underline{f}_1$, was durch die auftretenden Argumente klar sein sollte.

Offenbar existieren vier Wege $\Gamma_k, k = 1, 2, 3, 4$, die zu den vier rechten Eigenvektoren $\underline{r}_k(\underline{\tilde{u}})$ korrespondieren. Betrachtet man die Vorzeichenwechsel der Eigenwerte auf den Wegen als Fallunterscheidung, dann kann die numerische Flußfunktion explizit angegeben werden. Dazu benötigen wir die

Definition 2.14 Ein Zustand $\underline{\tilde{u}}_s \in S$ mit $\lambda_1(\underline{\tilde{u}}_s) = 0$ oder $\lambda_4(\underline{\tilde{u}}_s) = 0$ heißt sonischer Punkt.

Gehört $\underline{r}_k$ zu einem echt nichtlinearen Feld (vgl. Definiton 1.10), dann folgt aus $\frac{d}{ds}\lambda_k(\underline{\tilde{u}}(s,t)) = \nabla_{\underline{\tilde{u}}}\lambda_k(\underline{\tilde{u}}(s,t))\frac{d\underline{\tilde{u}}}{ds}(s,t) = \nabla_{\underline{\tilde{u}}}\lambda_k(\underline{\tilde{u}}(s,t))\underline{r}_k(\underline{\tilde{u}}(s,t)) \neq 0$, daß λ_k monoton entlang Γ_k ist. Auf echt nichtlinearen Feldern ändert also λ_k höchstens einmal das Vorzeichen. Auf linear degenerierten Feldern ist λ_k *per definitionem* konstant. Führt man nun die Fallunterscheidung für die möglichen Vorzeichenwechsel von λ_k auf Γ_k durch, so erhält man

Lemma 2.5 *Die numerische Flußfunktion von Osher & Solomon für die Euler-Gleichungen ist gegeben durch*

$$\underline{H}^{OS}(\underline{\tilde{u}}_l, \underline{\tilde{u}}_r) := \sum_{k=1}^{4} \underline{H}_k^{OS}(\underline{\tilde{u}}_l, \underline{\tilde{u}}_r)$$

mit

$$\underline{H}_k^{OS}(\underline{\tilde{u}}_l, \underline{\tilde{u}}_r) = \begin{cases} \underline{f}_1(\underline{\tilde{u}}_l) & ; \lambda_k \geq 0 \text{ auf } \Gamma_k \\ \underline{f}_1(\underline{\tilde{u}}_r) & ; \lambda_k < 0 \text{ auf } \Gamma_k \\ \underline{f}_1(\underline{\tilde{u}}_r) - \underline{f}_1(\underline{\tilde{u}}_s) + \underline{f}_1(\underline{\tilde{u}}_l) & ; \lambda_k(\underline{\tilde{u}}_l) > 0, \lambda_k(\underline{\tilde{u}}_r) < 0, \lambda_k(\underline{\tilde{u}}_s) = 0 \\ \underline{f}_1(\underline{\tilde{u}}_s) & ; \lambda_k(\underline{\tilde{u}}_l) < 0, \lambda_k(\underline{\tilde{u}}_r) > 0, \lambda_k(\underline{\tilde{u}}_s) = 0. \end{cases}$$

Es bleibt noch offen, wie man die Zustände an den Schnittpunkten der vier Wege zu berechnen hat. Nach Satz 1.6 sind gerade die Riemannschen Invarianten konstant auf den von Osher und Solomon gewählten Wegen. Unter Ausnutzung dieser Eigenschaft sieht man sofort, daß nur die Wege Γ_1, Γ_2 und Γ_4 interessieren, da die Wege Γ_2 und Γ_3 linear degeneriert sind und $\lambda_2 = \lambda_3$ gilt. Da λ_2 selbst bereits eine Riemannsche Invariante ist, ist Γ_3 offenbar überflüssig.

Für die Details der Berechnung verweisen wir auf die Arbeit von Spekreijse [142]. Dort ist die numerische Flußfunktion von Osher & Solomon sehr detailliert beschrieben und dort wird auch eine leichte Modifikation der Methode diskutiert, die sich auf die Reihenfolge der Wege Γ_k bezieht. In der Arbeit von Osher und Solomon [109] wird gezeigt, daß der so definierte numerische Fluß für räumlich eindimensionale Systeme die Entropiebedingung erfüllt. Für die Bedeutung der Entropie-Bedingung für numerische Methoden verweise ich auf [137].

Es gibt interessante Parallelen zur numerischen Flußfunktion von Roe [118]. Während die Methode von Osher & Solomon die numerische Lösung als einfache Wellen darstellt, benutzt die Methode von Roe nur Unstetigkeiten zur Darstellung. Damit sind diese beiden Verfahren an den entgegengesetzten Enden einer Fülle von denkbaren numerischen Flußfunktionen angesiedelt. Kehren wir nun zur Analysis der Finite-Volumen-Methoden zurück.

2.3.5 Finite-Volumen-Verfahren

Ein Fehler der Größe $\mathcal{O}(h)$ in den Basisdiskretisierungen ist für praktische Anwendungen unakzeptabel hoch. Betrachten wir etwa das Modellproblem

$$\partial_t u + \underline{a} \cdot \nabla_{\underline{x}} u = 0 \tag{3.20}$$

$$u(\underline{x}, 0) = u_0(\underline{x}), \quad \underline{x} \in \mathbf{R}^2 \tag{3.21}$$

mit

$$\underline{a} = \begin{pmatrix} a_1 \\ a_2 \end{pmatrix} := \begin{pmatrix} \frac{1}{2} - x_2 \\ x_1 - \frac{1}{2} \end{pmatrix} \tag{3.22}$$

und

$$u_0(\underline{x}) = \begin{cases} -\frac{1}{0.01}((x_1 - \frac{3}{4})^2 + (x_2 - \frac{1}{2})^2) + 1 \,; & (x_1 - \frac{3}{4})^2 + (x_2 - \frac{1}{2})^2 \leq 0.01 \\ 0 & ; \text{ sonst.} \end{cases}$$

Die Anfangswertfunktion ist damit ein Kegel, dessen Mittelpunkt seines Basiskreises bei $\underline{x} = (0.75, 0.5)$ liegt. Der Radius des Basiskreises ist $r = 0.1$ und die Kegelhöhe beträgt 1. Die Advektionsgleichung, die sich natürlich durch $f_i(u) := a_i u$ trivialerweise als Erhaltungsgleichung schreiben läßt, bewegt den Anfangskegel auf einer Kreisbahn um den Punkt $\underline{x} = (0.5, 0.5)$ in der Zeit $t = 2\pi$ um 360°. Die Güte eines numerischen Verfahrens läßt sich an der Form und der Höhe des transportierten Kegels messen.

Wir wählen die Basisdiskretisierung des Primärnetzansatzes und als numerische Flußfunktion die von Engquist und Osher beschriebene Methode [69], siehe Definition 2.12, die für unsere Modellgleichung die Form

$$\begin{aligned} H^{EO}(u_l, u_r; \underline{n}) &:= \left(H^+(u_l, \underline{n}) + H^-(u_r, \underline{n})\right) \\ H^+(u_l, \underline{n}) &:= u_l \max(\underline{a} \cdot \underline{n}, 0) \\ H^-(u_r, \underline{n}) &:= u_r \min(\underline{a} \cdot \underline{n}, 0) \end{aligned} \tag{3.23}$$

annimmt. Offensichtlich ist H^{EO} ein zulässiger numerischer Fluß, denn es gilt $H^{EO}(u, u; \underline{n}) = u\underline{a} \cdot \underline{n} = f_1(u)n_1 + f_2(u)n_2$.

Für die Zeitdiskretisierung wird im Hinblick auf die schlechte Approximationsordnung im räumlichen Teil der Basismethode die einfache Vorwärtsdifferenz

$$\frac{d}{dt}\overline{u}_i(t) = \frac{\overline{u}_i(t + \Delta t) - \overline{u}_i(t)}{\Delta t} + \mathcal{O}(\Delta t)$$

gewählt. Die $\overline{u}_i$ und $\overline{u}_j$ in der numerischen Flußfunktion werden jeweils zur Zeit t benutzt, so daß das resultierende Verfahren explizit auflösbar wird. Ist $t_n := n\Delta t$, $\overline{u}_i^n := \overline{u}_i(t_n)$, so ergibt sich die Basisdiskretisierung zu

$$\begin{aligned} \overline{u}_i^{n+1} &= \overline{u}_i^n - \frac{\Delta t}{|T_i|} \sum_{j \in N(i)} |\partial T_i \cap \partial T_j| \, H^{EO}(\overline{u}_i^n, \overline{u}_j^n; \underline{n}_{ij}) \\ \overline{u}_i^0 &= \mathfrak{A}(T_i) u(0). \end{aligned}$$

Das Gebiet Ω sei das Quadrat $\Omega = [-1, 1] \times [-1, 1]$. Abbildung 2.4 zeigt eine Triangulierung des Gebiets mit 400 Knoten und 722 Dreiecken und eine Triangulierung mit 2500 Knoten und 4802 Dreiecken. Abbildung 2.5 zeigt die Lösung der Basisdiskretisierung zur Zeit $t = \pi$. Zu dieser Zeit hat sich der Kegel von seiner Ausgangsposition $\underline{x} = (0.75, 0.5)$ um 180° auf die Position $\underline{x} = (-0.75, 0.5)$ gedreht. Da die numerische Lösung aus stückweise

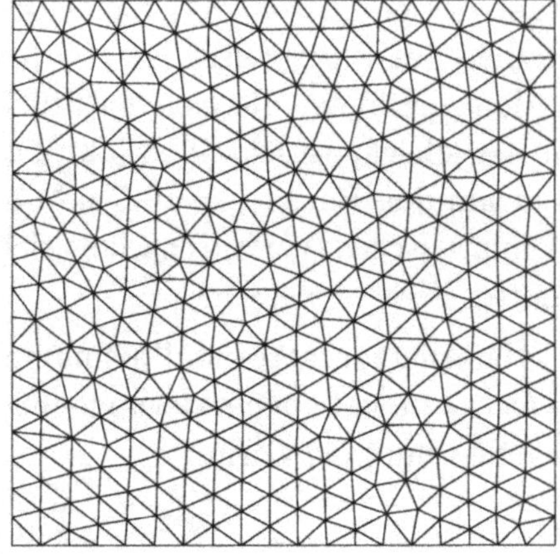

Abb. 2.4 Triangulierungen $\mathcal{T}_{h^1}$ und $\mathcal{T}_{h^2}$

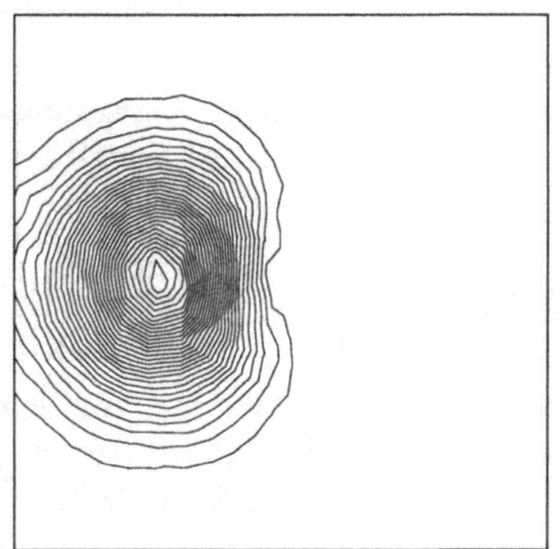

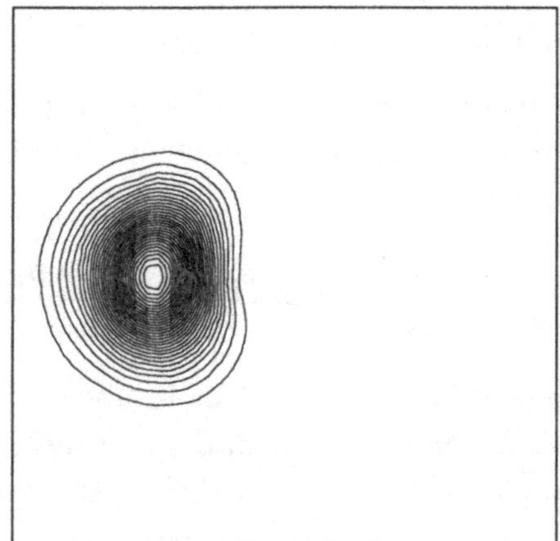

Abb. 2.5 Lösungen der Basisdiskretisierung

Konstanten auf den Dreiecken besteht, ist zur Darstellung eine stückweise lineare Interpolation vorgenommen worden. Jedem Knoten wird dabei das arithmetische Mittel der stückweise konstanten Lösungen auf den ihn umgebenden Dreiecken zugewiesen. Die verbleibende Kegelhöhe spiegelt den hohen Fehler der Basisdiskretisierung deutlich wieder, wie die nachfolgende Tabelle zeigt.

Triangulierung	Typisches h	Kegelhöhe nach $t = \pi$
$\mathcal{T}_{h^1}$	0.05	0.176
$\mathcal{T}_{h^2}$	0.02	0.382

Neben diesem enttäuschenden Resultat zeigt ein Blick auf die Abbildung 2.5, daß auch die Form des Kegels stark gelitten hat. Auf dem groben Netz ist der Kegel über den Rand geflossen und nicht mehr als Kegel zu erkennen. Selbst auf dem sehr feinen Netz hat die Kegelform gelitten und die Mantelfläche ist deformiert.[4]

Dieses Modellproblem legt die Verbesserung der Genauigkeit von Finite-Volumen-Methoden bereits nahe. Der hohe Fehler der Basisdiskretisierungen, der in Lemma 2.1 gezeigt wurde, rührt (für den räumlichen Teil) ausschließlich von den schlechten Approximationseigenschaften des Zellmittelungsoperators in den Gaußpunkten her, vergleiche Lemma 2.4. Daraus ergibt sich sofort eine Strategie zur Verbesserung der Genauigkeit.

Definition 2.15 Es sei Z_i ein Dreieck oder eine Box und

$$Z_i \times \mathbf{R}_+ \ni (\underline{x}, t) \overset{\underline{p}_i}{\longmapsto} \underline{p}_i(\underline{x}, t) \in \mathbf{R}^d$$

eine auf Z_i glatte Funktion mit

$$\forall \underline{x} \in Z_i : \quad \underline{p}_i(\underline{x}, t) - \underline{u}(\underline{x}, t) = \mathcal{O}(h^r), \quad r > 0, \tag{3.24}$$

und

$$\mathfrak{A}(Z_i)\underline{p}_i(t) = \mathfrak{A}(Z_i)\underline{u}_i(t).$$

Dann heißt

$$\frac{d}{dt}\overline{\underline{u}}_i(t) =$$
$$-\tfrac{1}{|T_i|}\textstyle\sum_{j\in N(i)} \tfrac{|\partial T_i \cap \partial T_j|}{2} \sum_{\nu=1}^{n_G} \omega_\nu \underline{H}\left(\underline{p}_i(\underline{x}_{ij}(s_\nu), t), \underline{p}_j(\underline{x}_{ij}(s_\nu), t); \underline{n}_{ij}\right)$$

[4]Die Probleme der Finite-Volumen-Verfahren mit diesem Testproblem erscheinen katastrophal, da bereits einfache Galerkin-Finite-Elemente-Verfahren hier wesentlich besser abschneiden. Es muß jedoch festgehalten werden, daß unsere Finite-Volumen-Methoden auf den nichtlinearen Fall hin ausgelegt worden sind. Lineare Probleme zählen hier also zu den 'harten' Problemen.

Finite-Volumen-Verfahren im Primärnetzansatz und entsprechend heißt

$$\frac{d}{dt}\overline{\underline{u}}_i(t) =$$
$$-\frac{1}{|B_i|}\sum_{j\in N(i)}\sum_{k=1}^{2}\frac{|l_{ij}^k|}{2}\sum_{\nu=1}^{n_G}\omega_\nu^k \underline{H}\left(\underline{p}_i(\underline{x}_{ij}^k(s_\nu),t),\underline{p}_j(\underline{x}_{ij}^k(s_\nu),t);\underline{n}_{ij}^k\right)$$

Finite-Volumen-Verfahren im Boxansatz.

Man sieht sofort, daß die in Definition 2.15 beschriebenen Verfahren direkte Verallgemeinerungen der Basisdiskretisierungen (3.9) und (3.11) sind. Die Basisdiskretisierungen sind in (3.25) und (3.25) enthalten, wenn man nur

$$\underline{p}_i(\underline{x},t) := \mathfrak{A}(Z_i)\underline{u}(t)$$

setzt.

Wir müssen noch erklären, in welchem Sinn wir die Approximationsordnung von Finite-Volumen-Verfahren verstehen wollen.

Definition 2.16 Ein Finite-Volumen-Verfahren im Primärnetzansatz heißt von q-ter Ordnung genau im Raum, wenn

$$\sum_{\nu=1}^{n_G}\omega_\nu \underline{H}\left(\underline{p}_i(\underline{x}_{ij}(s_\nu),t),\underline{p}_j(\underline{x}_{ij}(s_\nu),t),\underline{n}_{ij}\right) =$$
$$\int_{-1}^{1}\sum_{l=1}^{2}\underline{f}_l\left(\underline{u}(\underline{x}_{ij}(s),t)\right)n_{ij,l}\,ds + \mathcal{O}\left(h^q\right)$$

gilt. Entsprechend heißt ein Finite-Volumen-Verfahren im Boxansatz von q-ter Ordnung genau, wenn

$$\sum_{\nu=1}^{n_G}\omega_\nu^k \underline{H}\left(\underline{p}_i(\underline{x}_{ij}^k(s_\nu),t),\underline{p}_j(\underline{x}_{ij}^k(s_\nu),t),\underline{n}_{ij}^k\right) =$$
$$\int_{-1}^{1}\sum_{l=1}^{2}\underline{f}_l\left(\underline{u}(\underline{x}_{ij}^k(s),t)\right)n_{ij,l}^k\,ds + \mathcal{O}\left(h^q\right)$$

gilt.

Offenbar verallgemeinert diese Definition die bereits bei Basisdiskretisierungen benutzte Definition 2.11. Dort war $n_G = 1, \omega_\nu = 2$ (bzw. $\omega_\nu^k = 2$) und daher folgt

$$2\underline{H}(\overline{\underline{u}}_i, \overline{\underline{u}}_j; \underline{n}_{ij}) = 2\sum_{l=1}^{2} \underline{f}_l(\underline{u}(\underline{x}_{ij}(0), t))n_{ij,l} + \mathcal{O}(h)$$

bzw. $2\underline{H}(\overline{\underline{u}}_i, \overline{\underline{u}}_j; \underline{n}_{ij}) = 2\sum_{l=1}^{2} \underline{f}_l(\underline{u}(\underline{x}_{ij}^k(0), t))n_{ij,l}^k + \mathcal{O}(h)$. Der Faktor 2 hebt sich in den Verfahren der Definition 2.16 genau weg und ergibt die Basisdiskretisierungen (3.9) bzw. (3.11).

In dem von uns gewählten Ordnungsbegriff gibt es ein tieferliegendes Zusammenspiel zwischen der Approximationsordnung r der (noch nicht spezifizierten) Funktionen $\underline{p}_i$ (siehe (3.24)) und dem Diskretisierungsfehler der Gaußquadratur. Dieser Zusammenhang ist entscheidend bei der Wahl einer Gaußquadratur.

Satz 2.2 *Ist ein Finite-Volumen-Verfahren von q-ter Ordnung genau im Raum, dann gilt*

$$q = \min(r, 2n_G),$$

wobei r durch

$$\underline{H}\left(\underline{p}_i(\underline{x}_{ij}(s_\nu), t), \underline{p}_j(\underline{x}_{ij}(s_\nu), t); \underline{n}_{ij}\right) = \\ \sum_{l=1}^{2} \underline{f}_l(\underline{u}(\underline{x}_{ij}(s_\nu), t))n_{ij,l} + \mathcal{O}\left(h^r\right)$$

bzw. durch $\underline{H}\left(\underline{p}_i(\underline{x}_{ij}^k(s_\nu), t), \underline{p}_j(\underline{x}_{ij}^k(s_\nu), t); \underline{n}_{ij}^k\right) = \sum_{l=1}^{2} \underline{f}_l(\underline{u}(\underline{x}_{ij}^k(s_\nu), t))n_{ij,l}^k + \mathcal{O}\left(h^r\right)$ *bestimmt ist.*

Beweis: Für das Finite-Volumen-Verfahren im Primärnetzansatz folgt bei angenommener Glattheit der Lösung und der numerischen Flußfunktion

$$\sum_{\nu=1}^{n_G} \omega_\nu \underline{H}\left(\underline{p}_i(\underline{x}_{ij}(s_\nu), t), \underline{p}_j(\underline{x}_{ij}(s_\nu), t); \underline{n}_{ij}\right) = \\ \sum_{\nu=1}^{n_G} \omega_\nu \left(\underline{H}\left(\underline{u}(\underline{x}_{ij}(s_\nu), t), \underline{u}(\underline{x}_{ij}(s_\nu), t); \underline{n}_{ij}\right) + \mathcal{O}\left(h^r\right)\right) = \\ \sum_{\nu=1}^{n_G} \omega_\nu \left(\sum_{l=1}^{2} \underline{f}_l(\underline{u}(\underline{x}_{ij}(s_\nu), t)) + \mathcal{O}\left(h^r\right)\right),$$

letzteres wegen der Konsistenz des numerischen Flusses. Wegen der von uns vorgenommenen Parametrisierung auf den Kanten hängen die Gewichte ω_ν nicht mehr von h ab. Damit gilt

$$\sum_{\nu=1}^{n_G} \omega_\nu \left(\sum_{l=1}^{2} \underline{f}_l(\underline{u}(\underline{x}_{ij}(s_\nu),t)) + \mathcal{O}(h^r) \right) = \sum_{\nu=1}^{n_G} \sum_{l=1}^{2} \omega_\nu \underline{f}_l(\underline{u}(\underline{x}_{ij}(s_\nu),t)) + \mathcal{O}(h^r).$$

Die verbleibende Gaußquadratur ist von der Ordnung $2n_G$ auf dem Intervall $[-1,1]$, also folgt schließlich

$$\begin{aligned}
&\sum_{\nu=1}^{n_G} \sum_{l=1}^{2} \omega_\nu \underline{f}_l(\underline{u}(\underline{x}_{ij}(s_\nu),t)) + \mathcal{O}(h^r) = \\
&\int_{-1}^{1} \sum_{l=1}^{2} \underline{f}_l(\underline{u}(\underline{x}_{ij}(s),t)) n_{ij,l}\, ds + \mathcal{O}\left(h^{2n_G}\right) + \mathcal{O}(h^r) = \\
&\int_{-1}^{1} \sum_{l=1}^{2} \underline{f}_l(\underline{u}(\underline{x}_{ij}(s),t)) n_{ij,l}\, ds + \mathcal{O}\left(h^{\min(r,2n_G)}\right).
\end{aligned}$$

Die Übertragung auf Boxmethoden ist trivial. □

Wir wollen den räumlichen Fehler weiter vom Fehler der Zeitdiskretisierung getrennt halten. Daher benötigen wir noch die Definition des zeitlichen Diskretisierungsfehlers. Die spezielle Form eines Zeitschrittverfahrens lassen wir dabei noch offen.

Definition 2.17 Es sei Z_i eine Box oder ein Dreieck. Es bezeichne $\Delta\left(\frac{d}{dt}\underline{\overline{u}}_i(t)\right)$ eine Diskretisierung der zeitlichen Ableitung und $\Delta t > 0$ das Inkrement zwischen zwei diskreten Zeitpunkten. Ein Finite-Volumen-Verfahren heißt von q_t-ter Ordnung genau in der Zeit, wenn

$$\Delta\left(\frac{d}{dt}\underline{\overline{u}}_i(t)\right) = \frac{d}{dt}\underline{\overline{u}}_i(t) + \mathcal{O}\left((\Delta t)^{q_t}\right)$$

gilt.

2.4 Bemerkungen zum Diskretisierungsfehler

Es mag etwas verwunderlich erscheinen, den räumlichen Diskretisierungsfehler einer Finite-Volumen-Methode in der Form der Definition 2.16 zu fassen und von der Zeitdiskretisierung zu trennen. Klassischerweise würde man eine Konsistenzdefinition der Form

$$\Delta\left(\frac{d}{dt}\underline{\overline{u}}_i(t)\right)+$$
$$\frac{1}{|T_i|}\sum_{j\in N(i)}\frac{|\partial T_i\cap\partial T_j|}{2}\sum_{\nu=1}^{n_G}\omega_\nu \underline{H}(\underline{p}_i(\underline{x}_{ij}(s_\nu),t),\underline{p}_j(\underline{x}_{ij}(s_\nu),t);\underline{n}_{ij})=$$
$$\left(\partial_t\underline{u}+\sum_{l=1}^{2}\partial_{x_l}\underline{f}_l(\underline{u})\right)\Big|_{T_i}+\mathcal{O}\left(\Delta t^{q_t}\right)+\mathcal{O}\left(h^q\right)$$

erwarten. Es ist allerdings seit längerer Zeit bekannt, daß solche Konsistenzaussagen für Verfahren auf unstrukturierten Netzen (Triangulierungen oder Boxen) geometrieabhängig und daher wertlos sind, siehe etwa die Untersuchungen von Roe [117]. Das gleiche gilt auch für sogenannte zellenzentrierte Finite-Volumen-Verfahren auf Vierecksnetzen, vergleiche dazu die Arbeit von Morton und Paisley [104]. Geiben, Kröner und Rokyta haben in [42] ein Finite-Volumen-Verfahren (in unserem Sinne eine Basisdiskretisierung) für eine lineare Advektionsgleichung auf die obige Konsistenz hin untersucht. Durch Auslöschungseffekte bei gleichseitigen Dreiecken, bei denen eine Seite parallel zur x_1-Achse liegt, annulierten sich die Fehler und ergaben eine Konsistenzordnung von $\mathcal{O}(1)$ im obigen Sinne. Solche (inkonsistenten) Verfahren würde man sofort verwerfen, dennoch kann für das benutzte Verfahren Konvergenz nachgewiesen werden und numerische Experimente zeigen die typischen Charakteristika von Verfahren erster Ordnung. Ohne Zweifel liegt hier ein Suprakonvergenzproblem vor, das man bei Finite-Differenzen-Verfahren auf unregelmäßigen Gittern bereits seit langem kennt ([112], [91], [73]). Eine vollständige Klärung dieses Phänomens bei Finite-Volumen-Verfahren steht allerdings noch aus.

Der von uns benutzte Begriff des Diskretisierungsfehlers ist frei von solchen Pathologien, da die Geometrie der verwendeten Netze keine Auslöschungsphänomene bewirken kann. Es handelt sich dabei um die Summe eines Approximationsfehlers (Wie genau approximiert $\underline{p}_i$ die Funktion $\underline{u}$ auf Z_i) und des Quadraturfehlers der Gaußregel.

2.5 Bemerkungen zu Zeitschrittverfahren

Die Diskretisierung der Zeitableitung ist im Rahmen der Finite-Volumen-Methoden nur scheinbar von der Raumdiskretisierung entkoppelt. Schreiben wir abkürzend

$$\frac{d\underline{\overline{u}}_i(t)}{dt} = -\mathcal{L}^h(\{\underline{p}(t)\})$$

zusammenfassend für die Finite-Volumen-Verfahren (3.25) und (3.25), dann beeinflußt eine Diskretisierung der Zeitableitung durch ihren Approximationsfehler natürlich auch die rechte Seite $-\mathcal{L}^h(\{\underline{p}(t)\})$. Wir wollen uns im Rahmen dieser Arbeit mit expliziten Verfahren beschäftigen, d.h. die rechte Seite der Finite-Volumen-Verfahren wird an einer bekannten (alten) Zeitschicht $n\Delta t$ ausgewertet, so daß die Zeitdiskretisierung die explizite Auflösbarkeit nach $\underline{\overline{u}}_i((n+1)\Delta t)$ gestattet. Im Gegensatz dazu benötigt man für implizite Verfahren die Lösung großer, schwachbesetzter Gleichungssysteme, die aus einer Linearisierung von $-\mathcal{L}^h(\{\underline{p}(t)\})$ um die Zeitschicht $n\Delta t$ entstehen, siehe [94]. Der Vorteil impliziter Verfahren besteht in der Verwendung wesentlich größerer Zeitschritte, denn hier gibt es (theoretisch) keine Beschränkung aus Stabilitätsgründen.

Bei expliziten Verfahren sorgt die Courant-Friedrichs-Lewy-Bedingung ([30], [145], [115]) für die Stabilität. Geometrisch interpretiert besagt diese CFL-Bedingung, daß die charakteristischen Kurven der numerischen Methode innerhalb eines Gebietes liegen müssen, das von den charakteristischen Kurven der zu lösenden Differentialgleichung eingeschlossen wird. Damit wird sichergestellt, daß Änderungen der Daten im Abhängigkeitsbereich auch vom numerischen Verfahren wahrgenommen werden können. Wir können die CFL-Bedingung in der folgenden Weise auf Primär- und Sekundärnetzmethoden übertragen, wobei wir nur auf die Primärnetzmethoden eingehen werden. Wir denken uns die Information auf einem Dreieck T_i im Schwerpunkt konzentriert (Damit führen wir in gewisser Weise einen Finite-Differenzen-Standpunkt ein, in dem sich die CFL-Bedingung besonders einfach beschreiben läßt). Wie in Abbildung 2.6 dargestellt, besitze der Schwerpunkt $\underline{c}_i$ des Dreiecks T_i von ∂T_i die jeweiligen Abstände $k_l, l = 1, 2, 3$. Die Idee unserer Übertragung ist nun, die in $\underline{c}_i$ gedachte Information mit der maximalen Signallaufzeit der Differentialgleichung so weit zu transportieren, bis ∂T_i erreicht wird. Dann würde gerade eine ungewollte Interaktion mit Daten

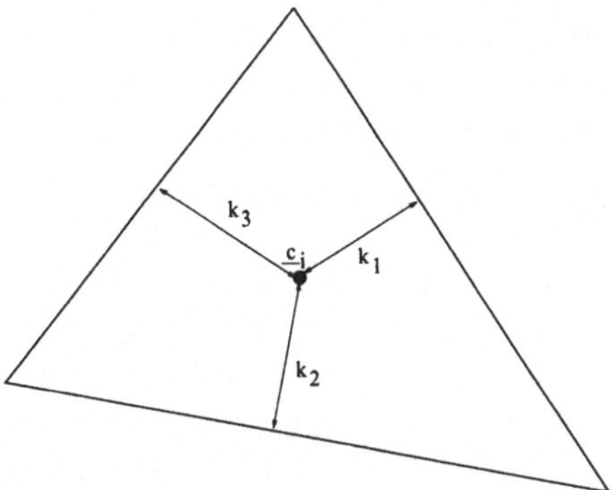

Abb. 2.6 Geometrie zur Bestimmung des Zeitschrittes

von Nachbardreiecken stattfinden.[5] Ist CFL eine positive reelle Zahl – die sogenannte Courant-Zahl –, dann ist der Zeitschritt damit so zu wählen, daß

$$\frac{\Delta t}{\min_{l=1,2,3} k_l} \max_i |\lambda_i| \leq \text{CFL} \tag{5.25}$$

gilt, wobei λ_i die Eigenwerte der Matrix $\nabla_{\underline{u}} \underline{f}_1(\underline{u}) n_1 + \nabla_{\underline{u}} \underline{f}_2(\underline{u}) n_2$ bezeichnet.

Obwohl nach unserer heuristischen Beschreibung stets CFL$\leq$ 1 gelten müßte, lassen sich die Stabilitätsbereiche durch die Verwendung verschiedener Zeitschrittverfahren doch deutlich erweitern. In den zentral diskretisierten Verfahren nach Jameson [72] verwendet man klassische Runge-Kutta-Methoden mit Courant-Zahlen von bis zu CFL= 5. Bei den uns interessierenden Methoden gelingt diese Steigerung der Courant-Zahl leider nicht, wie wir kurz ausführen wollen.

Für die einfache Vorwärtsdifferenz

$$\frac{\overline{\underline{u}}_i(t)}{dt} = \frac{\overline{\underline{u}}((n+1)\Delta t) - \overline{\underline{u}}_i(n\Delta t)}{\Delta t} + \mathcal{O}(\Delta t)$$

gilt CFL=1. Der Stabilitätsbereich ließe sich durch Verwendung expliziter Runge-Kutta-Methoden (siehe [47]) scheinbar erweitern. Allerdings werden

[5] Diese heuristische Interpretation ist äquivalent zu der Vorstellung eindimensionaler Riemann-Probleme an den Kanten von T_i. Erreicht das schnellste Signal den Schwerpunkt, sind Interaktionen mit Daten von anderen Riemann-Problemen zu befürchten, was den maximal zulässigen Zeitschritt bestimmt.

wir in Abschnitt 3.2 von Kapitel 3 sehen, daß sich gewünschte Eigenschaften der Raumdiskretisierung bezüglich der Oszillationseigenschaften numerischer Lösungen (z.B. die TVD-Eigenschaft, die die Dämpfung von Oszillationen garantiert) an diskreten Verfahren der Form

$$\underline{\overline{u}}_i((n+1)\Delta t) = \underline{\overline{u}}_i(n\Delta t) - \mathcal{L}^h(\{\underline{p}(n\Delta t)\})$$

durch Bedingungen an die in $\mathcal{L}^h(\{\underline{p}(t)\})$ auftretenden Koeffizienten ablesen lassen, vgl. Satz 3.4.[6] Verwendet man in unserem semi-diskreten Kontext eine Zeitdiskretisierung, dann führt dies durch Fehlerterme $\mathcal{F}(\Delta t)$ auf Verfahren

$$\underline{\overline{u}}_i((n+1)\Delta t) = \underline{\overline{u}}_i(n\Delta t) - \mathcal{L}^h(\{\underline{p}(n\Delta t)\}) + \mathcal{F}(\Delta t).$$

Durch die CFL-Bedingung (5.25) folgt aber $\Delta t = \mathcal{O}(h)$, so daß Zeitfehler direkt in räumliche Fehler umgedeutet werden können. Damit läßt sich $\mathcal{F}(\Delta t)$ als Perturbation des räumlichen Operators $\mathcal{L}^h$ auffassen,

$$\tilde{\mathcal{L}}^h(\{\underline{p}(n\Delta t)\}) := \mathcal{L}^h(\{\underline{p}(n\Delta t)\}) + \mathcal{F}(\Delta t).$$

Analysiert man nun das Verfahren

$$\underline{\overline{u}}_i((n+1)\Delta t) = \underline{\overline{u}}_i(n\Delta t) - \tilde{\mathcal{L}}^h(\{\underline{p}(n\Delta t)\}),$$

so kann der Operator $\tilde{\mathcal{L}}^h$ durch die Störung $\mathcal{F}$ einiger Eigenschaften von $\mathcal{L}^h$ verlustig gegangen sein. Tatsächlich verändert z.B. das klassische vierstufige Runge-Kutta-Verfahren einen TVD-Operator $\mathcal{L}^h$ in einen Operator $\tilde{\mathcal{L}}^h$, der keine TVD-Eigenschaft mehr aufweist!

Im Hinblick auf die TVD-Problematik entwickelten Shu und Osher in [131] (siehe auch [132]) Familien spezieller Runge-Kutta-Verfahren, die die nichtoszillatorischen Eigenschaften von räumlichen Operatoren respektieren. Neben der einfachen Vorwärtsdifferenz sind es die Verfahren

$$\begin{aligned}
\underline{\overline{u}}^{(0)} &:= \underline{\overline{u}}(n\Delta t)\\
\underline{\overline{u}}^{(1)} &:= \underline{\overline{u}}^{(0)} - \Delta t\mathcal{L}^h(\{\underline{p}^{(0)}\})\\
\underline{\overline{u}}^{(2)} &:= \frac{1}{2}\underline{\overline{u}}^{(0)} + \frac{1}{2}\underline{\overline{u}}^{(1)} - \frac{1}{2}\Delta t\mathcal{L}^h(\{\underline{p}^{(1)}\})\\
\underline{\overline{u}}((n+1)\Delta t) &= \underline{\overline{u}}^{(2)}
\end{aligned}$$

[6] Wir betrachten in Kapitel 3 Finite-Differenzen-Verfahren für eindimensionale Modellprobleme.

für die Approximationsordnung $\mathcal{O}((\Delta t)^2)$ und

$$\begin{aligned}
\underline{\overline{u}}^{(0)} &:= \underline{\overline{u}}(n\Delta t) \\
\underline{\overline{u}}^{(1)} &:= \underline{\overline{u}}^{(0)} - \Delta t \mathcal{L}^h(\{\underline{p}^{(0)}\}) \\
\underline{\overline{u}}^{(2)} &:= \frac{3}{4}\underline{\overline{u}}^{(0)} + \frac{1}{4}\underline{\overline{u}}^{(1)} - \frac{1}{4}\Delta t \mathcal{L}^h(\{\underline{p}^{(1)}\}) \\
\underline{\overline{u}}^{(3)} &:= \frac{1}{3}\underline{\overline{u}}^{(0)} + \frac{2}{3}\underline{\overline{u}}^{(2)} - \frac{2}{3}\Delta t \mathcal{L}^h(\{\underline{p}^{(2)}\}) \\
\underline{\overline{u}}((n+1)\Delta t) &= \underline{\overline{u}}^{(3)}
\end{aligned}$$

für die Ordnung $\mathcal{O}((\Delta t)^3)$. Der obere, geklammerte Index bezeichnet dabei die Stufe des Runge-Kutta-Verfahrens. Beide Verfahren lassen sich in eine für praktische Berechnungen ökonomischere Form bringen, nämlich

$$\begin{aligned}
\underline{\overline{u}}^{(0)} &:= \underline{\overline{u}}(n\Delta t) \\
\underline{\overline{u}}^{(1)} &:= \underline{\overline{u}}^{(0)} - \Delta t \mathcal{L}^h(\{\underline{p}^{(0)}\}) \\
\underline{\overline{u}}^{(2)} &:= \underline{\overline{u}}^{(0)} - \frac{1}{2}\Delta t \mathcal{L}^h(\{\underline{p}^{(0)}\}) - \frac{1}{2}\Delta t \mathcal{L}^h(\{\underline{p}^{(1)}\}) \\
\underline{\overline{u}}((n+1)\Delta t) &= \underline{\overline{u}}^{(2)},
\end{aligned} \tag{5.26}$$

bzw.

$$\begin{aligned}
\underline{\overline{u}}^{(0)} &:= \underline{\overline{u}}(n\Delta t) \\
\underline{\overline{u}}^{(1)} &:= \underline{\overline{u}}^{(0)} - \Delta t \mathcal{L}^h(\{\underline{p}^{(0)}\}) \\
\underline{\overline{u}}^{(2)} &:= \underline{\overline{u}}^{(0)} - \frac{1}{4}\Delta t \mathcal{L}^h(\{\underline{p}^{(0)}\}) - \frac{1}{4}\Delta t \mathcal{L}^h(\{\underline{p}^{(1)}\}) \\
\underline{\overline{u}}^{(3)} &:= \underline{\overline{u}}^{(0)} - \frac{1}{6}\Delta t \mathcal{L}^h(\{\underline{p}^{(0)}\}) - \frac{1}{6}\Delta t \mathcal{L}^h(\{\underline{p}^{(1)}\}) - \\
&\qquad \frac{2}{3}\Delta t \mathcal{L}^h(\{\underline{p}^{(2)}\}) \\
\underline{\overline{u}}((n+1)\Delta t) &= \underline{\overline{u}}^{(3)}.
\end{aligned} \tag{5.27}$$

Damit läßt sich das Verfahren zweiter Ordnung als klassische Methode von Heun identifizieren, für das Verfahren dritter Ordnung findet sich allerdings kein klassisches Gegenstück.

Wir werden im Rahmen unserer Untersuchungen – falls nicht ausdrücklich etwas anderes gesagt wird – stets die Shu & Osher-Zeitdiskretisierung (5.27) dritter Ordnung verwenden, um eine Beeinflußung des räumlichen Fehlers möglichst klein zu halten.

Der Nachteil der Zeitdiskretisierungen (5.26) und (5.27) besteht im kleinen Stabilitätsbereich. Für beide Methoden gilt CFL ≤ 1, es hat sich jedoch bei Berechnungen stationärer, kompressibler Strömungen gezeigt, daß das Konvergenzverhalten (zum stationären Zustand) der Methoden höherer Ordnung wesentlich besser ist als das der einfachen Vorwärtsdifferenz.

3 Polynomiale Rekonstruktionen

3.1 Das Rekonstruktionspolynom

3.1.1 Die Idee polynomialer Rekonstruktion

In Satz 2.1 wurde gezeigt, daß die Basisdiskretisierungen der Primär- und Sekundärnetzmethoden im Fall glatter Lösungen den räumlichen Operator von erster Ordnung genau approximieren. Diese Approximationsordnung rührte von der Verwendung des Zellmittelungsoperators in den Argumenten der numerischen Flußfunktion her, dessen niedrige Approximationsordnung an den Gaußpunkten der Zellen (vgl. Lemma 2.4) die Approximationsordnung der Basisdiskretisierung bestimmt. In Satz 2.2 haben wir erkannt, daß die Ordnung einer allgemeinen Finite-Volumen-Methode im Sinne der Definition 2.16 bestimmt ist durch die Konstruktion von (bisher nicht näher betrachteten) Funktionen $\underline{p}_i$ mit $\underline{p}_i(\underline{x},t)-\underline{u}(\underline{x},t) = \mathcal{O}(h^q)$ für alle $\underline{x} \in Z_i$ und durch die Wahl der Gaußschen Quadraturregel. Alle mir bekannten Finite-Volumen-Verfahren höherer Ordnung beziehen ihre Genauigkeit aus Polynomen, die als Approximation an die Lösung $\underline{u}$ auf jedem Kontrollvolumen Z_i konstruiert werden. Da man solche Polynome komponentenweise (oder aus anderen skalaren Größen, die sich aus den Komponenten von $\underline{u}$ ergeben) konstruiert, befassen wir uns mit dem skalaren Fall.

Definition 3.1 Der Raum der Polynome $Z_i \ni \underline{x} \stackrel{p}{\longmapsto} p(\underline{x}) \in \mathbf{R}$ mit $\text{grad} p < r$ werde mit $\Pi_{r-1}(Z_i;\mathbf{R})$ bezeichnet. Sei $D \ni (\underline{x},t) \stackrel{u}{\longmapsto} u(\underline{x},t)$ aus $C^{r-1}(Z_i;\mathbf{R})$ und ist $p_i \in \Pi_{r-1}(Z_i;\mathbf{R})$ mit

$$\mathfrak{A}(Z_i)p_i = \overline{u}_i \tag{1.1}$$

und

$$p_i(\underline{x}) - u(\underline{x},t^*) = \mathcal{O}(h^r) \tag{1.2}$$

für die feste Zeit $t^* > 0$, dann heißt p_i das Rekonstruktionspolynom für die Funktion u auf dem Kontrollvolumen Z_i der Ordnung $r-1$ zur Zeit t^*. Jedes solche Polynom wird dargestellt durch

$$p_i(\underline{x}) = \sum_{\mu=0}^{r-1} \frac{1}{\mu!} \sum_{|\underline{\alpha}|=\mu} (\underline{x} - \underline{c}_i)^{\underline{\alpha}} a_{\underline{\alpha}}. \tag{1.3}$$

Bemerkung 3.1 Da die Konstruktion eines Rekonstruktionspolynoms innerhalb eines Finite-Volumen-Verfahrens zu Beginn eines jeden neuen Zeitschrittes durchgeführt werden muß, ist die explizite Angabe einer Zeit t^* wie in (1.2) überflüssig. Wir werden daher ab jetzt auf die Abhängigkeit der Funktionen u von der Zeit verzichten.

Durch die Forderung (1.2) ist bereits festgelegt, wie die Koeffizienten eines Rekonstruktionspolynoms gewählt werden müssen.

Satz 3.1 *Ein Polynom p_i auf Z_i mit* $\mathrm{grad} p_i < r$ *und* $\mathfrak{A}(Z_i)p_i = \overline{u}_i$ *ist ein Rekonstruktionspolynom für eine Funktion* $u \in C^{r-1}(Z_i; \mathbf{R})$ *genau dann, wenn die Beziehung*

$$a_{\underline{\alpha}} = \partial^{\underline{\alpha}} u\big|_{\underline{x}=\underline{c}_i} + \mathcal{O}\left(h^{r-|\underline{\alpha}|}\right)$$

gilt.

Beweis: Ist $u \in C^{r-1}(Z_i; \mathbf{R})$, dann liefert eine Taylorentwicklung um den Schwerpunkt $\underline{c}_i$ von Z_i die Darstellung

$$u(\underline{x}) = \sum_{\mu=0}^{r-1} \frac{1}{\mu!} \sum_{|\underline{\alpha}|=\mu} (\underline{x} - \underline{c}_i)^{\underline{\alpha}}\, \partial^{\underline{\alpha}} u\big|_{\underline{x}=\underline{c}_i} + \mathcal{O}\left(h^r\right).$$

Mit (1.3) folgt dann

$$p_i(\underline{x}) - u(\underline{x}) = \sum_{\mu=0}^{r-1} \frac{1}{\mu!} \sum_{|\underline{\alpha}|=\mu} (\underline{x} - \underline{c}_i)^{\underline{\alpha}} \left(a_{\underline{\alpha}} - \partial^{\underline{\alpha}} u\big|_{\underline{x}=\underline{c}_i}\right) + \mathcal{O}\left(h^r\right),$$

also

$$|p_i(\underline{x}) - u(\underline{x})| \leq \sum_{\mu=0}^{r-1} \frac{1}{\mu!} \sum_{|\underline{\alpha}|=\mu} |\underline{x} - \underline{c}_i|^{|\underline{\alpha}|} \left| a_{\underline{\alpha}} - \partial^{\underline{\alpha}} u|_{\underline{x}=\underline{c}_i} \right| + \mathcal{O}(h^r)$$

$$\leq \sum_{\mu=0}^{r-1} \frac{1}{\mu!} \sum_{|\underline{\alpha}|=\mu} h^{|\underline{\alpha}|} \left| a_{\underline{\alpha}} - \partial^{\underline{\alpha}} u|_{\underline{x}=\underline{c}_i} \right| + \mathcal{O}(h^r).$$

Entsprechend der Größe von $|\underline{\alpha}|$ muß sich die Ordnung von $a_{\underline{\alpha}} - \partial^{\underline{\alpha}} u|_{\underline{x}=\underline{c}_i}$ einstellen, um insgesamt $\mathcal{O}(h^r)$ zu ergeben, was den Satz beweist. □

Bevor wir polynomiale Rekonstruktionen weiter untersuchen, wollen wir einige Begriffe einführen, die sich im weiteren Verlauf als sehr nützlich erweisen werden. Mit der polynomialen Rekonstruktion haben wir das Problem der Verbesserung des Diskretiserungsfehlers auf ein rein approximationstheoretisches Problem zurückgeführt, das von der vorliegenden Differentialgleichung und vom Finite-Volumen-Verfahren vollständig entkoppelt ist. Tatsächlich gibt es innerhalb der Approximationstheorie das Teilgebiet der optimalen Rekonstruktion[1]. Dieses Gebiet beschäftigt sich mit der bestmöglichen Approximation von Funktionalen und Operatoren, wenn nur eingeschränkte Informationen vorliegen. Die Theorie wurde im wesentlichen von Golomb und Weinberger [44] 1959 entwickelt und von Micchelli und Rivlin ([96], [97], [98], [116], [152]) ausgebaut. Bemerkenswerte Beiträge stammen auch von Sard [121] und Larkin [77]. Das Buch von Traub und Woźniakowski [152] gibt einen guten Überblick über Beiträge osteuropäischer Mathematiker bis etwa 1980.

Erstaunlicherweise sind Finite-Volumen-Verfahren bisher noch nie unter dem Gesichtspunkt der optimalen Rekonstruktion betrachtet worden. Wir werden Ergebnisse dieser Theorie konsequent anwenden, um im folgenden zu zeigen, daß polynomiale Rekonstruktionen sich nur als triviale Rekonstruktionsalgorithmen interpretieren lassen. Unter Zuhilfenahme radialer Basisfunktion werden wir daraufhin völlig neuartige Finite-Volumen-Verfahren entwickeln, die auf nichttrivialen optimalen Rekonstruktionen in Hilbert-Räumen mit reproduzierendem Kern beruhen.

[1] In der englischsprachigen Literatur spricht man von **optimal recovery**, was eine von der Bezeichnung **optimal reconstruction** durchaus verschiedene Bedeutung besitzt! Dieser feine Unterschied scheint in der deutschen Sprache nicht zu existieren, es sei denn, ich hätte den Begriff der **optimalen Bergung** eingeführt, auf den ich mit Rücksicht auf die deutsche Sprache verzichtet habe.

Wir benötigen zu Beginn einen abstrakten Rahmen.

Definition 3.2 Es seien $(V, \|\cdot\|_V), (Y, \|\cdot\|_Y)$ und $(Z, \|\cdot\|_Z)$ Banachräume und $U \subset V$. Ein (nicht notwendig linearer) Operator

$$V \ni v \overset{\mathfrak{F}}{\longmapsto} \mathfrak{F}v \in Z$$

heißt Eigenschaftsoperator. Ein linearer Operator

$$V \ni v \overset{\mathfrak{I}}{\longmapsto} \mathfrak{I}v \in Y$$

heißt Informationsoperator. Jeden (nicht notwendig linearen) Operator

$$Y \ni y \overset{\mathfrak{R}}{\longmapsto} \mathfrak{R}y \in Z$$

nennt man Rekonstruktionsoperator oder Rekonstruktionsalgorithmus.

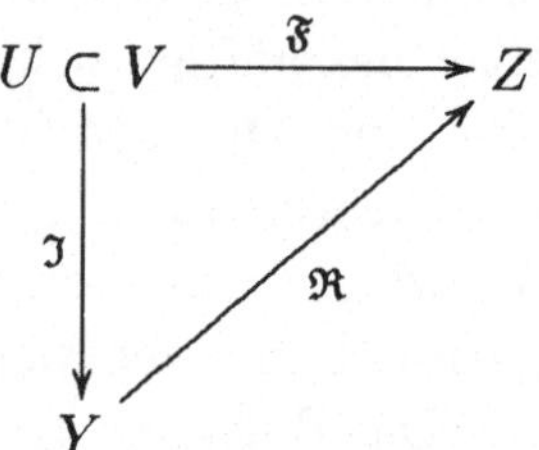

Abb. 3.1 Operatoren und Räume in der Theorie der Rekonstruktion

Wir interpretieren jetzt Finite-Volumen-Verfahren in diesem abstrakten Rahmen. Wir wollen für jede Zelle Z_i ein Rekonstruktionspolynom $p_i \in \Pi_{r-1}(Z_i; \mathbf{R})$ konstruieren. Die vorhandene Information sind die Zellmittel auf Z_i sowie auf allen anderen Zellen Z_j, die wir als exakt bekannt voraussetzen wollen. Wegen

$$\dim \Pi_{r-1} = \binom{r+1}{r-1} =: M$$

benötigt man zur Konstruktion von p_i außer dem Wert $\mathfrak{A}(Z_i)u$ noch $\binom{r+1}{r-1} - 1$ weitere Werte aus einer Nachbarschaft von Z_i.

Definition 3.3 Jede Menge von Kontrollvolumina

$$K(Z_i) := \{Z_i, Z_{i_1}, \ldots, Z_{i_{M-1}}\}$$

für die

$$\forall k, j = 1, \ldots, M-1, k \neq j : \quad Z_{i_k} \neq Z_{i_j} \neq Z_i$$

gilt, heißt Knotenmenge von Z_i.

Damit lassen sich Räume und Operatoren für den Fall der Rekonstruktion in Finite-Volumen-Methoden spezifizieren.

Definition 3.4 Der Banachraum V sei stets so gewählt, daß

$$\forall \underline{x} \in \mathbf{R}^2 \; \forall u \in V \; \exists c \in \mathbf{R} : \quad \left|\langle \delta_{\underline{x}}, u \rangle\right| \leq c\|u\|_V \tag{1.4}$$

gilt. Der Vektor linearer Funktionale

$$V \ni u \overset{\mathfrak{I}_i}{\longmapsto} \mathfrak{I}_i u := \left(\mathfrak{A}(Z_i)u, \mathfrak{A}(Z_{i_1})u, \ldots, \mathfrak{A}(Z_{i_{M-1}})u\right) \in \mathbf{R}^{\binom{r+1}{r-1}}$$

ist der Informationsoperator zur Knotenmenge $K(Z_i)$. Für jeden Punkt $\underline{x} \in Z_i$ ist das lineare Funktional

$$V \ni u \overset{\mathfrak{F}(\underline{x})}{\longmapsto} \mathfrak{F}(\underline{x})u := \langle \delta_{\underline{x}}, u \rangle = u(\underline{x}) \in \mathbf{R}$$

der Eigenschaftsoperator. Der polynomiale Rekonstruktionsalgorithmus auf Z_i ist gegeben durch den Operator

$$\mathbf{R}^{\binom{r+1}{r-1}} \ni \mathfrak{I}_i \overset{\mathfrak{R}_i(\underline{x})}{\longmapsto} \mathfrak{R}_i(\underline{x})\mathfrak{I}_i = p_i(\underline{x}) \in \mathbf{R}, \quad p_i \in \Pi_{r-1}(Z_i; \mathbf{R}).$$

Das abstrakte Diagramm in Abbildung 3.1 läßt sich somit in einer angepaßten Form wie in Abbildung 3.2 darstellen.

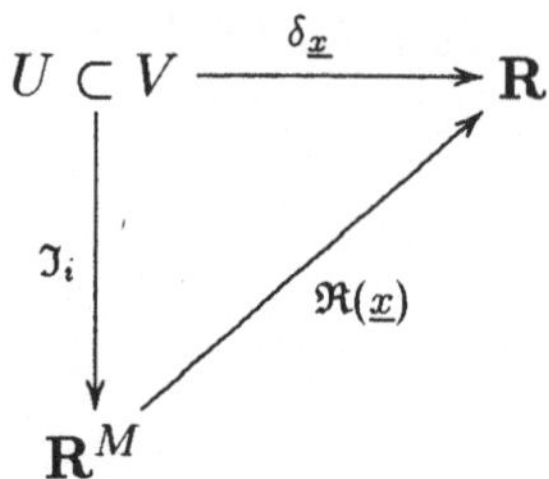

Abb. 3.2 Theorie der Rekonstruktion für Finite-Volumen-Verfahren

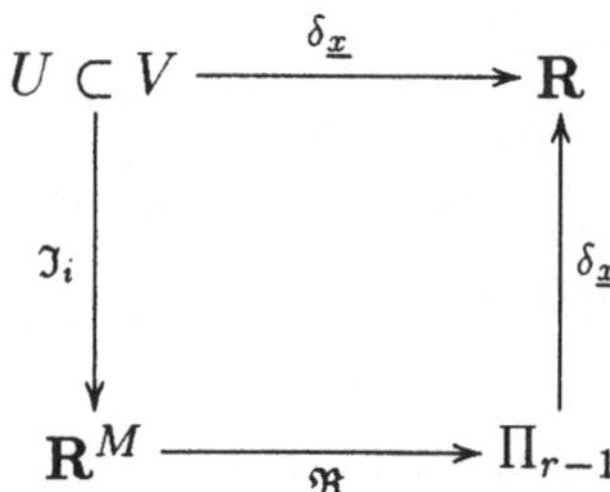

Abb. 3.3 Polynomiale Rekonstruktion

Die geforderte Stetigkeit (1.4) des Dirac-Maßes sorgt dafür, daß das Auswerten einer Funktion (z.B. in den Gaußpunkten) überhaupt sinnvoll ist. Der polynomiale Rekonstruktionsoperator ist eigentlich bereits die Hintereinanderausführung zweier Operatoren, nämlich einem Operator $\mathfrak{R} : \mathbf{R}^M \to \Pi_{r-1}$ und dem Auswertefunktional. Diesen Zusammenhang zeigt Abbildung 3.3.

Wir werden erst später zeigen können, daß wir die polynomiale Rekonstruktion tatsächlich so interpretieren dürfen. Den Operator $\mathfrak{R}$ soll man als Ersatz für die Inverse von $\mathfrak{I}$ verstehen. Die Frage nach der Invertierbarkeit von $\mathfrak{I}$ (bzw. von $\mathfrak{A}(Z)$) läßt sich aufgrund der Eigenschaften des Zellmittelungsoperators sofort verneinen. Bevor wir polynomiale Rekonstruktionsmethoden weiter untersuchen, ist daher ein kurzer Blick auf diesen Operator sehr instruktiv.

3.1.2 Bemerkungen zum Zellmittelungsoperator

Das Problem der Rekonstruktion wäre vollständig gelöst, wenn es uns gelänge, die Operatorgleichung

$$\mathfrak{A}(Z)u = y, \quad u \in V, y \in \mathbf{R}, \tag{1.5}$$

oder, allgemeiner,

$$\mathfrak{I}_i \underline{u} = \underline{y}, \quad \underline{u} \in V, \underline{y} \in \mathbf{R}^M, M \in \mathbf{N}$$

zu lösen. Die Eigenschaften des Zellmittelungsoperators versperren jedoch a *priori* jede Möglichkeit zur Lösung dieser Gleichungen.

Ein linearer Operator $B_1 \ni u \overset{\mathfrak{L}}{\longmapsto} \mathfrak{L}u \in B_2$ zwischen zwei Banachräumen B_1 und B_2 ist nach einem bekannten Satz von Banach genau dann invertierbar, wenn $\ker \mathfrak{L} = \{0\}$ und $\mathrm{ran}\mathfrak{L} = B_2$ gilt. Man macht sich leicht klar, daß der Kern des Zellmittelungsoperators für alle uns interessierenden Räume B_1 beliebig groß sein wird. Bereits in einer Raumdimension zeigt das triviale Beispiel

$$\left.\begin{array}{l} Z := (0, 2\pi) \subset \mathbf{R} \\ B_1 := C^\infty((0,2\pi);\mathbf{R}) \\ u_\epsilon(x) := \epsilon \sin(x), \quad \epsilon \in \mathbf{R}, x \in (0,2\pi) \end{array}\right\} \Longrightarrow \forall \epsilon \in \mathbf{R}: \quad \mathfrak{A}(Z)u_\epsilon = 0,$$

daß der Fall $\mathrm{card} \ker \mathfrak{A}(Z) = \infty$ durchaus vorkommen kann.

Wegen $\dim \mathrm{ran}\mathfrak{A}(Z) = 1$ ist der Zellmittelungsoperator kompakt.

Lemma 3.1 *Der Zellmittelungsoperator $V \ni v \overset{\mathfrak{A}(Z)}{\longmapsto} \mathfrak{A}(Z)u \in \mathbf{R}$ ist ein kompakter, nicht invertierbarer, linearer Operator. Aufgefaßt als linearer Operator $\mathfrak{A}(Z) : V \to \Pi_0(Z;\mathbf{R})$ ist $\mathfrak{A}$ ein Projektor, d.h. es gilt*

$$\forall v \in V: \quad \mathfrak{A}(Z)^2 v := \mathfrak{A}(Z)\mathfrak{A}(Z)v = \mathfrak{A}(Z)v.$$

Es ist weiterhin bemerkenswert, daß sich das Rekonstruktionsproblem als formale Faltungsgleichung behandeln läßt.

Lemma 3.2 *Es sei $\tilde{V}$ ein weiterer Banachraum, in dem das Punktfunktional stetig ist, Z ein Kontrollvolumen mit Schwerpunkt $\underline{c}$ und $u \in V$. Es sei $V \ni u \overset{\mathfrak{B}_Z(\underline{x})}{\longmapsto} \mathfrak{B}_Z(\underline{x})u \in \tilde{V}$ ein durch die Faltung*

$$\mathfrak{B}_Z(\underline{x})u = u * \Psi_Z(\underline{x}) \tag{1.6}$$

definierter Operator. Dabei sei die Abbildung Ψ_Z gegeben durch

$$\Psi_Z(\underline{z}) := \begin{cases} \frac{1}{|Z|} & ; \underline{c} - \underline{z} \in Z \\ 0 & ; \underline{c} - \underline{z} \notin Z \end{cases}.$$

Dann gilt

$$\mathfrak{A}(Z) = \mathfrak{B}_Z(\underline{c})$$

Beweis: Die Faltung ist definiert als

$$\mathfrak{B}_Z(\underline{x})u = \int_{\mathbf{R}^2} u(\underline{y})\Psi_Z(\underline{x} - \underline{y})\, d\underline{y}.$$

Aus der Definition der Funktion Ψ_Z folgt $\Psi_Z(\underline{x}-\underline{y}) = 1/|Z|$ wenn $\underline{c}-\underline{x}+\underline{y} \in Z$ gilt. Damit folgt $\Psi_Z(\underline{c} - \underline{y}) = 1/|Z|$, falls nur $\underline{y} \in Z$ gilt. Also gilt für alle $u \in V$:

$$\mathfrak{B}_Z(\underline{c})u = \int_{\mathbf{R}^2} u(\underline{y})\Psi_Z(\underline{c} - \underline{y})\, d\underline{y} = \frac{1}{|Z|}\int_Z u(\underline{y})\, d\underline{y} = \mathfrak{A}(Z)u.$$

□

Die Rekonstruktion läßt sich daher auch als eine approximative 'Entfaltung' der Gleichung (1.6) interpretieren.[2]

Nach Hadamard bezeichnet man eine Operatorgleichung als sachgemäß gestellt, wenn die Inverse von $\mathfrak{A}(Z)$ existiert und stetig ist. Offensichtlich handelt es sich bei dem Problem (1.5) um ein schlecht gestelltes Problem. Im Licht der Hadamardschen Definition lassen sich drei große Typklassen von schlecht gestellten Problemen unterscheiden (vgl. [13]):

- Unlösbarkeit: $y \notin \operatorname{ran}(\mathfrak{A}(Z))$,
- Mehrdeutigkeit: $\mathfrak{A}(Z)^{-1}$ existiert nicht und
- Instabilität: $\mathfrak{A}(Z)^{-1}$ existiert, ist aber unstetig.

Das Problem der Rekonstruktion im Rahmen der Finite-Volumen-Verfahren leidet somit an der inhärenten Mehrdeutigkeit. Im Hinblick auf die Eigenschaften und der Interpretation des Zellmittelungsoperators als Projektion sei noch auf die Bezüge zur Computer-Tomographie hingewiesen. Dort hat man es mit dem Problem der Rekonstruktion eines Bildes aus gewissen Projektionen zu tun, allerdings kennt man dort verschiedene Projektionen des gleichen Bildes, während wir hier nur die Projektionen in einer Umgebung eines Kontrollvolumens als Informationsquelle zur Verfügung haben. Hier ist der praktische Grund dafür zu sehen, daß weitere Zusatzinformationen benötigt werden.

---

[2] Harten et al. bezeichnen auch eine ihrer Techniken in [63] als *deconvolution technique*.

3.1.3 Der Knotenwähler

Mit Definition 3.3 taucht sofort ein algorithmisches Problem von großer praktischer Tragweite auf: Aus der (unter Umständen sehr großen) Anzahl von Knotenmengen muß eine Auswahl getroffen werden. Zur Verdeutlichung des Problems sei daran erinnert, daß ein lineares Polynom in zwei Raumdimensionen drei, ein quadratisches sechs und ein kubisches bereits zehn Knoten zur Definition benötigt. Betrachten wir das primäre Netz aus Abbildung 3.4 und stellen folgendes Problem: Zu jedem Knoten i des Netzes sind alle Wege einer gegebenen Länge L gesucht, die durch i verlaufen und auf dem kein Knoten doppelt vorkommt. Der Begriff 'Länge' ist dabei im Sinne von 'Anzahl von Knoten' zu verstehen. Da Wege über Kanten des Primärnetzes gesucht werden, entspricht diese Modellsituation durchaus einer möglichen Knotenwahlstrategie in einer Boxmethode (in einer Primärnetzmethode würde man Wege über Dreiecke finden müssen). Ein

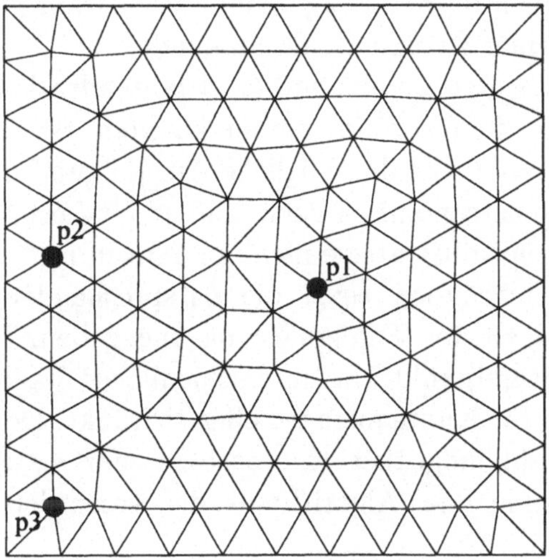

Abb. 3.4 Ein primäres Netz zur Ermittlung von Wegen

rekursiver Algorithmus[3] ermittelt alle Wege der Länge L durch i, speichert sie in einer Liste und vergleicht bei erfolgreicher Suche, ob der Weg doppel-

[3]Der Algorithmus wurde von O. Friedrich in der Programmiersprache C implementiert und mir freundlicherweise zur Verfügung gestellt.

punktfrei ist oder ob er bereits gefunden wurde. Für Punkt $i = p1$ in der Abbildung ergibt sich folgende Tabelle.

Knoten	Weglänge L	# aller Wege	# gültiger Wege
$p1$	3	45	33
$p1$	6	24710	5232
$p1$	7	207292	27805

Knoten	CPU-Zeit (sec:1/10 sec)
$p1$	0:00
$p1$	0:31
$p1$	2272:39

Die CPU-Zeit wurde auf einer workstation des Typs SUN 10 gemessen. Da dabei das Standard Unix-Kommando `time` verwendet wurde, sind die Angaben nur als Richtwerte zu verstehen, d.h. Schwankungen von etwa 10% sind durchaus möglich. Der Eintrag $0:00$ weist darauf hin, daß die Laufzeit des Programms kleiner als eine Zehntelsekunde war.
Wie man sieht, existieren bereits enorm viele quadratische Polynome ($L = 6$), die dem Knoten $p1$ zugeordnet werden könnten. Bereits für kubische Polynome (Weglänge = 10) ist die mögliche Anzahl (und damit der benötigte Rechenaufwand) so astronomisch hoch, daß an eine praktische Verwendung einer solchen Knotenwahlstrategie nicht zu denken ist.
Aus Vollständigkeitsgründen seien die entsprechenden Zahlen noch für die Punkte $p2$ und $p3$ der Triangulierung angegeben. Da es sich bei diesen Punkten um Randpunkte in unterschiedlicher Lage handelt, sind die Wahlmöglichkeiten für Knotenmengen eingeschränkt. Dennoch ist die trotzdem noch hohe Zahl möglicher Knotensätze sehr erstaunlich und unterstreicht die Bedeutung eines Algorithmus, der wesentlich selektiver vorgeht.

Knoten	Weglänge L	# aller Wege	# gültiger Wege
$p2$	3	41	29
$p2$	6	14871	2834

Knoten	CPU-Zeit (sec:1/10sec)
$p2$	0:00
$p2$	0:09

Knoten	Weglänge L	# aller Wege	# gültiger Wege
$p3$	3	28	18
$p3$	6	6121	1030

Knoten	CPU-Zeit (min:sec)
$p3$	0:00
$p3$	0:02

Die Auswahl von Knotenmengen führt zu einem wichtigen Bestandteil eines jeden Rekonstruktionsalgorithmus, dem Knotenwähler. Der Knotenwähler ist ein universeller Baustein eines Finite-Volumen-Verfahrens, d.h. er ist nicht abhängig von polynomialer Rekonstruktion, sondern ist in allen denkbaren Rekonstruktionsklassen notwendig. Wir beginnen mit der Definition von Mengen, in denen mögliche Knotenmengen gesucht werden könnten.

Definition 3.5 Für jedes Dreieck T_i heißt die Menge

$$K_{vN}(T_i) := \{T \in \mathcal{T}^h \mid T \cap T_i \text{ ist Kante von } T_i \text{ und } T \neq T_i\}$$

die von Neumann-Nachbarschaft von T_i. Die (maximal) drei von Neumann-Nachbarn von T_i seien mit $T_{i_j}, j = 1,2,3$, bezeichnet. Die Menge

$$K_M(T_i) := \\ \{T \in \mathcal{T}^h \mid T \cap T_i \text{ ist Kante von } T_i \text{ oder } T \cap T_i \text{ ist Eckpunkt von } T_i\}$$

heißt Moore-Nachbarschaft von T_i.[4]

Bemerkung 3.2 Im Fall der Sekundärnetzmethoden gibt es die Unterscheidung zwischen von Neumann- und Moore-Nachbarschaft nicht. Hier bezeichnen wir als Nachbarschaft einer Box B_i alle Boxen B_{i_j}, deren Knoten i_j mit dem Knoten i durch eine Kante des primären Netzes verbunden sind.

[4] Die hier definierten Nachbarschaftsbegriffe habe ich aus der Theorie der zellulären Automaten entlehnt ([158]).

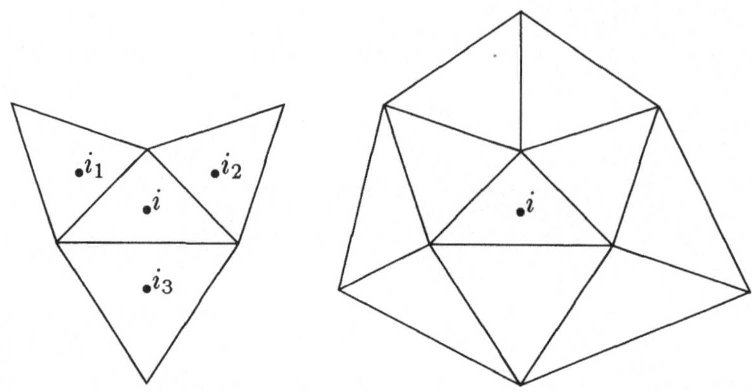

Abb. 3.5 Von Neumann (links) und Moore-Nachbarschaft von T_i

Natürlich ist weder die von Neumann-, noch (i. allg.) die Moore-Nachbarschaft groß genug, um eine ausreichende Anzahl von Knoten für Polynomgrade größer als eins bereitszustellen, denn bereits für ein Polynom vom Grad 2 ($r = 3$) benötigt man ja $\binom{4}{2} = 6$ Knoten. Um das Aufsuchen aller möglichen Knotenmengen zu vermeiden, kann man die Geometrie der Kontrollvolumina nutzen, und zur Suche geeignete Sektoren definieren.

Definition 3.6 Es sei $T_i \in \mathcal{T}^h$ ein Dreieck mit den Knoten $\underline{x}_1, \underline{x}_2, \underline{x}_3$. Die durch die Vektorpaare $(\underline{d}_{1A} := \underline{x}_2 - \underline{x}_1, \underline{d}_{1B} := \underline{x}_3 - \underline{x}_1), (\underline{d}_{2A} := \underline{x}_1 - \underline{x}_2, \underline{d}_{2B} := \underline{x}_3 - \underline{x}_2)$ und $(\underline{d}_{3A} := \underline{x}_1 - \underline{x}_3, \underline{d}_{3B} := \underline{x}_2 - \underline{x}_3)$ definierten Mengen

$$S_j := \{\underline{x} \in \mathbf{R}^2 \mid \operatorname{sign}(\underline{d}_{jA} \times \underline{x}) \neq \operatorname{sign}(\underline{d}_{jB} \times \underline{x})\}, \quad j = 1, 2, 3,$$

heißen Sektoren von T_i.
Sei B_i eine Box des Sekundärnetzes und $j \in N(i)$. Die nach Abbildung 2.3 an der Kante $\underline{x}_i - \underline{x}_j$ liegenden Dreiecke des Primärnetzes seien T_{ij}^1, T_{ij}^2 mit Schwerpunkten $\underline{c}_{ij}^1, \underline{c}_{ij}^2$. Die durch die Vektorpaare $(\underline{d}_{jA} := \underline{c}_{ij}^1 - \underline{x}_i, \underline{d}_{jB} := \underline{c}_{ij}^2 - \underline{x}_i)$ definierten Mengen

$$S_j := \{\underline{x} \in \mathbf{R}^2 \mid \operatorname{sign}(\underline{d}_{jA} \times \underline{x}) \neq \operatorname{sign}(\underline{d}_{jB} \times \underline{x})\}, \quad j = 1, \ldots, \operatorname{card} N(i),$$

heißen Sektoren von B_i.

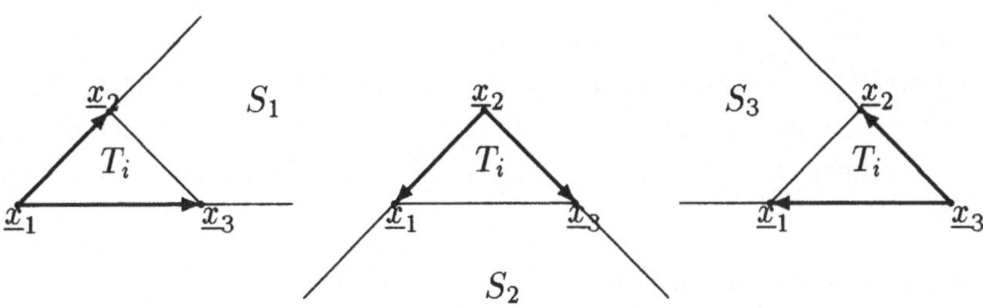

Abb. 3.6 Sektoren eines Dreiecks T_i

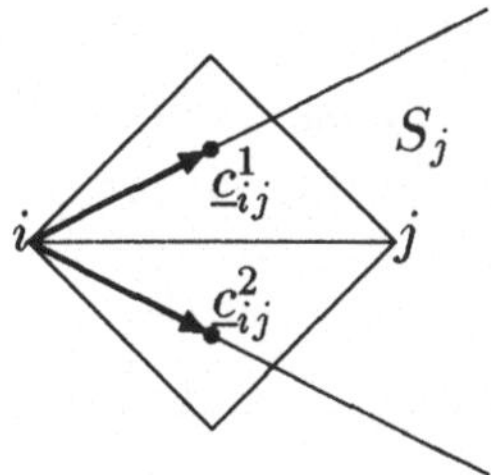

Abb. 3.7 Sektor S_j einer Box B_i

Die Sektoren eines Dreiecks bzw. einer Box sind in den Abbildungen 3.6 und 3.7 gezeigt. Die Suche in den so beschriebenen Sektoren liefert ausschließlich 'einseitige' Knotenmengen, d.h. es werden nur Mengen geliefert, deren Elemente sich auf jeweils einer Seite des Kontrollvolumens befinden. Verwendet man Finite-Differenzen-Verfahren für Gleichungen in einer Raumdimension mit polynomialer Rekonstruktion (siehe [63]), so können solche rein einseitigen Knotenmengen zum Phänomen des Knotenflatterns führen, was von Meiburg und Rogerson [119] demonstriert und von Shu [130] analysiert worden ist. Wird aus der Menge der einseitigen Knotenmengen eine ausgewählt (die Kriterien der Auswahl sind Gegenstand des folgenden Abschnittes und hier völlig irrelevant), so kann das Verfahren mit dem gewählten Polynom ein (im linearisierten Sinne) instabiles Verfahren ergeben. Die Instabilität wird im darauf folgenden Zeitschritt durch die Rekonstruktion entdeckt (es hat sich wahrscheinlich ein Ansatz zur Oszillation gebildet), was zur Auswahl einer anderen Knotenmenge führt. Der danach auszuführende Zeitschritt findet wieder eine stabile Lösung vor und wählt wiederum diejenige Knotenmenge, die zur Instabilität neigt. Dieses Spiel kann sich nun wiederholen und wird als Knotenflattern bezeichnet. Dabei bricht die Genauigkeit des Verfahrens i.allg. zusammen. Die von Shu vorgeschlagene Abhilfe besteht in einer gewollten Überbewertung einer 'zentralen' Knotenmenge, d.h. einer Menge, deren Elemente sich möglichst gleichmäßig um das Kontrollvolumen verteilen. Numerische Experimente in [130] zeigen den Erfolg dieser Strategie.

Für Verfahren in mehreren Raumdimensionen liegen bisher keine Erfahrungen bezüglich des Knotenflatterns vor. Harten und Chakravarthy raten in [60], möglichst eine zentrale Knotenmenge in die Bewertung einzubeziehen und diese, wie im eindimensionalen Fall, überzubewerten. Sie legen aber keine numerischen Experimente vor und meine eigenen Resultate haben bisher kein Indiz für Knotenflattern in zwei Raumdimensionen ergeben. Dazu trägt die gegenüber dem eindimensionalen Fall immens gestiegene geometrische Komplexität der Triangulierung sicher bei.

3.1.4 Die Berechnung des Rekonstruktionspolynoms

Um Finite-Volumen-Verfahren höherer Ordnung zu konstruieren, ist nach Satz 2.2 auf jedem Kontrollvolumen Z_i eine Funktion p_i zu konstruieren, für die

$$p_i(\underline{x}) - u(\underline{x}) = \mathcal{O}(h^r)$$

für ein $\mathbf{N} \ni r > 0$ gilt (vgl. (1.2)). Im Zusammenspiel mit einer Gaußschen Quadraturregel kann die Ordnung eines Verfahrens dann nach Satz 2.2 bestimmt werden. Wir geben nun eine Strategie zur Berechnung eines Polynoms $p_i \in \Pi_{r-1}(Z_i; \mathbf{R})$ an, so daß sowohl die Forderung nach Genauigkeit (1.2), als auch die Forderung nach Erhalt des Zellmittels (1.1) erfüllt wird.

Ist eine Menge von Knotenmengen zu jedem Kontrollvolumen gefunden, muß genau eine ausgewählt werden, um dem Kontrollvolumen ein eindeutig bestimmtes Polynom zuzuordnen. Dazu benötigt man allerdings Knotenmengen, auf denen Polynominterpolation überhaupt eindeutig möglich ist.

Definition 3.7 Es sei Z_i ein Kontrollvolumen, $K(Z_i)$ eine Knotenmenge, $r \in \mathbf{N}$ und $\Pi_{r-1}(\mathbf{R}^2; \mathbf{R})$ der Raum der Polynome p mit grad$p < r$.

Dann heißt Π_{r-1} $\mathfrak{A}(Z)$-Tschebyscheff-System auf $K(Z_i)$, falls für alle $p \in \Pi_{r-1}(\mathbf{R}^2;\mathbf{R})$ und alle $Z \in K(Z_i)$ gilt:

$$\mathfrak{A}(Z)p = 0 \quad \Rightarrow \quad p \equiv 0.$$

Die Knotenmenge $K(Z_i)$ heißt in diesem Fall $\mathfrak{A}(Z)$-unisolvent.

Offenbar ist diese Definition aus der bekannten Definition des Tschebyscheff-Systems in der Interpolationstheorie abgeleitet. Insbesondere folgt auch in unserem Fall für $\mathfrak{A}(Z)$-Tschebyscheff-Systeme die eindeutige Lösbarkeit des Interpolationsproblems für Zellmittel.

Lemma 3.3 *Ist* $\Pi_{r-1}(\mathbf{R}^2;\mathbf{R})$ *ein* $\mathfrak{A}(Z)$*-Tschebyscheff-System auf der Knotenmenge* $K(Z_i)$ *(bzw. ist* $K(Z_i)$ $\mathfrak{A}(Z)$*-unisolvent), dann ist das Problem*

$$\mathfrak{A}(Z_i)p = \overline{p}_i, \quad i = 1,\ldots,\binom{r+1}{r-1}$$

für alle $p \in \Pi_{r-1}(\mathbf{R}^2;\mathbf{R})$ *und* $\overline{p}_i \in \mathbf{R}$ *eindeutig lösbar.*

Der folgende Satz ist für alles weitere zentral. In ihm wird ein Verfahren angegeben, mit dem sich Rekonstruktionspolynome der gewünschten Genauigkeit berechnen lassen.

Satz 3.2 *Gegeben sei eine* $\mathfrak{A}(Z)$*-unisolvente Knotenmenge*

$$K(Z_{i_0}) := \{Z_{i_0}, Z_{i_1}, \ldots, Z_{i_{M-1}}\}$$

und zugehörige Zellmittel $\overline{u}_{i_k}, k = 0,\ldots,M-1$. *Das durch das Gleichungssystem*

$$\mathfrak{A}(Z_{i_k})p_{i_0} = \overline{u}_{i_k}, \quad k = 0,\ldots,M-1 \tag{1.7}$$

auf $K(Z_{i_0})$ *eindeutig bestimmte Polynom*

$$p_{i_0}(\underline{x}) = \sum_{\mu=0}^{r-1} \frac{1}{\mu!} \sum_{|\underline{\alpha}|=\mu} (\underline{x} - \underline{c}_i)^{\underline{\alpha}} a_{\underline{\alpha}}$$

erfüllt die Bedingung

$$(u - p_i)(\underline{x}) = \mathcal{O}(h^r).$$

Beweis: Für $Z_{i_k} \in K(Z_{i_0})$ betrachte

$$\mathfrak{A}(Z_{i_k})p_{i_0} = \overline{u}_{i_k}.$$

Mit der Abkürzung

$$\Gamma_{i_k,\underline{\alpha}} := \frac{1}{h^{|\underline{\alpha}|}\mu!|Z_{i_k}|}\int_{Z_{i_k}} (\underline{x} - \underline{c}_i)^{\underline{\alpha}}\, d\underline{x}$$

gilt offenbar

$$\mathfrak{A}(Z_{i_k})p_{i_0} = \sum_{\mu=0}^{r-1}\sum_{|\underline{\alpha}|=\mu} \Gamma_{i_k,\underline{\alpha}} a_{\underline{\alpha}} h^{|\underline{\alpha}|},$$

wobei die eingeschobene $1 = h^{|\underline{\alpha}|}/h^{|\underline{\alpha}|}$ aus Skalierungsgründen auftaucht. Anwendung des Zellmittelungsoperators $\mathfrak{A}(Z_{i_k})$ auf die Taylorreihe

$$u(\underline{x}) = \sum_{\mu=0}^{r-1}\frac{1}{\mu!}\sum_{|\underline{\alpha}|=\mu} (\underline{x} - \underline{c}_{i_0})^{\underline{\alpha}}\, \partial^{\underline{\alpha}} u|_{\underline{x}=\underline{c}_{i_0}} + \mathcal{O}(h^r)$$

liefert die Darstellung

$$\mathfrak{A}(Z_{i_k})u = \overline{u}_{i_k} = \sum_{\mu=0}^{r-1}\sum_{|\underline{\alpha}|=\mu} \Gamma_{i_k,\underline{\alpha}}\, h^{|\underline{\alpha}|}\partial^{\underline{\alpha}} u\Big|_{\underline{x}=\underline{c}_{i_0}} + \mathcal{O}(h^r).$$

Ordnet man die Koeffizienten $a_{\underline{\alpha}}$ in irgendeiner Reihenfolge (z.B. nach aufsteigendem $|\underline{\alpha}|$) in einem Vektor $\underline{a}$ an, dann läßt sich das System (1.7) in der Form eines linearen Gleichungssystems

$$\underline{\underline{G}}\,\underline{a} = \underline{\overline{u}} \tag{1.8}$$

mit $\underline{\overline{u}} := (\overline{u}_{i_0}, \ldots, \overline{u}_{i_{M-1}})$ schreiben. Ersetzt man $\underline{a}$ durch den Vektor der zugehörigen $\underline{b} := \partial^{\underline{\alpha}} u|_{\underline{x}=\underline{c}_{i_0}}$, dann gilt

$$\underline{\underline{G}}\,\underline{b} = \underline{\overline{u}} + \mathcal{O}(h^r)$$

und nach Subtraktion von (1.8) folgt

$$\underline{\underline{G}}(\underline{b} - \underline{a}) = \mathcal{O}(h^r). \tag{1.9}$$

Da die Knotenmenge $\mathfrak{A}(Z)$-unisolvent war, ist $\underline{\underline{G}}$ invertierbar, d.h. $\underline{a}$ kann aus $\underline{a} = \underline{\underline{G}}^{-1}\underline{\overline{u}}$ gewonnen werden. Aufgrund der vorgenommenen Skalierung gilt jetzt

$$\|\underline{\underline{G}}^{-1}\|_{\mathbf{R}((M-1)\times(M-1))} = \mathcal{O}(1) \tag{1.10}$$

für irgendeine Matrixnorm. Damit folgt aus (1.9) das gewünschte Resultat

$$|\underline{b} - \underline{a}| = \mathcal{O}(h^r).$$

□

Offenbar sind genau die $\mathfrak{A}(Z)$-unisolventen Knotenmengen für die polynomiale Rekonstruktion in Primärnetzmethoden entscheidend. Hier zeigt sich einer der vielen Vorteile der Boxmethode, da hier die Konstruktion polynomialer Rekonstruktionen, bei denen die $\mathfrak{A}(Z)$-Unisolvenz der beteiligten Knotenmengen unabhängig von der Geometrie des Netzes automatisch folgt, kanonisch ist. Wir werden auf diesen Punkt bei der Beschreibung des DLR-τ-Codes zurückkommen.

Für Primärnetzmethoden ergibt sich hier sofort eine starke Restriktion, denn selbst Knotenmengen in weniger stark deformierten Netzen können näherungsweise nicht-$\mathfrak{A}(Z)$-unisolvent sein. Betrachten wir die drei Dreiecke in Abbildung 3.8.

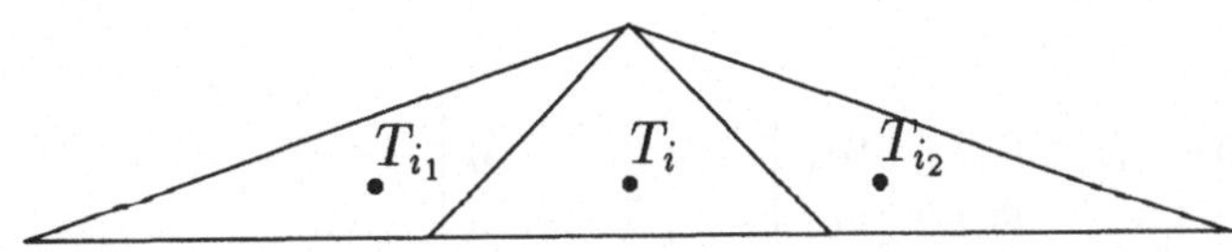

Abb. 3.8 Nicht-$\mathfrak{A}(Z)$-unisovente Knotenmenge

Auf der Knotenmenge $K(T_i) = \{T_i, T_{i_1}, T_{i_2}\}$ sei ein lineares Polynom $p \in \Pi_1(\mathbf{R}^2; \mathbf{R})$ so zu konstruieren, daß gegebene Zellmittel $\overline{u}_j, j \in \{i, i_1, i_2\}$ erhalten bleiben, d.h. daß

$$\mathfrak{A}(T_j)p = \overline{u}_j, \quad j \in \{i, i_1, i_2\}$$

gilt. Ordnen wir das gesuchte Polynom gleich dem Dreieck T_i zu und nennen es p_i, dann sind in der Darstellung

$$p_i(\underline{x}) = a_{00} + a_{10}(x_1 - c_{i,1}) + a_{01}(x_2 - c_{i,2})$$

die drei Koeffizienten a_{00}, a_{10}, a_{01} aus den Bedingungen

$$\left.\begin{aligned} a_{00} + \frac{a_{10}}{|T_i|} \int_{T_i} (x_1 - c_{i,1})\, d\underline{x} + \frac{a_{10}}{|T_i|} \int_{T_i} (x_2 - c_{i,2})\, d\underline{x} &= \overline{u}_i \\ a_{00} + \frac{a_{10}}{|T_{i_1}|} \int_{T_{i_1}} (x_1 - c_{i,1})\, d\underline{x} + \frac{a_{10}}{|T_{i_1}|} \int_{T_{i_1}} (x_2 - c_{i,2})\, d\underline{x} &= \overline{u}_{i_1} \\ a_{00} + \frac{a_{10}}{|T_{i_2}|} \int_{T_{i_2}} (x_1 - c_{i,1})\, d\underline{x} + \frac{a_{10}}{|T_{i_2}|} \int_{T_{i_2}} (x_2 - c_{i,2})\, d\underline{x} &= \overline{u}_{i_2} \end{aligned}\right\} \quad (1.11)$$

auszurechnen. Es gilt:

Lemma 3.4 *Die Koeffizienten eines linearen Rekonstruktionspolynoms* $p_i(\underline{x}) = a_{00} + (x_1 - c_{i,1}) + a_{01}(x_2 - c_{i,2})$ *auf einer Knotenmenge* $K(T_i) = \{T_i, T_{i_1}, T_{i_2}\}$ *für eine Primärnetzmethode auf dem Dreieck* T_i *sind Lösungen des linearen Systems*

$$\begin{bmatrix} c_{i_1,1} - c_{i,1} & c_{i_1,2} - c_{i,2} \\ c_{i_2,1} - c_{i,1} & c_{i_2,2} - c_{i,2} \end{bmatrix} \begin{bmatrix} a_{10} \\ a_{01} \end{bmatrix} = \begin{bmatrix} \overline{u}_{i_1} - \overline{u}_i \\ \overline{u}_{i_2} - \overline{u}_i \end{bmatrix}. \quad (1.12)$$

Für den konstanten Koeffizienten gilt

$$a_{00} = \overline{u}_i.$$

Beweis: Wegen $\underline{c}_i = \frac{1}{|T_i|} \int_{T_i} \underline{x}\, d\underline{x}$ folgt aus (1.11) das System

$$\begin{aligned} a_{00} &= \overline{u}_i \\ a_{00} + a_{10}(c_{i_1,1} - c_{i,1}) + a_{01}(c_{i_1,2} - c_{i,2}) &= \overline{u}_{i_1} \\ a_{00} + a_{10}(c_{i_2,1} - c_{i,1}) + a_{01}(c_{i_2,2} - c_{i,2}) &= \overline{u}_{i_2}, \end{aligned}$$

was das Lemma beweist. □

Liegen die Schwerpunkte $\underline{c}_j, j \in \{i, i_1, i_2\}$ auf einer Geraden (wie in Abbildung 3.8), dann verschwindet die Determinante der Koeffizentenmatrix des linearen Systems (1.12) und das System ist somit nicht eindeutig lösbar.

In der Praxis treten numerische Probleme schon auf, wenn die Determinante eines Koeffizientensystems für ein Rekonstruktionspolynom nahe bei Null liegt. Entweder scheidet man solche Knotenmengen aus der Auswahl aus, oder man wählt den Polynomraum 'passend' für die Knotenmenge. Die letzte Bemerkung würde auf die Implementation der Ideen von deBoor und Ron [15] im Rahmen einer Finite-Volumen-Methode zielen, die Laufzeitkomplexität schränkt deren praktische Anwendungen jedoch ein.

3.1.5 Auswahlkriterien

Wir nehmen im folgenden an, daß jedes Kontrollvolumen Z_i über eine Menge von Knotenmengen verfügt, auf denen jeweils das Problem der polynomialen Rekonstruktion eindeutig lösbar ist. In der Gasdynamik arbeiten wir ständig mit der Vorstellung von Bereichen von glatten Lösungen, die durch niederdimensionale Diskontinuitäten (Stöße, Kontaktunstetigkeiten) voneinander getrennt sind. Besitzt ein Rekonstruktionspolynom eine bemerkenswert hohe Totalvariation über der Zelle Z_i, so wird damit angezeigt, daß über eine Unstetigkeit hinweg interpoliert wurde. Ein solches Rekonstruktionspolynom darf auf keinen Fall gewählt werden, da die Polynome nur für entsprechend glatte Bereiche der Lösung gültig sind. In der Gasdynamik ist man insbesondere an Lösungen kleiner Variation interessiert, da große Totalvariationen auf starke Oszillationen hinweisen und die Gefahr der Interpolation negativer Drücke und Dichten groß ist.[5]

[5] Lösungen skalarer Erhaltungsgleichungen mit konvexen Flußfunktionen sind immer aus dem Raum der Funktionen mit beschränkter Totalvariation, wenn nur die Anfangswertfunktion aus diesem Raum ist. Allerdings gilt dies nicht für nicht-konvexe Flußfunktionen (siehe [21]), so daß ein Analogieschluß zu Systemen in mehreren Raumdimension keinesfalls möglich ist.

Definition 3.8 Eine Funktion $u \in L^1(Z;\mathbf{R})$ heißt Funktion von beschränkter Variation, wenn ihre distributionellen partiellen Ableitungen Maße mit endlicher Totalvariation sind, d.h. wenn es Radon-Maße $\mu_1, \mu_2 \in \mathcal{M}(Z;\mathbf{R})$ gibt, so daß

$$|\nabla_{\underline{x}}\mu_i|(Z) < \infty, \quad i = 1,2,$$

und

$$\int_Z u\partial_{x_i}\varphi\, d\underline{x} = -\int_Z \varphi\, d\mu_i, \quad i = 1,2.$$

für alle Testfunktionen $\varphi \in \mathcal{D}(Z;\mathbf{R})$ gilt.

Der Raum der reellwertigen Funktionen mit beschränkter Variation auf Z sei mit $BV(Z;\mathbf{R})$ bezeichnet.

Der Gradient von $u \in BV(Z;\mathbf{R})$ ist also ein vektorwertiges Maß mit endlicher Totalvariation

$$|||\nabla_{\underline{x}}u||| := \sup_{\substack{\underline{v}\in\mathcal{D}(Z;\mathbf{R}^2)\\ |\underline{v}(\underline{x})|\le 1\,\forall \underline{x}\in Z}} \left\{\int_Z u\left(\nabla_{\underline{x}}\cdot\underline{v}\right)\, d\underline{x}\right\}.$$

Der Raum $BV(Z;\mathbf{R})$ ist mit der Variationsnorm

$$\|u\|_{BV(Z;\mathbf{R})} := \|u\|_{L^1(Z;\mathbf{R})} + |||\nabla_{\underline{x}}u|||$$

versehen.

In den uns interessierenden Funktionenklassen für die Rekonstruktion ist es zur Berechnung der Variation glücklicherweise nicht nötig, gegen Testfunktionen zu testen, wie das folgende Lemma zeigt.

Lemma 3.5 *Ist* $u \in C^1(Z;\mathbf{R})$, *dann gilt*

$$\|u\|_{BV(Z;\mathbf{R})} = \|u\|_{L^1(Z;\mathbf{R})} + \sum_{i=1}^{2}\|\partial_{x_i}u\|_{L^1(Z;\mathbf{R})}$$

Beweis: Bereits für $u \in W^{1,1}(Z;\mathbf{R})$ (und erst recht für $u \in C^1(Z;\mathbf{R})$) folgt durch partielle Integration für alle $\underline{v} \in C_0^\infty(Z;\mathbf{R}^2)$

$$\int_Z u(\nabla_{\underline{x}} \cdot \underline{v})\, d\underline{x} = \sum_{i=1}^{2} uv_i \Big|_{\partial Z} - \int_Z \nabla_{\underline{x}} u \cdot \underline{v}\, d\underline{x} = -\int_Z \nabla_{\underline{x}} u \cdot \underline{v}\, d\underline{x}.$$

Anwendung der Hölderschen Ungleichung $\int_Z |\nabla_{\underline{x}} u \cdot \underline{v}|\, d\underline{x} \leq \int_Z |\nabla_{\underline{x}} u|\, d\underline{x} \cdot \|\underline{v}\|_{L^\infty(Z;\mathbf{R})}$ liefert mit der Supremumsbildung das gewünschte Resultat. □

Bezeichnen wir das Auswahlkriterium für Rekonstruktionspolynome mit $W(p)$, so ist demnach

$$W_1(p) := \sum_{i=1}^{2} \|\partial_{x_i} p\|_{L^1(Z;\mathbf{R})} \tag{1.13}$$

ein gutes Maß für das Oszillationsverhalten. Ist man an linearen Rekonstruktionspolynomen interessiert, so ist sicher

$$W_2(p) := |\nabla_{\underline{x}} p|$$

das Kriterium der Wahl. Harten und Chakravarthy [60], sowie Vankeirsbilck [154] schlagen vor, alle Ableitungen in ein Auswahlkriterium mit einzubeziehen. In [154] findet man etwa

$$W_3(p) := \sqrt{\sum_{k=1}^{r-1} \sum_{|\underline{\alpha}|=k} a_{\underline{\alpha}}^2},$$

für ein Rekonstruktionspolynom aus $\Pi_{r-1}(Z;\mathbf{R})$.

Alle bisher vorgestellten Auswahlkriterien basieren auf rein heuristischen Überlegungen und wir werden im Verlauf der Arbeit einige dieser Kriterien auch für nicht-polynomiale Rekonstruktionsfunktionen einsetzen. Das einzige mir bekannte, mathematisch fundierte Auswahlkriterium ist eng verknüpft mit polynomialer Rekonstruktion für Boxmethoden und stammt von Abgrall ([1], [2], [3]). Wir werden im nächsten Abschnitt mit Satz 3.6 die theoretische Grundlage zur Auswahl von wesentlich nicht-oszillierenden Polynomen in einer Raumdimension angeben. Abgralls Konstruktion ist die direkte Übertragung dieses Satzes auf den mehrdimensionalen Fall. Wir werden seine Technik im Abschnitt 3.6 dieses Kapitels diskutieren.

3.2 TVD- und ENO-Verfahren

Obwohl das Konzept der Finite-Volumen-Methoden mehrdimensional im Sinne der Anwendbarkeit auf beliebige polygonal berandete Kontrollvolumina in beliebigen Raumdimensionen ist, sind solche Verfahren nicht echt mehrdimensional im Sinne der Methoden von Roe, Deconinck, Struijs, et.al. (siehe [146] und die darin enthaltenen Referenzen) oder Fey [38] und Ostkamp [111]. An Stelle des Transports mehrdimensionaler Wellen in alle möglichen Raumrichtungen tritt bei den Finite-Volumen-Methoden die (approximative) Lösung lokaler, eindimensionaler Riemann-Probleme normal zu den Kanten der Kontrollvolumina und das summarische Zusammenfassen der so ermittelten Flüsse. Jedes Finite-Volumen-Verfahren ist damit inhärent eindimensional.

Auch die Finite-Differenzen-Methoden in mehreren Raumdimensionen sind inhärent eindimensional, da mehrdimensionale Operatoren durch *splitting* in Produkte eindimensionaler Operatoren zerlegt werden. Beispiele dazu finden sich in der klassischen Referenz Yanenko [164]. Es macht daher Sinn, Verfahren für den räumlich eindimensionalen Fall genauer zu studieren und diese Verfahren dann im Rahmen einer Finite-Volumen-Methode im mehrdimensionalen Raum zu implementieren. Zu den erfolgreichsten Ansätzen der letzten Jahre zählen die TVD- und ENO-Verfahren, deren Finite-Volumen-Übertragungen wir in dieser Arbeit betrachten. Eine gute Übersicht über die Theorie von Finite-Differenzen-Verfahren findet man bei LeVeque in [85]. Sehr ausführlich werden TVD- und ENO-Verfahren in [18] behandelt. In [139] werden Dreipunkte-Verfahren mit TVD-Eigenschaft bezüglich ihrer numerischen Viskosität genauer untersucht. Wir geben hier nur einen kurzen Überblick.

3.2.1 Monotonie und Totalvariation

Wir betrachten das skalare Modellproblem

$$\partial_t u + \partial_x f(u) = 0 \tag{2.14}$$

$$u(x,0) = u_0(x) \quad ; x \in \mathbf{R} \tag{2.15}$$

mit einer nichtlinearen Flußfunktion $S \ni u \overset{f}{\longmapsto} f(u) \in \mathbf{R}$. Die reelle Achse sei äquidistant zerlegt, so daß $\Delta x > 0$ die Maschenweite bezeichnet und $x_i := i\Delta x$ für $i \in \mathbf{Z}$ gilt. Ebenso sei die Zeitachse mit der Maschenweite

$\Delta t > 0$ diskretisiert, so daß für $n \in \mathbf{N}$ die Zeit t_n durch $t_n := n\Delta t$ gegeben ist. In diesem Rahmen wollen wir definieren, was wir unter einer numerischen Methode verstehen wollen.

Definition 3.9 Es sei

$$S \times S \times S \ni (a, b, c) \overset{\mathcal{H}}{\longmapsto} \mathcal{H}(a, b, c) \in \mathbf{R}$$

eine stetige Funktion ihrer Argumente. Das Finite-Differenzen-Verfahren

$$u_i^{n+1} = \mathcal{H}(u_{i-1}^n, u_i^n, u_{i+1}^n)$$

heißt explizites Dreipunkte-Verfahren.

Der Satz von Lax und Wendroff [83] hat geklärt, welche spezifische Form Finite-Differenzen-Verfahren zur numerischen Lösung von (2.14), (2.15) aufweisen müssen. Wenn Verfahren in der sogenannten Erhaltungsform konvergieren, dann ist das Grenzelement eine schwache Lösung der approximierten Differentialgleichung. Wir beschränken uns wieder auf den einfachen Fall einer expliziten Dreipunkte-Methode.

Definition 3.10 Ein explizites Dreipunkte-Verfahren ist in Erhaltungsform, wenn es eine numerische Flußfunktion

$$S \times S \ni (a, b) \overset{H}{\longmapsto} H(a, b)$$

mit der Konsistenzeigenschaft $H(u, u) = f(u)$ für alle $u \in S$ gibt, so daß sich das Verfahren in der Form

$$u_i^{n+1} = u_i^n - \frac{\Delta t}{\Delta x}\left(H(u_{i+1}^n, u_i^n) - H(u_i^n, u_{i-1}^n)\right)$$

schreiben läßt.

Man macht sich an Hand dieser Definition sofort klar, daß die Finite-Volumen-Verfahren *per definitionem* Erhaltungsform aufweisen.

Eine notwendige Stabilitätsbedingung ist die Courant-Friedrichs-Lewy--Bedingung

$$\frac{\Delta t}{\Delta x} \max_{i \in \mathbf{Z}} |f'(u_i^n)| \leq \text{CFL}$$

mit einer Zahl CFL≤ 1, siehe etwa [145], die uns bereits im Kontext der Zeitdiskretisierungen für Finite-Volumen-Verfahren begegnet ist.

Definition 3.11 Ein explizites Dreipunkte-Verfahren heißt monoton, falls

$$\partial_{a_j}\mathcal{H}(a_1, a_2, a_3) \geq 0 \quad ; j = 1, 2, 3,$$

für alle $a_i \in S$ gilt.

Als Paradigma für eine monotone Methode kann das Verfahren von Lax & Friedrichs dienen, dessen numerische Flußfunktion durch

$$H(u, v) = \frac{1}{2}(f(u) + f(v)) - \frac{1\Delta x}{2\Delta t}(u - v)$$

gegeben ist ([136]).
Monotone Verfahren besitzen hervorragende Eigenschaften, unter anderem sind sie monotonieerhaltend im Sinne von

$$\{u_i^n\}_{i\in\mathbf{Z}} \text{ monotone Folge } \Rightarrow \{u_i^{n+1}\}_{i\in\mathbf{Z}} \text{ monotone Folge} \qquad (2.16)$$

und konvergieren gegen die eindeutig bestimmte Entropielösung (siehe [61], [31], [120], [149]). Allerdings liegt der Nachteil dieser Methoden in ihren schlechten Approximationseigenschaften.

Satz 3.3 *Monotone Verfahren sind von höchstens erster Ordnung genau.*

Beweis: [61]. □

Auf dem Weg zu einer numerischen Methode, die sowohl genau ist als auch über befriedigende Monotonieeigenschaften verfügt, ist folgende Definition hilfreich.

Definition 3.12 Die Größe

$$\mathrm{TV}(\{u_i^n\}) := \sum_{i\in\mathbf{Z}} |u_{i+1}^n - u_i^n|$$

heißt Totalvariation der Folge $\{u_i^n\}_{i\in\mathbf{Z}}$. Ein Dreipunkte-Verfahren heißt TVD-Verfahren (Total Variation Diminishing), wenn

$$\forall n \in \mathbf{N}: \quad \mathrm{TV}(\{u_i^{n+1}\}) \leq \mathrm{TV}(\{u_i^n\})$$

gilt.

Zwischen den Monotoniebegriffen besteht folgender Zusammenhang.

Lemma 3.6 *Ein monotones Verfahren ist ein TVD-Verfahren. Ein TVD-Verfahren ist monotonieerhaltend im Sinne von* (2.16).

Beweis: [52]. □

Über den Zusammenhang von Ordnung und Monotonieverhalten gibt das folgende Lemma Auskunft.

Lemma 3.7 *Monotonieerhaltende Dreipunkte-Verfahren sind höchstens von erster Ordnung genau.*

Beweis: [52]. □

Mit dieser nur scheinbar negativen Aussage öffnete Harten den Weg für die Konstruktion von Fünfpunkte-Verfahren, die sowohl von zweiter Ordnung genau sind, als auch TVD-Eigenschaft aufweisen. Die Erweiterung des Differenzensternes ist allerdings formal nicht am Verfahren ablesbar, sondern manifestiert sich im sogenannten MUSCL-Zugang (Monotone Upwind Schemes for Conservation Laws) von van Leer [84] im Rekonstruktionsschritt: Man verwendet eine monotone numerische Flußfunktion und rekonstruiert in jedem Intervall $[x_{i-1/2}, x_{i+1/2}]$ eine lineare Funktion p_i so, daß $(p_i - u)(x) = \mathcal{O}(h^2)$ und $\mathfrak{A}([x_{i-1/2}, x_{i+1/2}])p_i = \mathfrak{A}([x_{i-1/2}, x_{i+1/2}])u$ gilt. Verwendet man die Werte der linearen Rekonstruktionen an den Intervallgrenzen in der numerischen Flußfunktion, dann erhält man zwar ein Verfahren von zweiter Ordnung, allerdings kein TVD-Verfahren. Erst die Einführung einer Limitierungsfunktion, die die lineare Rekonstruktion gerade so steuert, daß gegenüber den konstanten Werten auf den Intervallen keine neuen Extrema auftreten, führt zu den modernen, hochauflösenden TVD-Verfahren vom MUSCL-Typ. Für Details der Konstruktion sei auf [69] verwiesen. Konvergenz dieser Methoden findet man erstmals bei Osher [108] bewiesen.

Wir schreiben ein Verfahren in Erhaltungsform jetzt in der Form

$$u_i^{n+1} = u_i^n - \frac{\Delta t}{\Delta x}\left(H_{i+1/2} - H_{i-1/2}\right),$$

unabhängig davon, wieviele Argumente die numerische Flußfunktion besitzt. Die Frage, ob man einem Verfahren in Erhaltungsform bereits ansehen kann, daß es sich um ein TVD-Verfahren handelt, konnte Harten in [52] positiv beantworten. Es gilt nämlich

Satz 3.4 *Zu jedem Verfahren in Erhaltungsform gibt es Inkrementfaktoren $C^+_{i+1/2}$, $C^-_{i-1/2}$, so daß das Verfahren in der inkrementalen Form*

$$u_i^{n+1} = u_i^n + C^+_{i+1/2}(u_{i+1}^n - u_i^n) - C^-_{i-1/2}(u_i^n - u_{i-1}^n)$$

geschrieben werden kann. Die durch die Bedingungen

$$C^+_{i+1/2} \geq 0, \quad C^-_{i+1/2} \geq 0, \quad 1 - C^+_{i+1/2} - C^-_{i+1/2} \geq 0$$

charakterisierten Verfahren sind TVD-Verfahren.

Beweis: [52] . □

Finite-Differenzen-Verfahren lassen sich auch äquivalent über ihre numerische Viskosität klassifizieren, die durch

$$Q_{i+1/2} := C^+_{i+1/2} + C^-_{i+1/2}$$

definiert ist. Damit läßt sich ein Verfahren in die Viskositätsform

$$\begin{aligned} u_i^{n+1} &= u_i^n - \frac{\Delta t}{2\Delta x}\left(f(u_{i+1}^n) - f(u_{i-1}^n)\right) \\ &+\frac{1}{2}\left(Q_{i+1/2}(u_{i+1}^n - u_i^n) - Q_{i-1/2}(u_i^n - u_{i-1}^n)\right) \end{aligned}$$

überführen und analysieren. Siehe dazu die Arbeiten von Tadmor ([149], [150]) und Osher und Tadmor [110].

Die Konstruktion von TVD-Verfahren läßt sich auch aus der Sicht der numerischen Flußfunktionen interpretieren, siehe Sweby [147]. Für die lineare Transportgleichung

$$\partial_t u + a\partial_x u = 0, \quad a > 0,$$

ist die Methode von Lax und Wendroff durch

$$\begin{aligned} u_i^{n+1} &= u_i^n - \frac{a\Delta t}{\Delta x}(u_i^n - u_{i-1}^n) \\ &-\left\{\frac{1}{2}\left(1 - \frac{a\Delta t}{\Delta x}\right)\frac{a\Delta t}{\Delta x}\left(u_{i+1}^n - 2u_i^n + u_{i-1}^n\right)\right\} \end{aligned}$$

gegeben (siehe [83]). Die Methode ist von zweiter Ordnung im Raum. Die einfache upwind-Methode

$$u_i^{n+1} = u_i^n - \frac{a\Delta t}{\Delta x}(u_i^n - u_{i-1}^n)$$

ist dagegen von erster Ordnung, allerdings ein monotones Verfahren, daß Unstetigkeiten stark verschmiert (siehe [69]). Offenbar läßt sich die hohe numerische Viskosität (Diffusivität) der upwind-Methode, die für die schlechte Approximationsordnung verantwortlich ist, durch einen entsprechenden Term korrigieren, nämlich durch

$$\begin{aligned}&\frac{1}{2}\left(1 - \frac{a\Delta t}{\Delta x}\right)\frac{a\Delta t}{\Delta x}\left(u_{i+1}^n - 2u_i^n + u_{i-1}^n\right) = \\ &\frac{1}{2}\left(1 - \frac{a\Delta t}{\Delta x}\right)\frac{a\Delta t}{\Delta x}\left((u_{i+1}^n - u_i^n) - (u_i^n - u_{i-1}^n)\right).\end{aligned}$$

Dieser Term wird daher auch antidiffusiver Fluß genannt.
Nun weist die Methode von Lax und Wendroff zwar einen quadratischen Abschneidefehler auf, leidet allerdings unter starken Oszillationen an Unstetigkeiten und ist daher kein TVD-Verfahren. Versieht man den antidiffusiven Fluß vermöge

$$\begin{aligned}u_i^{n+1} = u_i^n &- \frac{a\Delta t}{\Delta x}(u_i^n - u_{i-1}^n) - \frac{1}{2}\mathsf{L}_{i+1}\left(1 - \frac{a\Delta t}{\Delta x}\right)\frac{a\Delta t}{\Delta x}(u_{i+1}^n - u_i^n) \\ &+\frac{1}{2}\mathsf{L}_i\left(1 - \frac{a\Delta t}{\Delta x}\right)\frac{a\Delta t}{\Delta x}(u_i^n - u_{i-1}^n)\end{aligned}$$

mit einem Flußlimitierer L, dann wird die Konstruktion genauer TVD-Verfahren möglich. Ist die numerische Lösung glatt, soll $\mathsf{L}_{i+1} = \mathsf{L}_i = 1$ gelten, denn dann liegt ein Verfahren zweiter Ordnung vor. An Unstetigkeiten soll der Flußlimitierer den Einfluß des antidiffusiven Flusses zurücknehmen, so daß das monotone Verfahren die oszillationsfreie Darstellung der Unstetigkeit übernehmen kann. Daher ist es sinnvoll, den Flußlimitierer als Funktion

$$\frac{u_i^n - u_{i-1}^n}{u_{i+1}^n - u_i^n} =: \sigma_i \stackrel{\mathsf{L}}{\longmapsto} \mathsf{L}(\sigma_i) =: \mathsf{L}_i$$

zu wählen. Offenbar führt der Flußlimitierer in ein Dreipunkte-Verfahren zwei weitere Punkte ein. Somit liegt insgesamt ein Fünfpunkte-Verfahren vor.

Sweby [147] ermittelte mit Hilfe von Satz 3.4 den Wertebereich eines TVD-Limitieres, der in Abbildung 3.9 dargestellt ist. Wesentlich ist

$$\sigma_i \leq 0 \quad \Longrightarrow \quad \mathsf{L}_i \equiv 0.$$

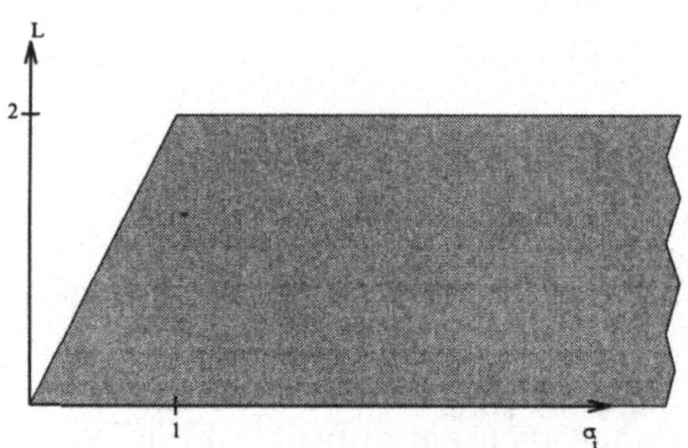

Abb. 3.9 TVD-Region für Flußlimitierer

Wählt man eine Limitierungsfunktion aus dem gekennzeichneten Bereich, ist allerdings der Abschneidefehler nicht notwendig quadratisch. In dieser bemerkenswerten Inkompatibilität von Ordnung und TVD-Eigenschaft (siehe dazu [137]) liegt auch das Hauptproblem aller TVD-Verfahren. Limitierer die sowohl die TVD-Eigenschaft besitzen, als auch Verfahren von zweiter Ordnung liefern, liegen in der in Abbildung 3.10 gekennzeichneten Region (vgl. Sweby [147]). Obwohl es eine Vielzahl solcher Limitierungsfunktionen gibt, bleibt das hauptsächliche Problem bestehen. Es gilt nämlich der folgende

Satz 3.5 *Jedes TVD-Verfahren ist an lokalen Extrema höchstens von erster Ordnung genau.*

Beweis: Es sei o.B.d.A. $u_{i-1}^n < u_i^n > u_{i+1}^n$. Offenbar gilt dann $\sigma_i < 0$ und damit $\mathsf{L}_i = 0$. Ebenso argumentiert man im Fall $u_{i-1}^n > u_i^n < u_{i+1}^n$. □

Selbst so einfache Funktionen wie linear transportierte Sinuswellen werden

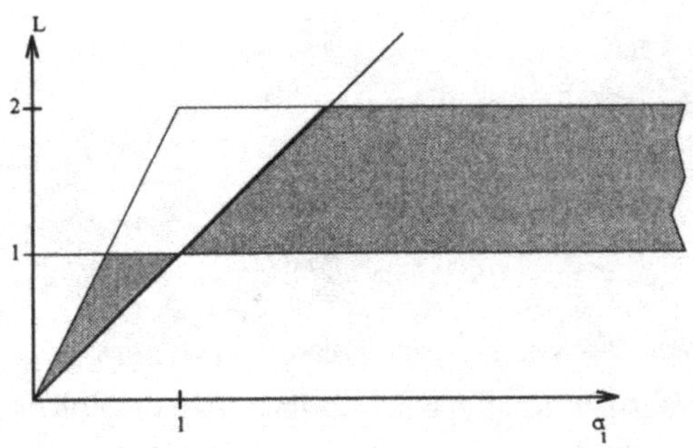

Abb. 3.10 TVD-Region für Flußlimitierer, die Verfahren zweiter Ordnung liefern

also durch TVD-Verfahren stark gedämpft. Man spricht in diesem Zusammenhang auch vom clipping-Phänomen, da lokale Extrema bereits nach wenigen Zeitschritten wie abgeschnitten aussehen. ENO-Verfahren wurden entwickelt, um diesen Nachteil auszuräumen.

3.2.2 Wesentlich nichtoszillierende Interpolation

Wir betrachten ein einfaches Interpolationsproblem. Gegeben seien M Punktwerte $u_i := u(x_i)$ einer unbekannten Funktion $\mathbf{R} \ni x \overset{u}{\longmapsto} u(x) \in \mathbf{R}$,

$$\{(x_0, u_0), \ldots, (x_{M-1}, u_{M-1})\}.$$

Wir erinnern ([144]) an die Definition der dividierten Differenzen, die rekursiv durch

$$u[x_i] := u_i$$
$$u[x_i, x_{i+1}, \ldots, x_{i+k}] := \frac{u[x_{i+1}, \ldots, x_{i+k}] - u[x_i, \ldots, x_{i+k-1}]}{x_{i+k} - x_i}$$

für $i = 0, 1, \ldots, M-1$, $i + k \leq M - 1$, gegeben sind. Das Newtonsche Interpolationspolynom P vom Grad $M - 1$ mit

$$P(x_i) = u_i, \quad i = 0, \ldots, M-1,$$

ist dann gegeben durch

$$P(x) = u[x_0] + u[x_0, x_1](x - x_0) + u[x_0, x_1, x_2](x - x_0)(x - x_1) + \dots$$
$$\dots + u[x_0, \dots, x_{M-1}] \prod_{k=0}^{M-2} (x - x_k).$$

Der große Vorteil des Newtonschen Interpolationspolynomes gegenüber der Lagrangeschen Darstellung besteht bekanntermaßen darin, daß sich das Newtonsche Polynom sukzessive aufbauen läßt und bei Hinzufügen eines weiteren Interpolationspunktes nicht vollständig neu berechnet werden braucht. Der für uns viel entscheidendere Vorteil liegt in einem fundamentalen Satz, der Auskunft über das Verhalten der dividierten Differenzen gibt.

Satz 3.6 *Ist $u \in C^k([x_i, x_{i+k}]; \mathbf{R})$, dann gilt*

$$u[x_i, \dots, x_{i+k}] = \frac{1}{k!}\frac{d^k}{dx^k}u(\xi), \quad \xi \in [x_i, x_{i+k}].$$

Weist dagegen die p-te Ableitung ($0 \le p \le k$) einen Sprung der Höhe $\left[\frac{d^p}{dx^p}u\right]$ auf, dann folgt

$$u[x_i, \dots, x_{i+k}] = \mathcal{O}\left((\Delta x)^{p-k}\left[\frac{d^p}{dx^p}u\right]\right).$$

Beweis: Der erste Teil der Aussage ist klassischer Stoff der numerischen Analysis. Den zweiten Teil überlegt man sich mit Hilfe einiger Bemerkungen aus [67]. □

Demnach können wir aus dem Verhalten der dividierten Differenzen auf das Verhalten der unbekannten Funktion u schließen, denn es gilt

$$u \text{ glatt in } [x_{i_1}, x_{i_1+k}], u \text{ unstetig in } [x_{i_2}, x_{i_2+k}] \quad \Longrightarrow$$
$$|u[x_{i_1}, \dots, x_{i_1+k}]| \le |u[x_{i_2}, \dots, x_{i_2+k}]|$$

Stellt man sich nun die Interpolationsaufgabe:
Gegeben M Datenpaare

$$(x_i, u_i := u(x_i)), \quad i = 0, \dots, M-1,$$

einer unbekannten, möglicherweise an endlich vielen Stellen unstetigen Funktion $\mathbf{R} \ni x \overset{u}{\longmapsto} u(x) \in \mathbf{R}$; *Gesucht ist ein möglichst oszillationsfreies Interpolationspolynom* $\pi(u)$ *mit*

$$\pi(u)(x_i) = u_i, \quad i = 0, \ldots, M-1,$$

das in jedem Intervall $[x_i, x_{i+1}], i = 0, \ldots, M-2$, *vom Grad* $\text{grad}\ \pi(u) \le l$ *ist,*

so liegt das folgende Vorgehen nahe.

Wir betrachten das Intervall $I_j := [x_j, x_{j+1}]$ und setzen voraus, daß der Index j hinreichend weit sowohl von 0 als auch von $M-1$ entfernt ist, um das Problem der Randinterpolation zu umgehen. Das mit I_j assoziierte Interpolationspolynom ersten Grades ist in Newton-Form gegeben durch:

$$\pi_1(u)(x) := u[x_j] + u[x_j, x_{j+1}](x - x_j).$$

Die Knotenmenge $\{x_j, x_{j+1}\}$ kann jetzt auf zwei verschiedene Arten erweitert werden, um ein quadratisches Interpolationspolynom zu erzeugen, nämlich entweder $\{x_{j-1}, x_j, x_{j+1}\}$ oder $\{x_j, x_{j+1}, x_{j+2}\}$. Berechnet man jetzt die dividierten Differenzen

$$d_1 := u[x_{j-1}, x_j, x_{j+1}], \quad d_2 := u[x_j, x_{j+1}, x_{j+2}]$$

und vergleicht deren Beträge, dann folgt aus

$$|d_1| < |d_2|$$

nach Satz 3.6, daß die Funktion u im Intervall $[x_{j-1}, x_{j+1}]$ 'glatter' ist als im Intervall $[x_j, x_{j+2}]$. Daher ist für das Polynom

$$\begin{aligned}\pi_{2,\text{rechts}}(u)(x) := {} & u[x_j] + u[x_j, x_{j+1}](x - x_j) \\ & + u[x_j, x_{j+1}, x_{j+2}](x - x_j)(x - x_{j+1})\end{aligned}$$

ein schlechteres Oszillationsverhalten zu erwarten als für die Alternative

$$\begin{aligned}\pi_{2,\text{links}}(u)(x) := {} & u[x_{j-1}] + u[x_{j-1}, x_j](x - x_{j-1}) \\ & + u[x_{j-1}, x_j, x_{j+1}](x - x_{j-1})(x - x_j).\end{aligned}$$

Daher setzt man

$$\pi_2(u) := \pi_{2,\text{links}}(u)$$

und fährt mit der Erweiterung der Knotenmenge nach links und rechts für den nächsthöheren Polynomgrad fort.

Dieses Vorgehen führt zu einem brauchbaren numerischen Algorithmus.

Definition 3.13 Das Interpolationspolynom

$$\pi(u)(x) := \sum_{\nu=0}^{l} u[x_{i_l(j)}, \ldots, x_{i_l(j)+\nu}] \prod_{\mu=i_l(j)}^{i_l(j)-1+\nu} (x - x_\mu)$$

heißt wesentlich nichtoszillierendes Interpolationspolynom vom Grad l auf $[x_j, x_{j+1}]$, wenn der Index $i_l(j)$ aus dem nachfolgenden Algorithmus stammt.

Algorithmus — Indexsuche

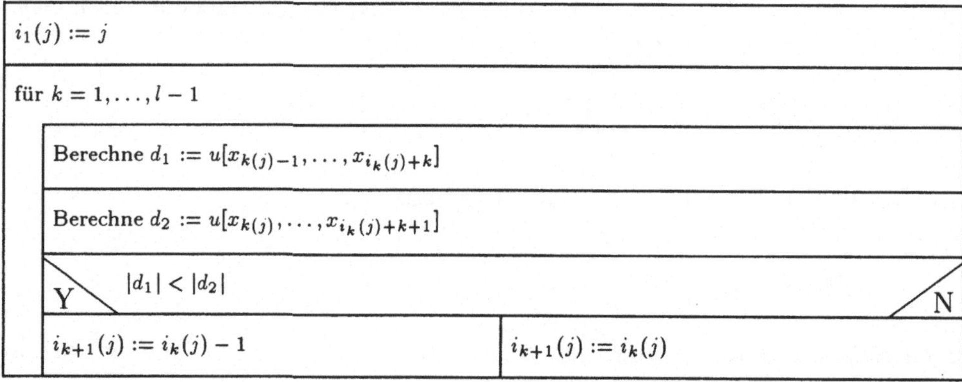

Es ist nun nicht schwer, die wesentlich nichtoszillierende Interpolation so durchzuführen, daß Zellmittel erhalten bleiben. Numerische Methoden, die die soeben beschriebene Interpolationstechnik zur Rekonstruktion verwenden, nennt man ENO-Verfahren (Essentially Non-Oscillatory). Konstruiert wurden solche Methoden erstmals in [64] für quadratische Polynome und schließlich in [63] in voller Allgemeinheit, siehe auch [107]. Die wesentlich nichtoszillierende Interpolation und ihre Eigenschaften sind in [54] und [62]

beschrieben und analysiert worden. Eine zusammenfassende Beschreibung findet sich in [18].

ENO-Verfahren im Rahmen von Finite-Volumen-Methoden auf strukturierten Vierecksnetzen sind durch die koordinatenweise eindimensionale Anwendung der Rekonstruktion besonders einfach, siehe etwa [19]. Die ENO-Technologie wird inzwischen auch zur Konstruktion von Filtern verwendet, mit denen sich Daten rekonstruieren lassen, die durch Oszillationen bereits gestört sind, siehe [76].

3.3 Rekonstruktion mit linearen und quadratischen Polynomen

3.3.1 Die lineare Rekonstruktion von Durlofsky, Engquist und Osher

In [33] versuchten Durlofsky, Engquist und Osher, die TVD-Philosophie auf eine Primärnetzmethode in zwei Raumdimensionen zu übertragen. Die von ihnen vorgeschlagene lineare Rekonstruktion für ein Dreieck T_i beinhaltet in unserer Terminologie nur die Knotenmengen

$$K(T_i) = T_i \cup K, \quad K \subset K_{vN}(T_i),$$

die mit Dreiecken aus der von Neumann-Nachbarschaft von T_i gebildet werden. Aus Abbildung 3.5 wird deutlich, daß für jedes innere Dreieck einer Triangulierung genau drei solche Knotenmengen existieren, nämlich

$$K_1(T_i) := \{T_i, T_{i_1}, T_{i_2}\}, K_2(T_i) := \{T_i, T_{i_1}, T_{i_3}\}, K_3(T_i) := \{T_i, T_{i_2}, T_{i_3}\}.$$

Unter der Annahme der $\mathfrak{A}(T)$-Unisolvenz dieser drei Mengen lassen sich dem Dreieck T_i die drei linearen Funktionen $p_i^{(1)}, p_i^{(2)}, p_i^{(3)}$ zuordnen, die in der Form

$$p_i^{(k)} = a_{00}^{(k)} + a_{10}^{(k)}(x_1 - c_{i,1}) + a_{01}^{(k)}(x_2 - c_{i,2}), \quad k = 1, 2, 3,$$

angegeben werden können und deren Koeffizienten durch die drei linearen Gleichungssysteme

$$\mathfrak{A}(T_j)p_i^{(k)} = \overline{u}_j, \quad (k, j) \in \{(1, i), (2, i_1), (3, i_2)\},$$

bestimmt sind. Die Auswahl eines Polynoms $p_i \in \{p_i^{(1)}, p_i^{(2)}, p_i^{(3)}\}$ geschieht nun wie folgt: Liegt auf Dreieck T_i ein lokales Extremum der Zellmittel vor (bezüglich seiner drei von Neumann-Nachbarn), so wird kein Rekonstruktionspolynom gewählt, sondern weiter mit einem konstanten Wert gerechnet. Ansonsten wird das steilste Polynom ausgewählt und geprüft, ob es an den Kanten zu seinen Nachbarn Werte zwischen den Zellmitteln von T_i und denen seiner von Neumann-Nachbarn liefert. Ist das der Fall, dann wird dieses Polynom als das zu Dreieck T_i gehörige Rekonstruktionspolynom definiert. Im anderen Fall wird das nächststeilere Polynom gewählt und der Test wiederholt. Besteht auch das dritte Polynom den Test nicht, wird das konstante Zellmittel beibehalten. Dieser Prozeß ist in algorithmischer Form in Algorithmus I dargestellt.

Algorithmus I — Lineare Rekonstruktion auf Dreiecken
(nach Durlofsky, Engquist und Osher)

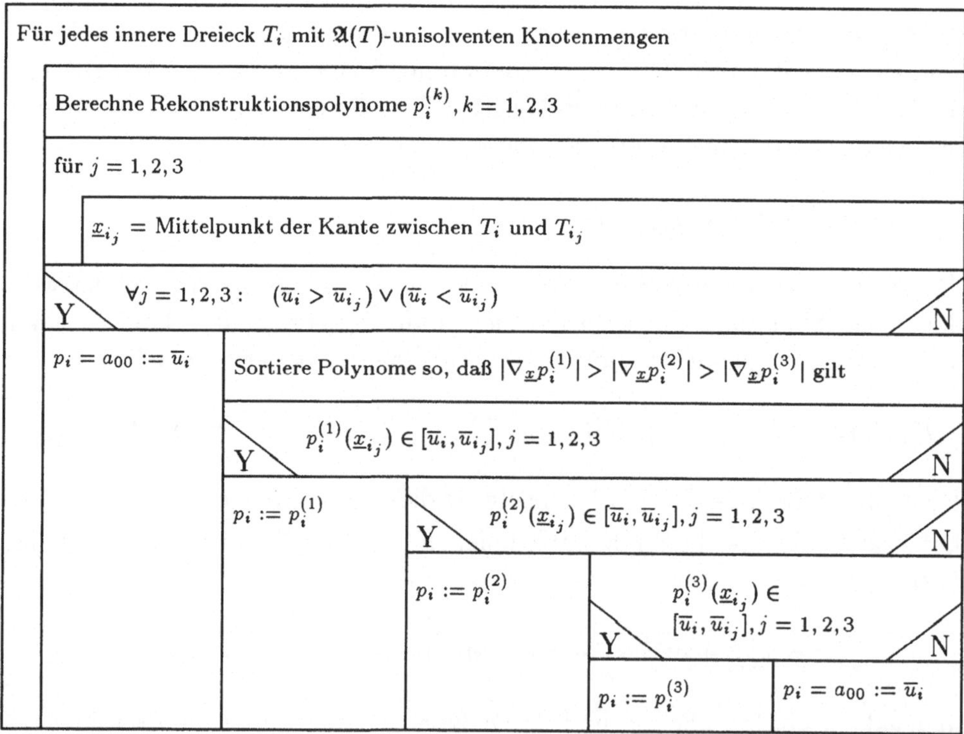

Die Durlofsky-Engquist-Osher-Rekonstruktion versucht also, eine möglichst steile lineare Funktion zu finden. Diese Startegie soll eine möglichst wenig gedämpfte Darstellung der Lösung ermöglichen. Am Beispiel des Modellproblems (3.20), (3.20) mit der Anfangswertfunktion (3.23) läßt sich das numerische Verhalten einer Primärnetzmethode mit Durlofsky-Engquist-Osher-Rekonstruktion gut beobachten. Wir wählen wieder die in (3.23) definierte numerische Flußfunktion von Engquist und Osher und benutzen die einfache Vorwärtsdifferenz als Zeitdiskretisierung. Die verwendeten Netze sind die in Abbildung 2.4 bereits gezeigten Triangulierungen $\mathcal{T}_{h^1}$ und $\mathcal{T}_{h^2}$. Abbildung 3.11 zeigt das Ergebnis der Primärnetzmethode auf den beiden Netzen nach einer halben Drehung der Anfangswertfunktion, d.h. zur Zeit $t = \pi$. Die folgende Tabelle zeigt die resultierende Kegelhöhe im Vergleich zu den Ergebnissen der Basisdiskretisierung.

Triangulierung	Typisches h	Kegelhöhe mit/ohne Rekonstruktion
$\mathcal{T}_{h^1}$	0.05	0.291 / 0.176
$\mathcal{T}_{h^2}$	0.02	0.635 / 0.382

Offensichtlich bringt die numerische Lösung der Primärnetzmethode mit Durlofsky-Engquist-Osher-Rekonstruktion eine drastische Verbesserung gegenüber der Basismethode. Dieses einfache Beispiel läßt bereits das Potential ahnen, das in Rekonstruktionsalgorithmen steckt.

Auffällig an der Form der Isolinien ist eine gewiße Verzerrung des Kegels. Dieses Phänomen ist der Preis für die ansonsten hohe Güte der Auflösung und steht in direktem Zusammenhang mit der Auswahl des steilsten möglichen Polynoms. Außerdem ist der Rekonstruktionsalgorithmus aufwendig, da er außer einiger Fallüberprüfungen auch noch einen Sortiervorgang (der praktisch wieder als Fallüberprüfung dargestellt wird) enthält. Als Alternative bietet sich an, auf die in mehreren Raumdimensionen sowieso fragliche 'TVD-Philosophie' zu verzichten. Die so entstehenden Verfahren sind dann Übertragungen der ENO-Verfahren auf mehrere Raumdimensionen.

3.3.2 Eine lineare ENO-Rekonstruktion auf der von Neumann-Nachbarschaft

Wir betrachten von Neumann-Nachbarschaften wie im Fall von Durlofsky, Engquist und Osher. Wie dort konstruieren wir für jedes innere Dreieck T_i mit drei $\mathfrak{A}(T)$-unisolventen Knotenmengen drei lineare Polynome $p_i^{(k)}, k = 1,2,3$. Genau dasjenige Polynom wird dem Dreieck zugeordnet,

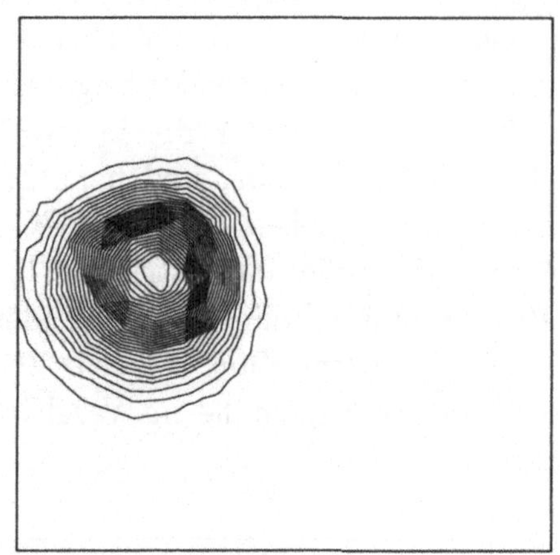

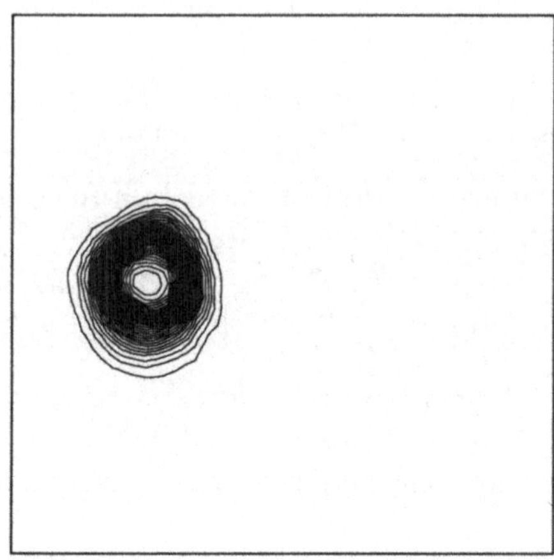

Abb. 3.11 Lösungen der Primärnetzmethode mit der Rekonstruktion nach Durlofsky, Engquist, Osher

das den kleinsten Gradienten im Sinne des Betrages besitzt. Diese erstaunlich einfache Rekonstruktion ist in Algorithmus II beschrieben.

Algorithmus II — Lineare Rekonstruktion auf Dreiecken in der von Neumann-Nachbarschaft

Für jedes innere Dreieck T_i mit $\mathfrak{A}(T)$-unisolventen Knotenmengen

- Berechne Rekonstruktionspolynome $p_i^{(k)}, k = 1,2,3$
- Wähle p_i als das $p_i^{(k)}$ mit $|\nabla_{\underline{x}} p_i| = \min_{k=1,2,3} |\nabla_{\underline{x}} p_i^{(k)}|$

Wendet man die Primärnetzmethode mit dieser Rekonstruktion (Rekonstruktion 1) auf das Modellproblem an, so ergeben sich im Vergleich mit der Rekonstruktion von Durlofsky, Engquist und Osher (DEO) folgende Daten.

Triangulierung	Typisches h	Kegelhöhe DEO/Rekonstruktion1
$\mathcal{T}_{h^1}$	0.05	0.291 / 0.353
$\mathcal{T}_{h^2}$	0.02	0.635 / 0.753

Wie erwartet liefert die Lösung mit der einfachen ENO-Strategie die bessere Kegelhöhe, da ja gerade an der Stelle des lokalen Extremums das Verfahren nach Durlofsky, Engquist und Osher auf die konstanten Zellmittel zurückschaltet. Der große Nachteil, den man sich mit dieser Rekonstruktion verschafft hat, liegt im Überschwingen der numerischen Lösung. Während die Lösung mit der Durlofsky-Engquist-Osher-Rekonstruktion keine negativen Werte erzeugt, liegt der Datenbereich der Lösung mit der einfachen Rekonstruktion bei

$$\mathcal{T}_{h^1} : -0.000013 \leq \overline{u} \leq 0.353$$
$$\mathcal{T}_{h^2} : -0.000014 \leq \overline{u} \leq 0.753.$$

Im Fall der Modellgleichung ist ein Überschwingen in diesem geringen Ausmaß natürlich kein Problem, bei einem Verfahren zur Lösung der Eulergleichungen würde es allerdings das Ende der Rechnung bedeuten, wenn negative Werte von Druck und Dichte entständen. In Abbildung 3.12 sind die numerischen Lösungen auf den Netzen $\mathcal{T}_{h^1}$ und $\mathcal{T}_{h^2}$ dargestellt. Im Ver-

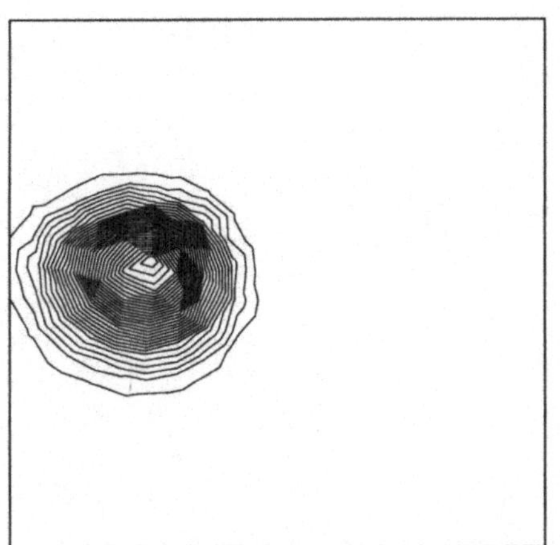

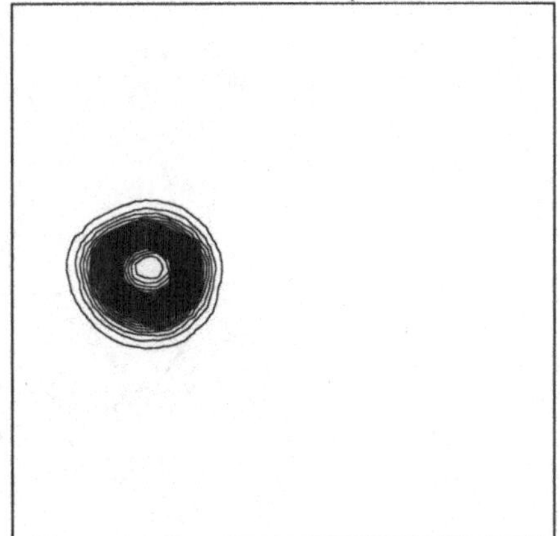

Abb. 3.12 Lösungen der Primärnetzmethode mit Rekonstruktion 1

gleich mit der Lösung des Verfahrens nach Durlofsky, Engquist und Osher ist eine größere Formtreue festzustellen, was auf die Auswahl der Polynome zurückzuführen ist.

Wie bereits bemerkt ist es sehr wünschenswert, Rekonstruktionsalgorithmen zu konstruieren, die besser gegen Oszillationen abgesichert sind. Eine Abhilfe ist die Vergrößerung der Auswahlmenge, denn im vorstehenden Fall konnte nur eins aus drei Polynomen gewählt werden. Bezieht man noch Dreiecke aus der Moore-Nachbarschaft mit ein, kann man eine ausreichende Auswahlmöglichkeit gewährleisten.

3.3.3 Eine lineare ENO-Rekonstruktion auf der Moore-Nachbarschaft

Um eine größere Wahlmöglichkeit für die Rekonstruktionspolynome pro Dreieck zu gewährleisten, erhöhen wir die Anzahl zulässiger Knotenmengen wie folgt. Sind $T_{i_j}, j = 1, 2, 3$, die drei von Neumann-Nachbarn von T_i, dann seien die zulässigen Knotenmengen aus der Menge

$$T_i \cup K_{vN}(T_i) \cup \{T \mid T \in K_{vN}(T_{i_j}), j = 1, 2, 3 \text{ und } T \neq T_i\}$$

gewählt. Die damit definierte Nachbarschaft eines Dreiecks zeigt Abbildung 3.13. Die so definierte Nachbarschaft erlaubt die Berechnung von sechs li-

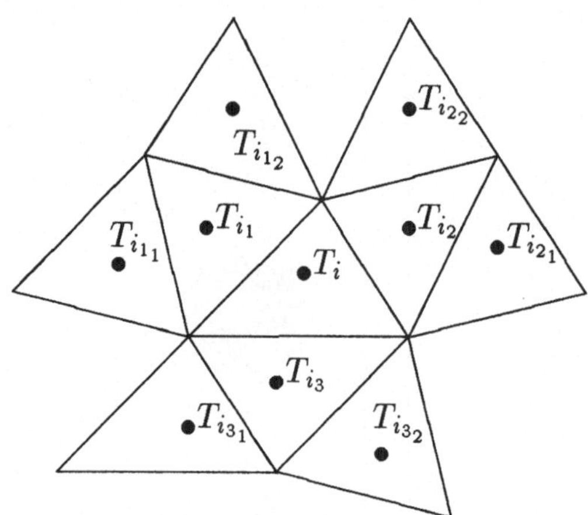

Abb. 3.13 Nachbarschaft eines Dreiecks T_i

nearen Polynomen pro Dreieck auf den Knotenmengen (siehe Abbildung 3.13)

$$\begin{aligned}
K_1(T_i) &:= T_i \cup T_{i_1} \cup T_{i_{1_1}} \\
K_2(T_i) &:= T_i \cup T_{i_1} \cup T_{i_{1_2}} \\
K_3(T_i) &:= T_i \cup T_{i_2} \cup T_{i_{2_1}} \\
K_4(T_i) &:= T_i \cup T_{i_2} \cup T_{i_{2_2}} \\
K_5(T_i) &:= T_i \cup T_{i_3} \cup T_{i_{3_1}} \\
K_6(T_i) &:= T_i \cup T_{i_3} \cup T_{i_{3_2}}
\end{aligned}$$

aus den sechs linearen Systemen

$$\begin{aligned} \mathfrak{A}(T_i)p_i^{(k)} &= \overline{u}_i \\ \mathfrak{A}(T_{i_m})p_i^{(k)} &= \overline{u}_{i_m} \\ \mathfrak{A}(T_{i_n})p_i^{(k)} &= \overline{u}_{i_n} \end{aligned} \qquad (m,n) = \begin{cases} (1,1_1)\ ;\ k=1 \\ (1,1_2)\ ;\ k=2 \\ (2,2_1)\ ;\ k=3 \\ (2,2_2)\ ;\ k=4 \\ (3,3_1)\ ;\ k=5 \\ (3,3_2)\ ;\ k=6 \end{cases}$$

Wie bereits bei der einfachen Rekonstruktion des vorhergehenden Abschnittes wird auch hier dasjenige Polynom gewählt, das den kleinsten Gradienten besitzt. Der zugehörige Algorithmus ist in Algorithmus III dargestellt. Obwohl sechs Polynome pro Dreieck konstruiert und überprüft werden müssen, läßt sich dieser Algorithmus noch sehr effizient implementieren. Außerdem kann man wegen Lemma 3.4 die linearen Systeme zur Bestimmung der Koeffizienten sehr einfach durch direkte Invertierung von 2×2-Matrizen berechnen.

Algorithmus III — Lineare Rekonstruktion in der Moore-Nachbarschaft

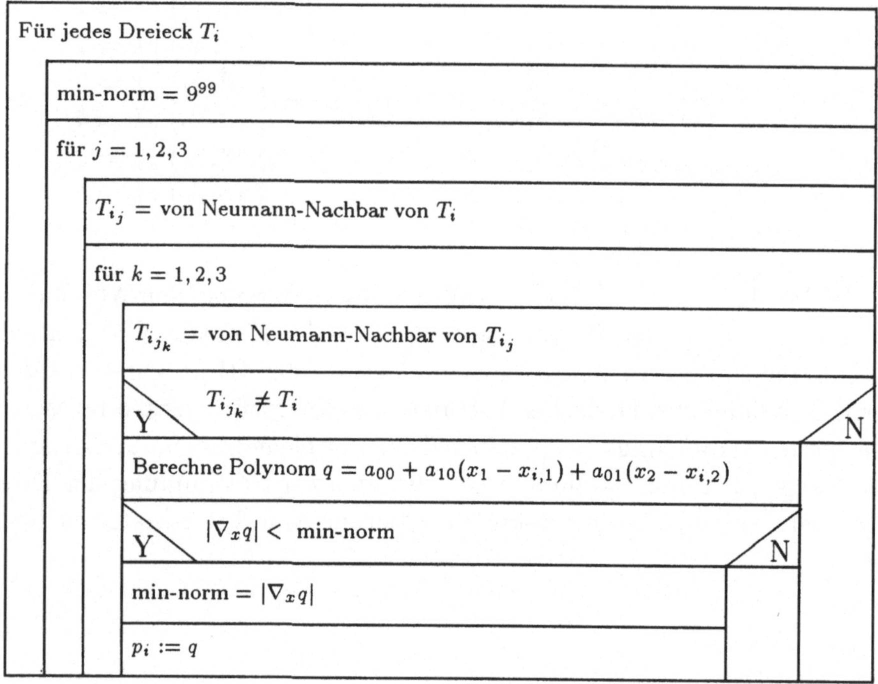

Die numerische Lösung des Modellproblems ist in Abbildung 3.14 dargestellt. Der Wertebereich der numerischen Lösung ergibt sich zu

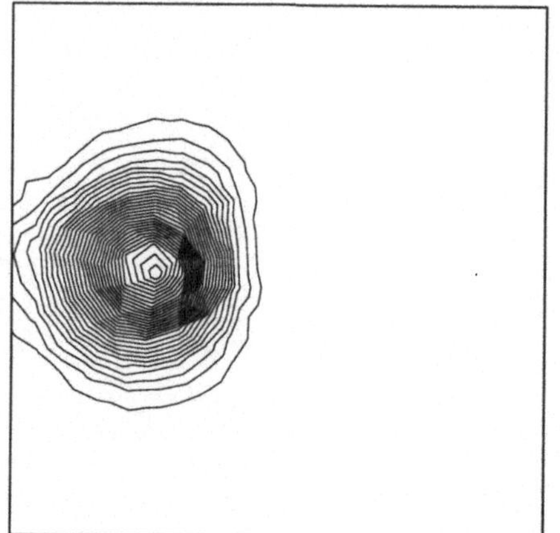
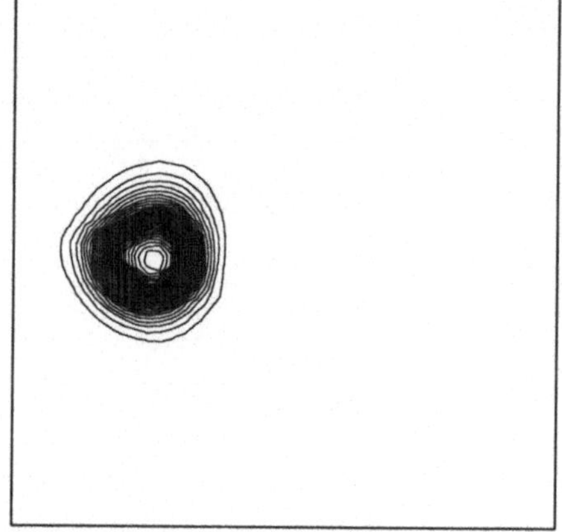

Abb. 3.14 Lösungen der Primärnetzmethode mit verbesserter linearer Rekonstruktion

$$\mathcal{T}_{h^1} : 0.0 \leq \overline{u} \leq 0.279$$
$$\mathcal{T}_{h^2} : 0.0 \leq \overline{u} \leq 0.659.$$

Sowohl auf dem groben, als auch auf dem feinen Netz sind keine negativen Werte feststellbar. Dafür liegen die Kegelhöhen geringfügig unter denen, die mit der einfachen ENO-Rekonstruktion erzielt worden sind. Die Lösung auf dem groben Netz ist etwas weiter über den Rand des Rechengebietes gelaufen, was durch den weiteren Einzugsbereich der Knotenmenge erklärt werden muß. Im Vergleich zur Lösung mit der Durlofsky-Engquist-Osher-Rekonstruktion ist noch die verbesserte Formtreue hervorzuheben, die wiederum durch eine weniger agressive Wahl der Rekonstruktionspolynome hervorgerufen wird.

3.3.4 Eine quadratische Rekonstruktion mit Sektorsuche

Zur Illustration eines Verfahrens mit quadratischer Rekonstruktion greifen wir auf die in Abbildung 3.6 beschriebenen Sektoren eines Dreiecks zurück. Mit Hilfe einer rekursiven Prozedur zum Auffinden von Wegen der Länge 5 innerhalb einer Triangulierung werden in jedem Sektor des Dreiecks Knotenmengen der Mächtigkeit 6 bereitgestellt. Bezeichnen $T_{i_k}, k = 1, \ldots, 5$, die fünf Nachbarknoten einer Knotenmenge, dann ist ein quadratisches Rekonstruktionspolynom

$$p_i(\underline{x}) = \sum_{\mu=0}^{2} \frac{1}{\mu!} \sum_{|\underline{\alpha}|=\mu} a_{\underline{\alpha}}(\underline{x} - \underline{c}_i) = a_{00} + a_{10}(x_1 - c_{i,1}) + a_{01}(x_2 - c_{i,2})$$
$$+ a_{11}(x_1 - c_{i,1})(x_2 - c_{i,2}) + \frac{1}{2} a_{20}(x_1 - c_{i,1})^2 + \frac{1}{2} a_{02}(x_2 - c_{i,2})^2$$

für das Dreieck T_i durch die Interpolationsbedingungen

$$\mathfrak{A}(T_i)p_i = \overline{u}_i \tag{3.17}$$
$$\mathfrak{A}(T_{i_k})p_i = \overline{u}_{i_k}, \quad k = 1, \ldots, 5 \tag{3.18}$$

bestimmt. Obwohl man die in (3.17) auftretenden Integrale der Form

$$\int (x_1 - c_{i,1})^2 \, d\underline{x}, \quad \int (x_2 - c_{i,2})^2 \, d\underline{x}, \quad \int (x_1 - c_{i,1})(x_2 - c_{i,2}) \, d\underline{x}$$

noch exakt ausrechnen kann, ist es sinnvoller, eine Quadraturregel zu verwenden. In der Literatur zu Finite-Elemente-Methoden findet man einfache und trotzdem genaue Formeln für die Quadratur (Kubatur) auf Dreiecken. Ich habe eine in dem Buch von Zienkiewiz [165] angegebene Formel benutzt, die sich mit Hilfe baryzentrischer Koordinaten darstellen läßt, die wir in der üblichen Weise definieren.

Definition 3.14 Es seien $\underline{x}_1, \underline{x}_2, \underline{x}_3$ die drei Eckpunkte eines Dreiecks T_i. Die Abbildungen

$$\mathbf{R}^2 \in \underline{x} \overset{\lambda_j}{\longmapsto} \lambda_j(\underline{x}) \in \mathbf{R}, \quad 1 \leq j \leq 3$$

heißen baryzentrische Koordinaten des Punktes $\underline{x} \in \mathbf{R}^2$ bezüglich T_i, wenn sie Lösung des linearen Systems

$$\left.\begin{aligned} &\sum_{j=1}^{3} x_{i,j}\lambda_j = x_1 \,, \quad 1 \leq i \leq 2 \\ &\sum_{j=1}^{3} \lambda_j = 1 \end{aligned}\right\}$$

sind.

Wie man leicht sieht sind baryzentrische Koordinaten eindeutig. Der Schwerpunkt eines Dreiecks ist gerade gegeben durch $\underline{\lambda} := (\lambda_1, \lambda_2) = (1/3, 1/3)$. Mit den Quadraturpunkten $p1, \ldots, p7$ (vergleiche Abbildung 3.15) und Gewichten $\omega_1, \ldots, \omega_7$

i	Punkt	λ_1	λ_2	λ_3	ω_i
1	p1	1/3	1/3	1/3	0.225
2	p2	0.1012865073	0.1012865073	0.7974269853	0.0.1259391805
3	p3	0.1012865073	0.7974269853	0.1012865073	0.0.1259391805
4	p4	0.7974269853	0.1012865073	0.1012865073	0.0.1259391805
5	p5	0.4701420641	0.0597158717	0.4701420641	0.0.1323941527
6	p6	0.0597158717	0.4701420641	0.4701420641	0.0.1323941527
7	p7	0.4701420641	0.4701420641	0.0597158717	0.0.1323941527

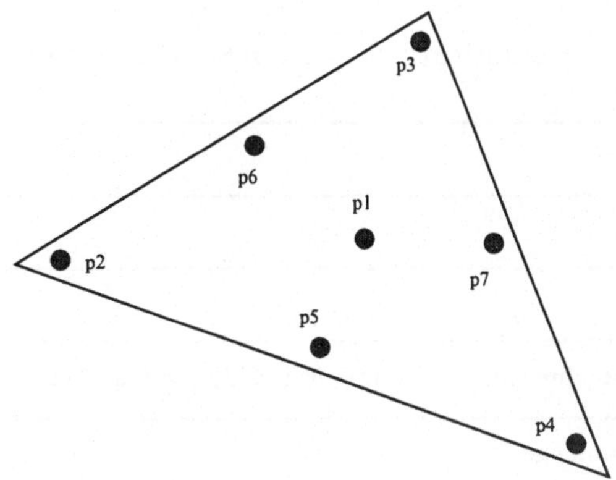

Abb. 3.15 Quadraturpunkte auf einem Dreieck

ergibt sich dann die Quadraturformel

$$\int_T f(\underline{x})\, d\underline{x} = |T| \sum_{k=1}^{7} \omega_k f(\underline{x}_{pk}) + \mathcal{O}(h^6).$$

Als Auswahlkriterium für die quadratischen Polynome wählen wir diesmal

$$W(p) := \sqrt{\sum_{\mu=1}^{2} \sum_{|\underline{\alpha}|=\mu} a_{\underline{\alpha}}^2}, \tag{3.19}$$

um auch das Verhalten höherer als erster Ableitungen zu berücksichtigen. Damit läßt sich der folgende Algorithmus formulieren.

Algorithmus IV — Quadratische Rekonstruktion mit Sektorsuche

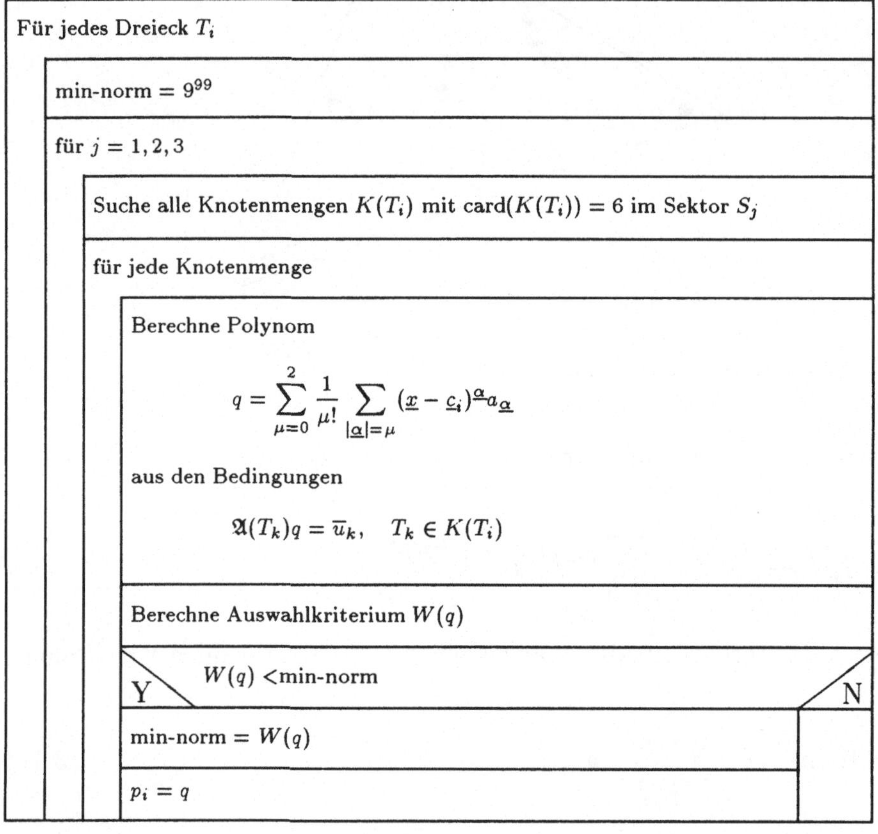

Die Ergebnisse für das Modellproblem zeigt die Abbildung 3.16. Der Datenbereich der Lösung ergibt sich zu

$$\mathcal{T}_{h^1} : -0.004 \leq \overline{u} \leq 0.432$$
$$\mathcal{T}_{h^2} : -0.000002 \leq \overline{u} \leq 1.04.$$

Obwohl die Lösung auf dem feinen Netz bemerkenswert konzentriert ist, ist es zu Oszillationen gekommen, so daß sogar die anfängliche Kegelhöhe erhöht worden ist. Wählen wir anstelle von (3.19) das Kriterium

$$W(p) := W_1(p) = \sum_{i=1}^{2} \|\partial_{x_i} p\|_{L^1(T;\mathbf{R})},$$

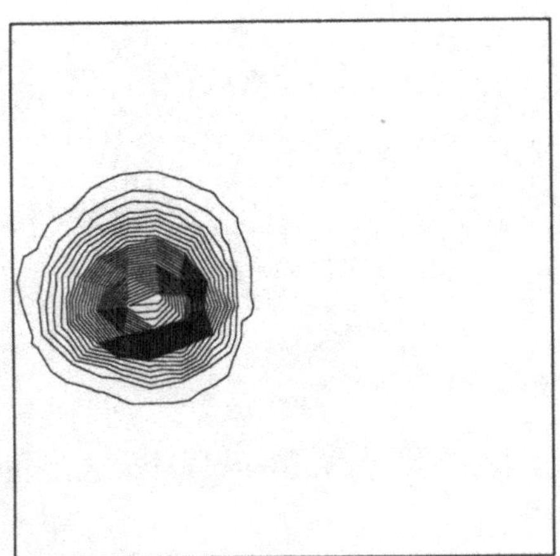
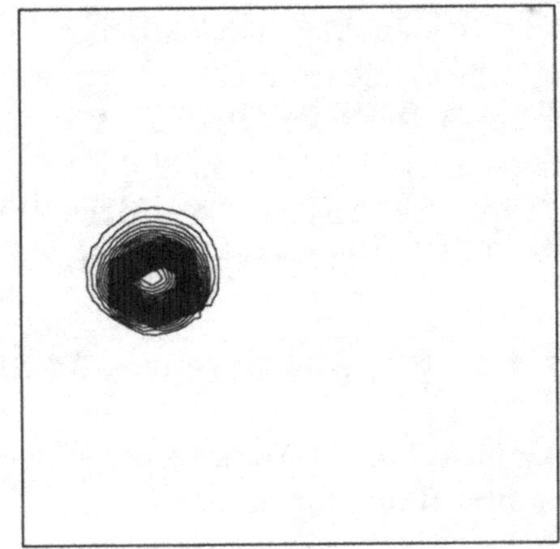

Abb. 3.16 Lösungen der Primärnetzmethode mit quadratischer Rekonstruktion

(vergl. (1.13)), so ergeben sich für CFL=0.5 bzw. CFL=0.9 die in Abbildungen 3.17 gezeigten Lösungen auf dem feinen Netz $\mathcal{T}_{h^2}$. Der Datenbereich ist

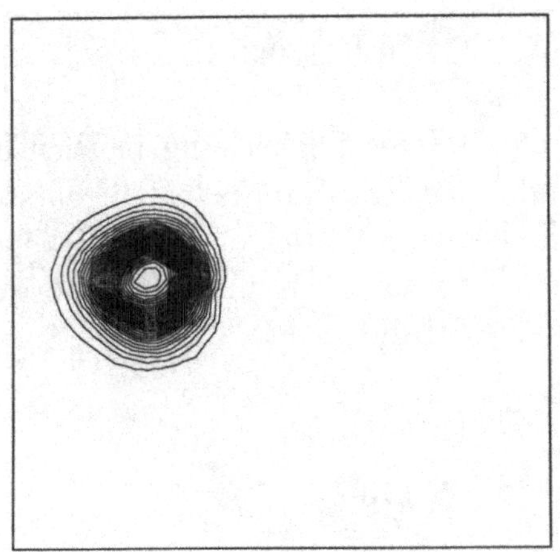
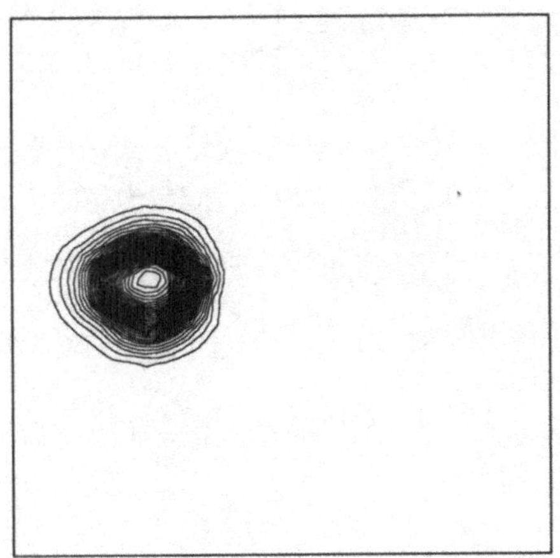

Abb. 3.17 Lösungen der Primärnetzmethode mit quadratischer Rekonstruktion, CFL=0.5 (links) und CFL=0.9

jetzt

$$\text{CFL} = 0.5 : -0.000004 \leq \overline{u} \leq 0.594$$
$$\text{CFL} = 0.9 : 0.000001 \leq \overline{u} \leq 0.660.$$

Die Verwendung quadratischer Polynome führt für dieses Modellproblem also nicht mehr zu einer Verbesserung der Kegelhöhe im Vergleich zu den linearen Rekonstruktionen. Wie nicht anders zu erwarten war, verschlechtert eine kleine CFL-Zahl die Lösung, da die Anzahl der Rekonstruktionen steigt. Das Beispiel zeigt jedoch drastisch, daß das Auswahlkriterium für die Rekonstruktionspolynome eine übergeordnet wichtige Rolle spielen kann.

3.3.5 Ein nichtlineares Modellproblem

Als nichtlineares Modellproblem benutzen wir die skalare Burgers' Gleichung in zwei Raumdimensionen

$$\partial_t u + \sum_{i=1}^{2} \partial_{x_i} \left(\frac{1}{2} u^2 \right) = 0$$

mit der Anfangswertfunktion

$$u_0(\underline{x}) = \begin{cases} 1 \,;\, \underline{x} \in [0.1, 0.3] \times [0.1, 0.3] \\ 0 \,;\, \underline{x} \in [0,1] \times [0,1] \backslash [0.1, 0.3] \times [0.1, 0.3] \end{cases}$$

Die Anfangswertfunktion wird durch die Differentialgleichung in Richtung des Vektors $(1, 1)$ transportiert und dabei dissipiert. Im Nachlauf entsteht eine Verdünnungswelle, während sich die beiden in Transportrichtung liegenden Kanten als Stöße entwickeln. Benutzt wurde wiederum die numerische Flußfunktion von Engquist und Osher, die für diesen Fall die Form

$$\begin{aligned} H^{EO}(u_l, u_r; \underline{n}) &= \left(H^+(u_l, \underline{n}) + H^-(u_r, \underline{n}) \right) \\ H^+(u_l, \underline{n}) &:= u_l \max \left(\left(\frac{n_1 + n_2}{2} \right) u, 0 \right) \\ H^-(u_r, \underline{n}) &:= u_r \min \left(\left(\frac{n_1 + n_2}{2} \right) u, 0 \right) \end{aligned}$$

annimmt. Zum Vergleich der bisher vorgestellten Methoden wurde mit den verschiedenen Rekonstruktionstechniken bis zur Zeit $t = 2$ gerechnet. In den Abbildungen 3.18 und 3.19 ist das Ergebnis der Basisdiskretisierung, der Primärnetzmethode mit der Rekonstruktion nach Durlofsky, Engquist und Osher, und das Ergebnis mit der linearen Rekonstruktion auf der von Neumann- bzw. Moore-Nachbarschaft gezeigt. In allen Fällen wurde die

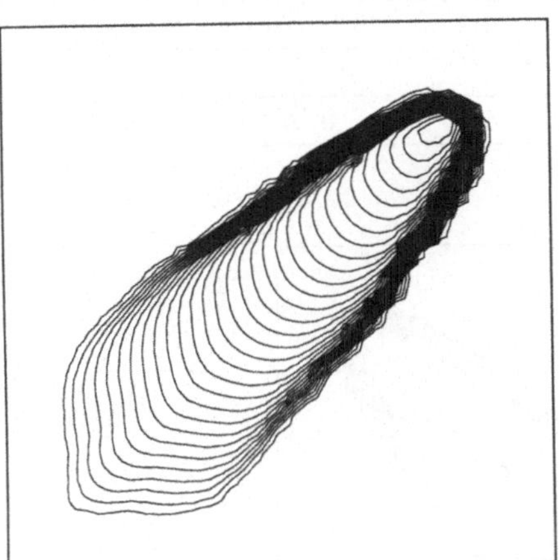
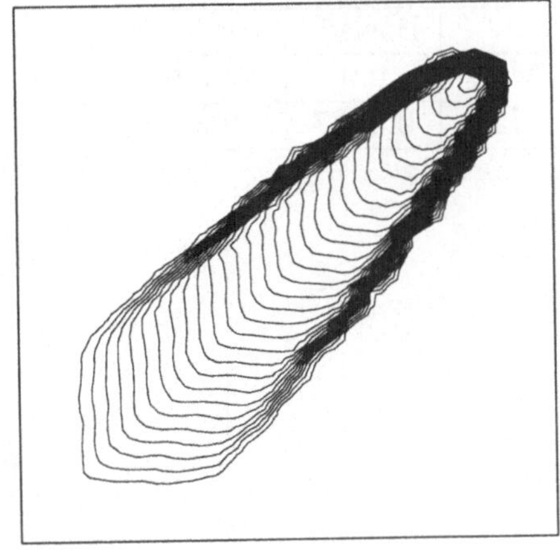

Abb. 3.18 Lösungen der Primärnetzmethode ohne (links) und mit Durlofsky-Engquist-Osher-Rekonstruktion

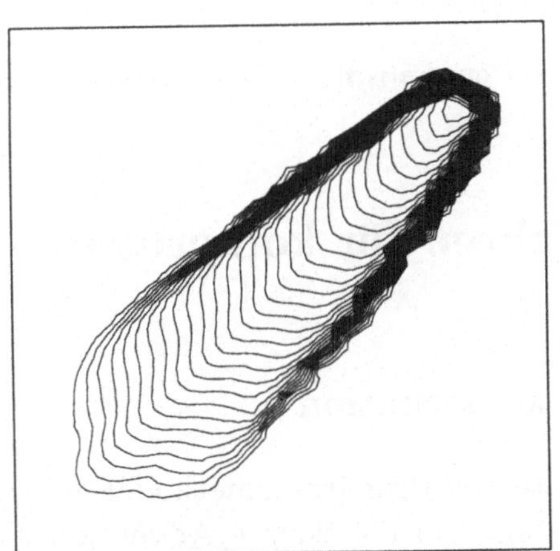
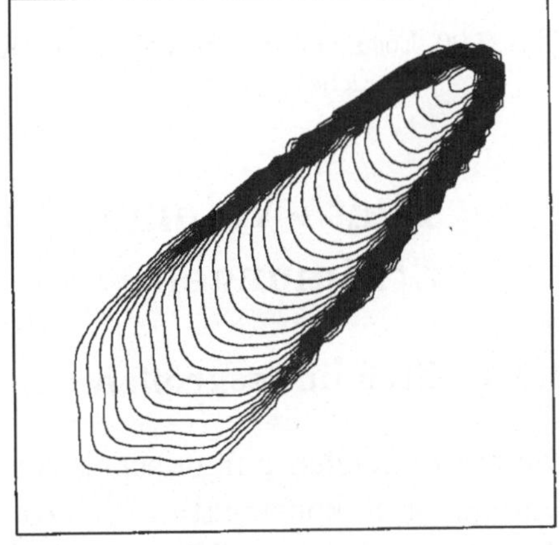

Abb. 3.19 Lösungen der Primärnetzmethode mit linearer Rekonstruktion auf der von Neumann- (links) und der Moore-Nachbarschaft

CFL-Zahl zu CFL= 0.4 gewählt. Abbildung 3.20 zeigt das Ergebnis mit quadratischer Rekonstruktion mit Sektorsuche. Ein Blick auf die Isolinien der Lösungen zeigt, daß im nichtlinearen Fall das Verfahren von Engquist und Osher ohne Rekonstruktion bereits sehr gut ist. Unterschiede in den Lösungen sind auch im Datenbereich nur marginal.

	Basisd.	Durlofsky	lin. v.Neumann	lin. Moore	quadr.
Min.	0.0	0.0	$-5 \cdot 10^{-6}$	0.0	$-7 \cdot 10^{-6}$
Max.	0.3337	0.3719	0.3613	0.3581	0.3523

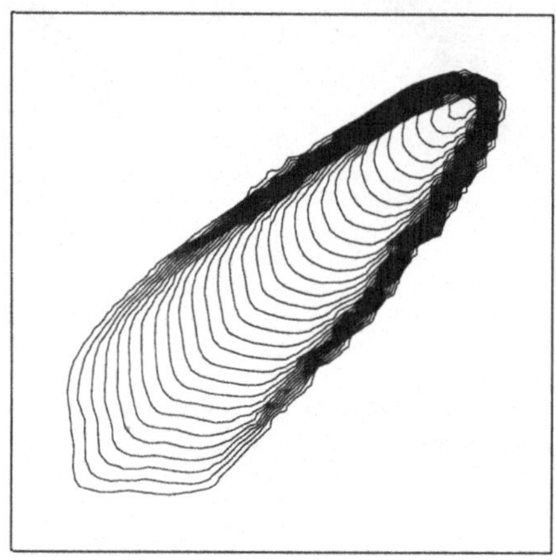

Abb. 3.20 Lösungen der Primärnetzmethode mit quadratischer Rekonstruktion mit Sektorsuche

3.4 Finite-Volumen-Verfahren für kompressible Strömungen

3.4.1 Strömungsgrößen der Rekonstruktion

Die ermutigenden numerischen Resultate von Primärnetzmethoden mit polynomialer Rekonstruktion bei Anwendung auf die skalare Advektionsgleichung erwecken den Wunsch, Rekonstruktionen auch in Finite-Volumen-Verfahren für die Euler-Gleichungen der Gasdynamik einzusetzen. Hierbei ist man besonders an Strömungsgrößen wie Dichte, Druck und Machzahlverteilung interesseriert, die besonders gut aufgelöst werden sollten. Allerdings entsteht hierbei gleich ein Problem: Im Vektor der konservativen Variablen sind Produkte der Strömungsgrößen enthalten. Mit

$$\underline{u} = \begin{bmatrix} u_1 \\ u_2 \\ u_3 \\ u_4 \end{bmatrix} = \begin{bmatrix} \rho \\ \rho v_1 \\ \rho v_2 \\ \rho E \end{bmatrix}$$

ist klar, daß insgesamt vier Strömungsgrößen rekonstruiert werden müssen. Wird nun zum Beispiel der Impuls ρv_1 linear rekonstruiert, so können nicht ρ und v_1 simultan als linear rekonstruiert angesehen werden. Abhilfe schafft die

Definition 3.15 Im Fall der Eulergleichungen sei

$$\underline{w} := \begin{bmatrix} \rho \\ v_1 \\ v_2 \\ \mathsf{p} \end{bmatrix} = \begin{bmatrix} u_1 \\ u_2/u_1 \\ u_3/u_1 \\ (\kappa - 1)\left(u_4 - (u_2^2 + u_3^2)/2\right) \end{bmatrix}$$

der Vektor der zu rekonstruierenden Strömungsgrößen.

Dabei wurde der Druck p aus der Zustandsgleichung idealer Gase (3.16) berechnet.
Natürlich ist der Vektor der zu rekonstruierenden Größen nicht eindeutig bestimmt. Auch die nichtlinearen Abhängigkeiten zwischen den rekonstruierten Größen sind mit unserer Wahl nicht vollends beseitigt, denn die Enthalpie berechnet sich ja aus $H = E + \mathsf{p}/\rho$. Dafür sind aber diejenigen Strömungsgrößen unabhängig voneinander rekonstruiert worden, die ein reibungsfreies, kompressibles Strömungsfeld prägen.

Als numerisches Verfahren wählen wir eine Primärnetzmethode. Außer der Basisdiskretisierung sollen nur polynomial lineare Rekonstruktionen betrachtet werden, wodurch ein Gaußpunkt $\underline{x}_{ij}(0)$ auf jeder Kante $\partial T_i \cap \partial T_j$ nach Satz 2.2 ausreicht. Da vorerst stationäre Lösungen berechnet werden sollen, wird für die Zeitdiskretisierung die einfache Vorwärtsdifferenz gewählt, also

$$\begin{aligned} &\overline{\underline{u}}_i(t + \Delta t) = \\ &\overline{\underline{u}}_i(t) - \tfrac{1}{|T_i|} \textstyle\sum_{j \in N(i)} \tfrac{|\partial T_i \cap \partial T_j|}{2} \underline{H}\left(\underline{p}_i(\underline{x}_{ij}(0), t), \underline{p}_j(\underline{x}_{ij}(0), t); \underline{n}_{ij}\right) \end{aligned}$$

Dabei bezeichnet jetzt $\underline{p}_i(\underline{x}_{ij}(0), t)$ nicht den Wert des Vektors der rekonstruierten Variablen, sondern den Wert der konservativen Variablen, die sich aus $\underline{w}$ berechnen lassen.[6]

[6]Da wir p als Notation für den Druck verwenden, sind Verwechselungen mit der Rekonstruktionsfunktion $\underline{p}_i$ ausgeschlossen.

3.4.2 Randbedingungen

In Strömungen hat man prinzipiell mit zwei verschiedenen Typen von Randbedingungen zu tun. Körper in der Strömung weisen sogenannte feste Wände auf, die kein Fluid durchdringen kann. Die für diesen Randtyp benötigte Randbedingung ist

$$\underline{v} \cdot \underline{n} = 0,$$

das heißt, die Normalkomponente der Geschwindigkeit verschwindet an festen Wänden. Zu einem Randdreieck T_i existiert kein Nachbardreieck T_j an

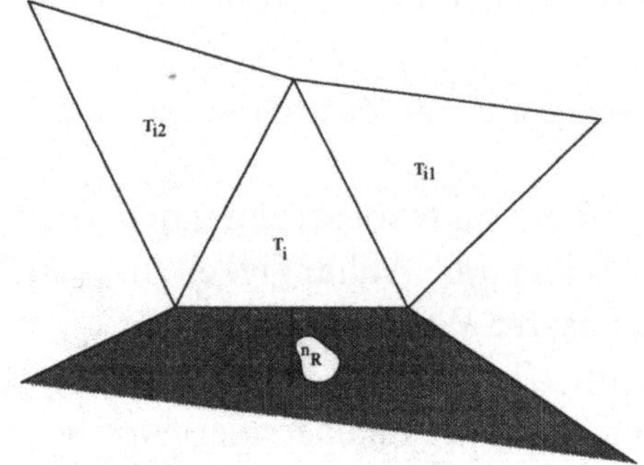

Abb. 3.21 Flußbilanz für Randdreiecke

der Randkante. Betrachten wir an der Randkante

$$\sum_{l=1}^{2} \underline{f}_l(\underline{u}) n_l = \begin{bmatrix} \rho v_1 n_1 + \rho v_2 n_2 \\ \rho v_1^2 n_1 + \mathsf{p} n_1 + \rho v_1 v_2 n_2 \\ \rho v_1 v_2 n_1 + \rho v_2^2 n_2 + \mathsf{p} n_2 \\ \rho H v_1 n_1 + \rho H v_2 n_2 \end{bmatrix} = \begin{bmatrix} \rho \underline{v} \cdot \underline{n}_{ij} \\ v_1 \rho \underline{v} \cdot \underline{n} + \mathsf{p} n_1 \\ v_2 \rho \underline{v} \cdot \underline{n} + \mathsf{p} n_2 \\ \rho H \underline{v} \cdot \underline{n} \end{bmatrix},$$

dann folgt wegen $\underline{v} \cdot \underline{n} = 0$ dort

$$\sum_{l=1}^{2} \underline{f}_l(\underline{u}) n_l = \begin{bmatrix} 0 \\ \mathsf{p} n_1 \\ \mathsf{p} n_2 \\ 0 \end{bmatrix}.$$

Im Fall der Situation aus Abbildung 3.21 wird dann

$$\sum_{j\in N(i)} \frac{|\partial T_i \cap \partial T_j|}{2} \underline{H}\left(\underline{p}_i(\underline{x}_{ij}(0),t), \underline{p}_j(\underline{x}_{ij}(0),t); \underline{n}_{ij}\right) =$$

$$\sum_{k=1}^{2} \frac{|\partial T_i \cap \partial T_{i_k}|}{2} \underline{H}\left(\underline{p}_i(\underline{x}_{ii_k}(0),t), \underline{p}_j(\underline{x}_{ii_k}(0),t); \underline{n}_{ii_k}\right)$$

$$+ \begin{bmatrix} 0 \\ \mathsf{p}(\underline{x}_{ij}(0),t) n_{iR,1} \\ \mathsf{p}(\underline{x}_{ij}(0),t) n_{iR,2} \\ 0 \end{bmatrix} |l_{iR}|$$

berechnet, wobei $\underline{n}_{iR} = (n_{iR,1}, n_{iR,2})$ die äußere Einheitsnormale an die Randkante und l_{iR} die Randkante selbst bezeichnet.

Der andere auftretende Randtyp korrespondiert zum Ein- bzw. Ausströmen des Fluids in das Rechengebiet. Die Behandlung dieser sogenannten Fernfeldränder ist bedeutend komplizierter als die Behandlung fester Wände und es ist bis heute nicht geklärt, welche Randbedingungen zu einem sachgemäß gestellten Problem bei den Euler-Gleichungen führen. Fernfeldrandbedingungen sind insbesondere dann problematisch, wenn sie in der Nähe des umströmten Körpers liegen. Das ist bei fast allen Innenströmungen der Fall, wo sich eine feste Wand (die Wand einer Düse oder eines Kanals) direkt an einen Einströmrand anschließt.

Ist das Fernfeld hinreichend weit vom umströmten Körper entfernt, dann läßt sich die Strömung am Fernfeld als eindimensional annehmen. In diesem Fall kann man je nach Machzahl auf Grund der Charakteristikentheorie entscheiden, wieviele Strömungsgrößen man am Rand vorgeben darf.
Wir nutzen hier aus, daß unsere numerischen Flußfunktionen (Steger & Warming und Osher & Solomon) upwind-Flußfunktionen sind. Bei zwei gegebenen Zuständen wählen sie bereits die richtige Ausbreitungsrichtung der Information. Daher geben wir an allen Fernfeldkanten die Daten der Anströmung vor, d.h. wir geben für jedes Strömungsfeld die Anströmmachzahl Ma_∞ und den Anströmwinkel α vor. Für eine mathematisch fundiertere Wahl der Fernfeldzustände sei auf die Arbeit von Spekreijse [142] verwiesen, in der die Fernfeld-Riemann-Probleme für den Riemann-Löser von Osher & Solomon analysiert wurden.

3.4.3 Vergleichende Resultate

Aus der reinen Beschreibung der numerischen Flußfunktionen von Steger & Warming und Osher & Solomon allein ist nicht zu folgern, welche der beiden die besseren Lösungen liefern wird. Zum Vergleich betrachten wir die Strömung um ein NACA0012-Profil unter den Anströmbedingungen

$$\mathrm{Ma}_\infty = 0.8, \quad \alpha = 1.25^\circ.$$

Der transsonische stationäre Zustand ist gekennzeichnet durch ein großes lokales Überschallfeld auf der Profiloberseite, das von einem starken Verdichtungsstoß abgeschlossen wird, und einem schwachen Stoß auf der Profilunterseite, der eine kleine Überschallblase abschließt. Als Anfangsbedingung wurden die Werte der freien Anströmung überall im Feld gesetzt. Das Rechennetz für diesen Fall zeigt Abbildung 3.22. Bei näherem Hinsehen auf

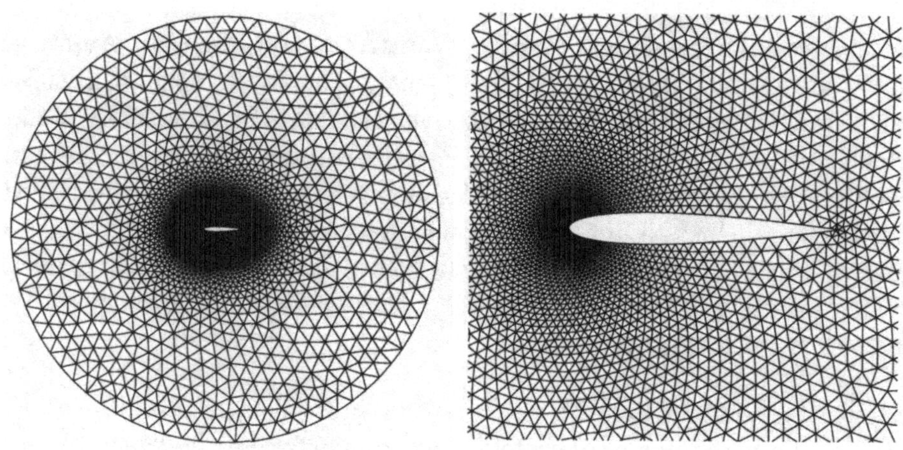

Abb. 3.22 Ein primäres Netz um das NACA0012-Profil

die Umgebung des Profils in Abbildung 3.22 erkennt man die Tücken dieses Netzes. Die Zellen werden in einer gewissen Entfernung von der Profilnase schnell sehr groß. Dadurch sind wir zwar in der Lage, starke Unstetigkeiten zu erfassen, die Auflösung des unteren, schwachen Stoßes ist damit jedoch keinesfalls gesichert. In Abbildung 3.23 sind die numerischen Lösungen der Basisdiskretisierung mit der numerischen Flußfunktion von Steger & Warming und Osher & Solomon gegenübergestellt. Wie man sieht, liefert das Verfahren mit der Flußfunktion von Steger & Warming ganz deutlich

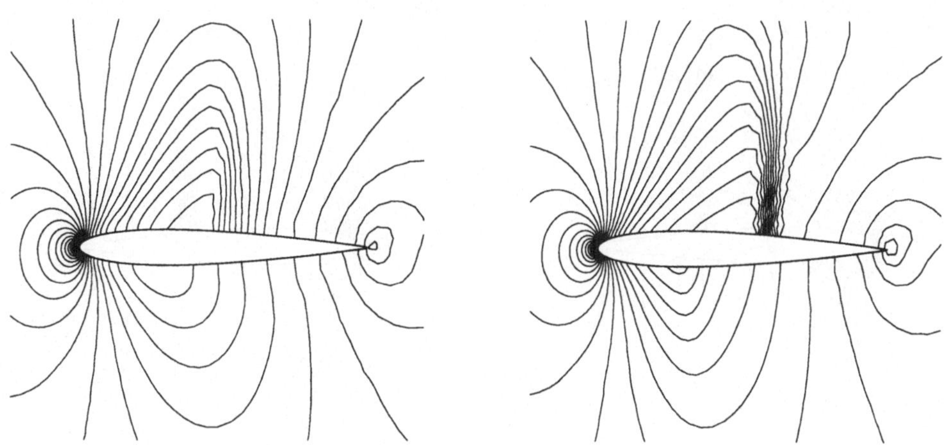

Abb. 3.23 Machzahlverteilungen als Lösungen der Basisdiskretisierung. Numerischer Fluß von Steger und Warming (links) und Osher und Solomon

schlechtere Ergebnisse. Selbst der starke Stoß auf der Oberseite ist stark verschmiert, vom Unterseitenstoß findet sich keine Spur. Mit dem Fluß von Osher & Solomon wird die starke Oberseitenunstetigkeit auf 2-3 Zellen genau erfaßt. Auf der Unterseite fehlt jedoch der schwache Verdichtungsstoß ebenfalls. Eine polynomiale Rekonstruktion sollte in der Lage sein, diesen Stoß besser herauszuarbeiten, da sie die glatten Zustände in der Nachbarschaft der Unstetigkeit genauer darstellt. Um negative Drücke und Dichten im Verlauf der Rechnung zu vermeiden, wurden Druck, Dichte und die Geschwindigkeit mit Hilfe der in Abschnitt 3.3.3 beschriebenen ENO-Rekonstruktion auf der Moore-Nachbarschaft rekonstruiert. Die numerischen Resultate sind in Abbildung 3.24 dargestellt, und zwar wieder für die numerischen Flußfunktionen von Steger & Warming und Osher & Solomon. Durch die Rekonstruktion wird im Verfahren mit Steger & Warming-Fluß die obere Unstetigkeit besser wiedergegeben. Allerdings findet sich noch immer keine Spur von dem Unterseitenstoß. Im Fall der Flußfunktion von Osher & Solomon ist der Unterseitenstoß nun deutlich zu sehen.

Noch deutlicher wird der Unterschied bei der von Woodward und Colella in [160] als Testproblem verwendeten Strömung durch einen Kanal mit einspringender Stufe. Die Anströmbedingungen sind durch

$$\mathrm{Ma}_\infty = 3, \quad \alpha = 0^\circ$$

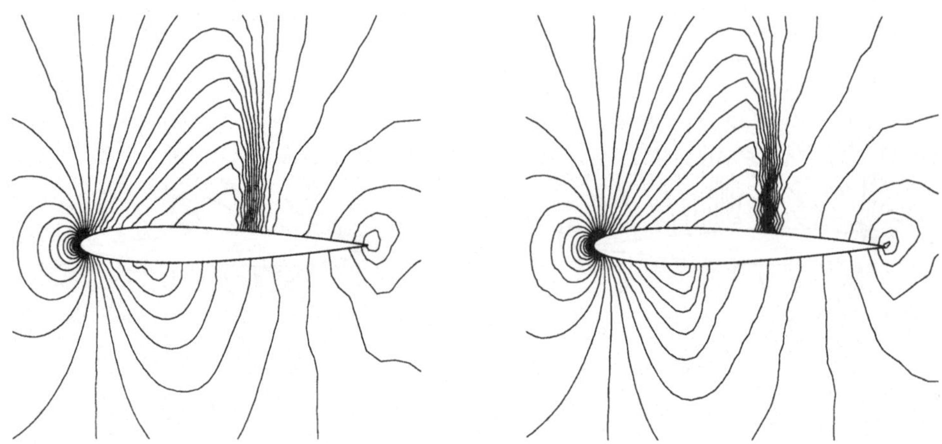

Abb. 3.24 Machzahlverteilungen als Lösungen der Primärnetzmethode mit linearer Rekonstruktion. Numerischer Fluß von Steger und Warming (links) und Osher und Solomon

festgelegt, es handelt sich also um eine Überschallströmung. Im gesamten Kanal wird als Anfangsbedingung die Einströmbedingung vorgeschrieben. Das entspricht einem plötzlichen Auftauchen der einspringenden Kante zur Zeit $t = 0$. Die Strömung ist instationär und der uns interessierende Zustand wird bei $t = 8$ erreicht. Zu dieser Zeit ist die Strömung reich an den verschiedensten Phänomenen: Vor der einspringenden Ecke hat sich eine Kopfwelle gebildet, in dem Prinzipbild aus Abbildung 3.25 mit A bezeichnet. An der oberen Kanalwand endet die Kopfwelle in einem Machschen

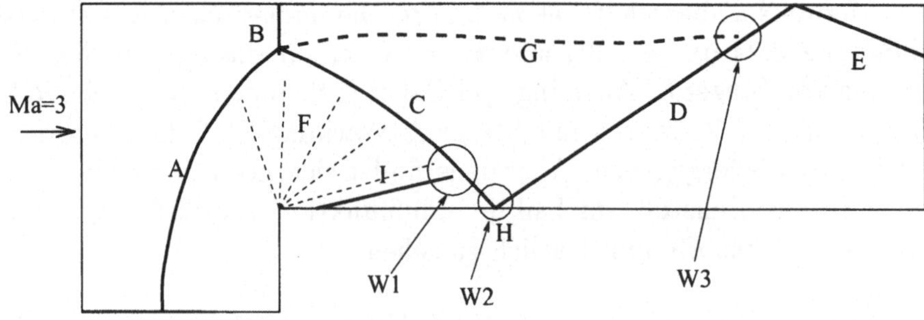

Abb. 3.25 Prinzipieller Verlauf der Strömung im Kanal mit einspringender Stufe

Stamm B, aus dem ein reflektierter Stoß C und eine Kontaktunstetigkeit G entspringen. Durch die Prandtl-Meyer-Expansion (Verdünnungswelle) an der einspringenden Ecke wird der reflektierte Stoß C etwas gewölbt. Stoß

C wird an der unteren (Stoß D) und nochmals an der oberen Kanalwand (Stoß E) reflektiert und verläßt dann den Kanal. Hinter der starken Prandtl-Meyer-Expansion, die durch die einspringende Ecke verursacht wird, bildet sich ein Rekompressionsstoß I aus.

Es gibt drei Wechselwirkungspunkte in der Strömung: Der Rekompressionsstoß I interagiert mit dem reflektierten Stoß C im Gebiet W1 und die Kontaktunstetigkeit G trifft bei W3 auf den reflektierten Stoß D. Durch die Eckensingularität (Fußpunkt einer Verdünnungswelle) entsteht eine unphysikalische Entropiegrenzschicht, die stromab fließt. Es ist daher zu erwarten, daß die Stoßreflektion am Punkt W2 in eine Stoß-Grenzschicht-Interaktion übergeht. Tatsächlich haben Woodward und Colella in [160] die Eckensingularität durch künstliches Konstanthalten der Entropie um die Ecke beseitigt. Wir wollen keine speziellen Maßnahmen ergreifen.

Es werden zwei verschieden feine Rechennetze verwendet, die in den Abbildungen 3.26 und 3.27 dargestellt sind. Das grobe Netz enthält 2016 Dreiecke und 1089 Punkte, das feine Netz 8064 Dreiecke und 4193 Punkte. Es wurde darauf geachtet, die Netze strukturlos zu machen, also keine bevorzugten Richtungen einzuführen. Abbildung 3.28 zeigt die Machzahlverteilung der

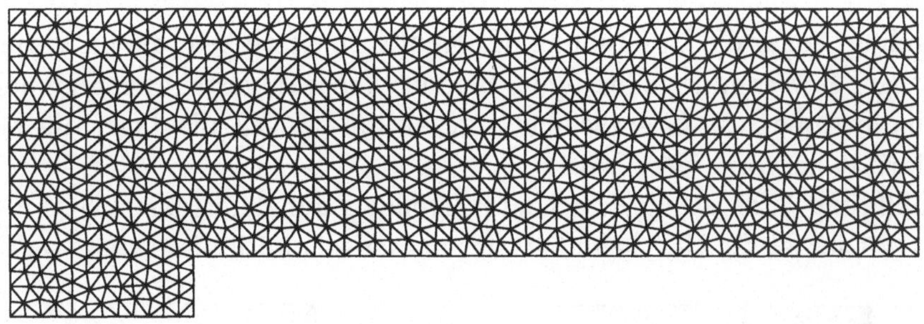

Abb. 3.26 Grobes Netz für die Kanalströmung

numerischen Lösung zur Zeit $t = 8$ für die Basisdiskretisierung mit numerischem Fluß nach Steger & Warming bzw. Osher & Solomon auf dem groben Netz. Wieder ist die schlechtere Wiedergabe der Strömungsphänomene bei Verwendung der numerischen Flußfunktion von Steger & Warming festzustellen. Während sich der Machsche Stamm in beiden Methoden nicht vollständig entwickelt hat, ist der vom numerischen Fluß von Osher & Solomon noch recht gut aufgelöste reflektierte Stoß D im Fall der Flußfunktion von Steger & Warming kaum noch zu erkennen. Dem Fluß von Osher & Solo-

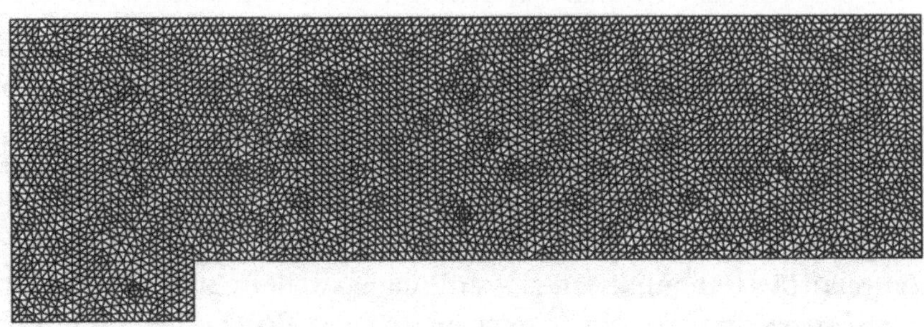

Abb. 3.27 Feines Netz für die Kanalströmung

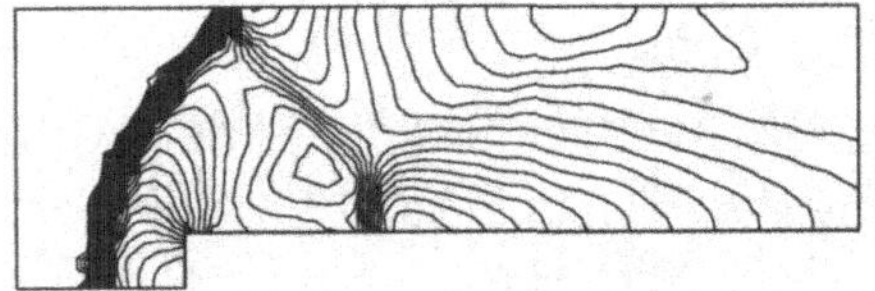
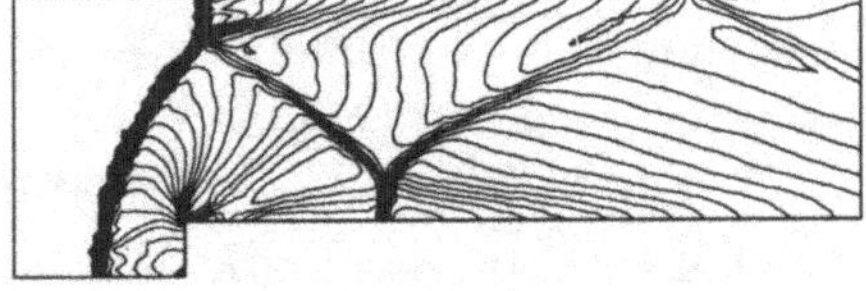

Abb. 3.28 Machzahlverteilungen der Basisdiskretisierung auf dem groben Netz. Numerischer Fluß von Steger und Warming (links) und Osher und Solomon

mon gelingt sogar die Darstellung der Kontaktunstetigkeit, die im Verfahren von Steger & Warming völlig fehlt. Beiden Machzahlverteilungen gemein ist jedoch die große Stoß-Grenzschicht-Interaktion bei W2, die durch die Eckensingularität hervorgerufen wird.

In Abbildung 3.29 ist die Machzahlverteilung auf dem feinen Netz dargestellt. Wieder ist die Überlegenheit der numerischen Flußfunktion von Osher

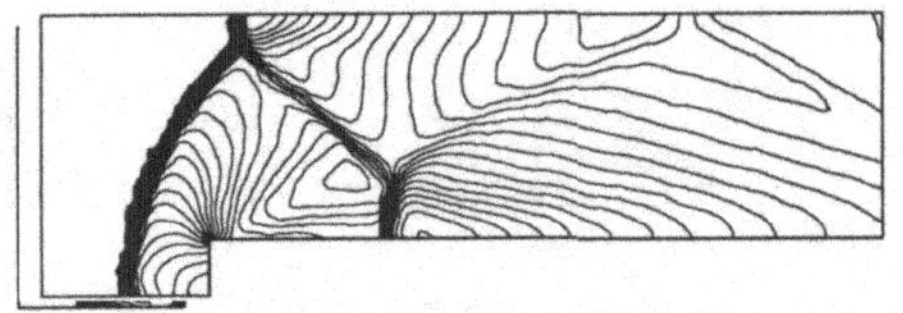
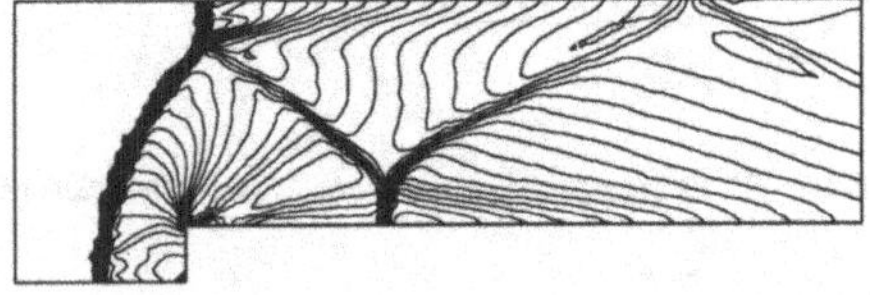

Abb. 3.29 Machzahlverteilungen der Basisdiskretisierung auf dem feinen Netz. Numerischer Fluß von Steger und Warming (links) und Osher und Solomon.

& Solomon deutlich sichtbar, insbesondere bei der Darstellung der Kontaktunstetigkeit.

Werden Druck, Dichte und Geschwindigkeit wie im Beispiel der Tragflügelumströmung auf der Moore-Nachbarschaft linear rekonstruiert, dann ergeben sich für die Machzahlverteilungen die Abbildungen 3.30 für das grobe, und 3.31 für das feine Netz. Deutlich ist die Verbesserung der Lösung

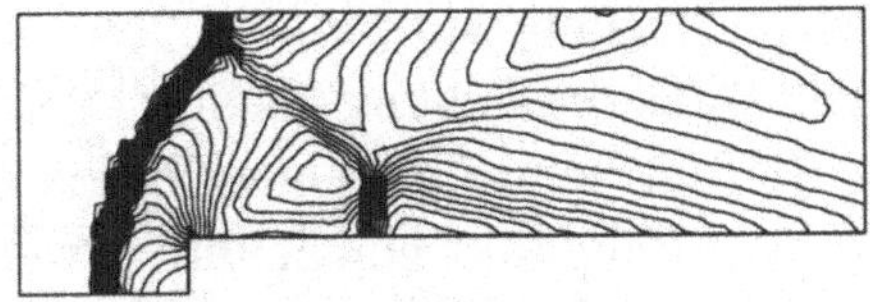
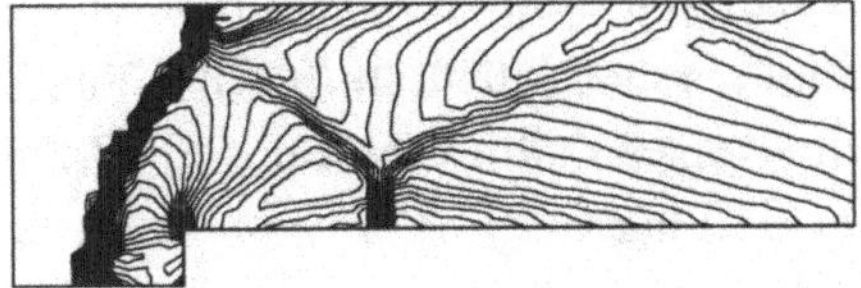

Abb. 3.30 Machzahlverteilungen der Primärnetzmethode auf dem groben Netz. Numerischer Fluß von Steger und Warming (links) und Osher und Solomon.

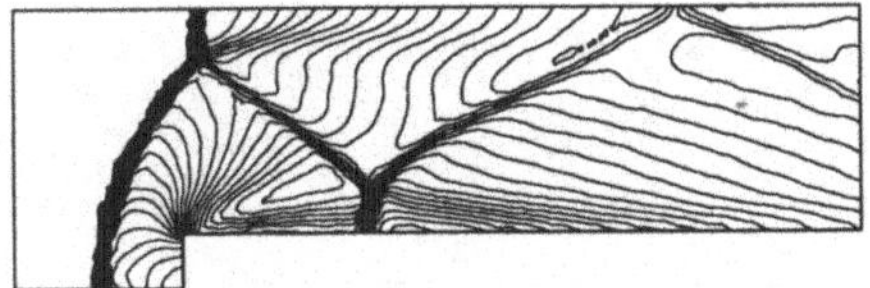

Abb. 3.31 Machzahlverteilungen der Primärnetzmethode auf dem feinen Netz. Numerischer Fluß von Steger und Warming (links) und Osher und Solomon.

bezüglich der Auflösung der Kontaktunstetigkeit zu erkennen. Gerade die in der numerischen Flußfunktion von Steger & Warming stark gedämpften reflektierten Stöße sind durch die Rekonstruktion deutlich hervorgetreten.

3.5 Der DLR-τ-Code

Nach der ausgiebigen Diskussion der Primärnetzmethoden wollen wir uns jetzt den Boxmethoden zuwenden. Wir haben bereits bei der Diskussion der $\mathfrak{A}(Z)$-unisolventen Knotenmengen bemerkt, daß die Boxmethoden einige Vorteile gegenüber den Primärnetzmethoden aufweisen. Wir wollen dabei eine praktisch relevante Methode diskutieren, die ich in der Arbeit [138] entworfen und beschrieben habe und die zur Zeit unter dem Namen τ-Code (für die drei kennzeichnenden Schlagwörter **t**riangular, **a**daptive, **u**pwind) im Institut für Strömungsmechanik der DLR Göttingen angewendet und weiterentwickelt wird.

3.5.1 Beziehungen zwischen Primär- und Sekundärnetz

Die Boxmethoden beziehen ihre Flexibilität aus zwei simultanen, aber verschiedenen Representationen der numerischen Lösung auf Primär- und Sekundärnetz. Auf dem Sekundärnetz erscheint uns die Lösung als stückweise konstantes Zellmittel auf den Boxen $B_j \in \mathcal{B}^h$. Betrachtet man ein Dreieck T_i der Triangulierung $\mathcal{T}^h$, so ist damit mit jedem Eckpunkt ein Zellmittelwert verbunden, nämlich derjenige Wert, der auf den zugehörigen Boxen gilt.

Definition 3.16 Es seien $\underline{x}_1, \underline{x}_2, \underline{x}_3$ die drei Eckpunkte des Dreiecks T_i, die in den Boxen B_1, B_2, B_3 liegen, auf denen eine Funktion $T_i \ni \underline{x} \overset{u}{\longmapsto} u(\underline{x}) \in \mathbf{R}$ die Werte u_1, u_2, u_3 annimmt. Die Abbildung

$$u \overset{\pi^{T_i}}{\longmapsto} \pi^{T_i} u := \sum_{k=1}^{3} u_k \Phi_k$$

mit

$$\Phi_k(\underline{x}) = b_0^k + b_1^k x_1 + b_2^k x_2$$

definiert durch

$$\Phi_k(\underline{x}_i) = \delta_i^k, \quad i, k = 1, 2, 3,$$

und mit $\pi^{T_i} u(\underline{x}) = 0$ für alle $\underline{x} \notin T_i$ heißt der lineare Lagrange-Interpolant von u auf dem Dreieck T_i.

Zwischen dem Raum der stückweise konstanten Zellmittel auf den Boxen und dem Raum der linearen Lagrange-Interpolanten läßt sich eine bijektive Abbildung in der folgenden Weise erklären.

Lemma 3.8 *Es sei* $\tilde{u}(\underline{x}) := \sum_{i=1}^{\#B} \overline{u}_i \chi_{B_i}(\underline{x})$ *mit* $\chi_{B_i}(\underline{x}) = 1$ *falls* $\underline{x} \in B_i$ *und sonst* $\chi_{B_i}(\underline{x}) = 0$ *die Zellmittelfunktion auf den Boxen eines Sekundärnetzes und* $\pi\tilde{u}(\underline{x}) = \sum_{j=1}^{\#T} \pi^{T_j} \overline{u}(\underline{x})$ *ihr linearer Lagrange-Interpolant auf den Dreiecken des zugehörigen Primärnetzes. Dann ist die Abbildung*

$$\tilde{u} \overset{\pi}{\longmapsto} \pi\tilde{u}$$

sowie ihre Inverse

$$\pi\tilde{u} \overset{\pi^{-1}}{\longmapsto} \pi^{-1}\pi\tilde{u} = \tilde{u}$$

bijektiv.

Beweis: Nach Konstruktion von Primär- und Sekundärnetz gilt immer

$$\overline{\Omega} = \bigcup_{i=1}^{\#T} T_i = \bigcup_{j=1}^{\#B} B_j.$$

Jeweils drei Zellmittel definieren in eindeutiger Weise einen linearen Lagrange-Interpolanten auf einem Dreieck. Umgekehrt ergeben die Werte des linearen Lagrange-Interpolanten an den Ecken eines Dreiecks in eindeutiger Weise die Zellmittel auf den entsprechenden Boxen. □

Wir werden die linearen Lagrange-Interpolanten nutzen, um lineare Rekonstruktionspolynome auf den Boxen zu konstruieren. Das folgende Resultat garantiert die erforderliche Genauigkeit der Lagrange-Interpolanten.

Satz 3.7 *Es sei $u \in C^2(T; \mathbf{R})$, T ein Dreieck einer Triangulierung mit typischer Maschenweite h und $\pi^T u$ der lineare Lagrange-Interpolant der Zellmittelwerte in den Knoten des Dreiecks. Dann gilt*

$$\|u - \pi^T u\|_{L^\infty(T;\mathbf{R})} \leq 2h^2 \max_{|\underline{\alpha}|=2} \|\partial^{\underline{\alpha}} u\|_{L^\infty(T,\mathbf{R})}.$$

Beweis: Jedes $p \in \Pi_1(T; \mathbf{R})$ ist darstellbar als $p(\underline{x}) = \sum_{k=1}^{3} p(\underline{x}_k)\Phi_k(\underline{x})$, speziell gilt

$$\pi^T u(\underline{x}) = \sum_{k=1}^{3} u_k \Phi_k(\underline{x}). \tag{5.20}$$

Taylor-Entwicklung von u liefert

$$u(\underline{x} + \underline{h}) = u(\underline{x}) + \nabla_{\underline{x}} u(\underline{x}) \cdot \underline{h} + \frac{1}{2}\underline{h} \cdot \nabla_{\underline{x}}^2 u(\underline{\xi})\underline{h}$$

für ein $\underline{\xi}$ auf der Geraden $\underline{x} + \lambda \underline{h}$. An einem Knotenpunkt $\underline{x}_k := \underline{x} + \underline{h}$ gilt dann

$$u(\underline{x}_k) = u(\underline{x}) + \nabla_{\underline{x}} u(\underline{x}) \cdot (\underline{x}_k - \underline{x}) + \frac{1}{2}(\underline{x}_k - \underline{x}) \cdot \nabla_{\underline{x}}^2 u(\underline{\xi})(\underline{x}_k - \underline{x}). \tag{5.21}$$

Aus (5.20) folgt mit (5.21) sofort

$$\begin{aligned}
&\pi^T u(\underline{x}) = \\
&\textstyle\sum_{k=1}^3 \left(u(\underline{x}) + \nabla_{\underline{x}} u(\underline{x}) \cdot (\underline{x}_k - \underline{x}) + \frac{1}{2}(\underline{x}_k - \underline{x}) \cdot \nabla_{\underline{x}}^2 u(\underline{\xi})(\underline{x}_k - \underline{x})\right) \Phi_k(\underline{x}) \\
&\quad = u(\underline{x}) \textstyle\sum_{k=1}^3 \Phi_k(\underline{x}) + \sum_{k=1}^3 (\nabla_{\underline{x}} u(\underline{x}) \cdot (\underline{x}_k - \underline{x}))\Phi_k(\underline{x}) \\
&\quad + \textstyle\sum_{k=1}^3 \left(\frac{1}{2}(\underline{x}_k - \underline{x}) \cdot (\nabla_{\underline{x}}^2 u(\underline{\xi})(\underline{x}_k - \underline{x}))\right) \Phi_k(\underline{x}). \qquad (5.22)
\end{aligned}$$

Setzt man in der vorstehenden Gleichung $u(\underline{x}) \equiv 1$ ein, so folgt die wichtige Gleichung

$$\sum_{k=1}^{3} \Phi_k(\underline{x}) = 1.$$

Setzt man die allgemeine lineare Funktion

$$u(\underline{x}) = \underline{\beta} \cdot \underline{x}$$

mit $\underline{\beta} \in \mathbf{R}^2$ ein, dann gilt $\pi^T u = u$ und für alle $\underline{\beta} \in \mathbf{R}^2$ folgt

$$u(\underline{x}) = u(\underline{x}) + \sum_{k=1}^{3} (\underline{\beta} \cdot (\underline{x}_k - \underline{x}))\Phi_k(\underline{x}),$$

woraus für die spezielle Wahl $\underline{\beta} := \nabla_{\underline{x}} u$ die Beziehung

$$\sum_{k=1}^{3} (\nabla_{\underline{x}} u(\underline{x}) \cdot (\underline{x}_k - \underline{x}))\Phi_k(\underline{x}) = 0$$

folgt. Von Formel (5.22) bleibt also lediglich

$$\pi^T u(\underline{x}) = u(\underline{x}) + \sum_{k=1}^{3} \left(\frac{1}{2}(\underline{x}_k - \underline{x}) \cdot (\nabla_{\underline{x}}^2 u(\underline{\xi})(\underline{x}_k - \underline{x}))\right) \Phi_k(\underline{x})$$

übrig. Damit gilt

$$\begin{aligned}|u(\underline{x}) - \pi^T u(\underline{x})| &\leq \left|\sum_{k=1}^{3}\left(\frac{1}{2}(\underline{x}_k - \underline{x})\cdot(\nabla_{\underline{x}}^2 u(\underline{\xi})(\underline{x}_k - \underline{x}))\right)\Phi_k(\underline{x})\right| \\ &\leq \max_{k=1,2,3}\left|\left(\frac{1}{2}(\underline{x}_k - \underline{x})\cdot(\nabla_{\underline{x}}^2 u(\underline{\xi})(\underline{x}_k - \underline{x}))\right)\right|\sum_{k=1}^{3}\Phi_k(\underline{x}) \\ &= \max_{k=1,2,3}\left|\left(\frac{1}{2}(\underline{x}_k - \underline{x})\cdot(\nabla_{\underline{x}}^2 u(\underline{\xi})(\underline{x}_k - \underline{x}))\right)\right| \\ &\leq 2h^2 \max_{|\underline{\alpha}|=2}\|\partial^{\underline{\alpha}} u\|_{L^\infty(T;\mathbf{R})},\end{aligned}$$

was den Satz beweist. □

3.5.2 Explizite Steigungslimitierung

Zur Rekonstruktion des in Definition 3.15 erklärten Vektors $\underline{w}$ auf der Box B_i seien vier lineare Rekonstruktionspolynome

$$p_i^w(\underline{x}) := \overline{w}_i + \nabla w_i \cdot (\underline{x} - \underline{c}_i) \quad , w \in \{w_1, \ldots, w_4\},$$

definiert. Dabei bezeichnen die ∇w_i die durch Rekonstruktion noch zu berechnenden Gradienten. Jeder dieser Rekonstruktionsgradienten muß eine $\mathcal{O}(h)$-Approximation an den entsprechenden wahren Gradienten $\nabla_{\underline{x}} w(\underline{c}_i)$ im Schwerpunkt der Box B_i sein (sonst wäre das resultierende Verfahren nicht von zweiter Ordnung genau). Nun gilt aber nach Lemma 2.3 $\overline{u}_i = u(\underline{c}_i) + \mathcal{O}(h^2)$, so daß die Lagrange-Interpolierenden auf den Dreiecken der Triangulierung nach Satz 3.7 die geforderte Approximationseigenschaft aufweisen. Daher liegt es nahe, die Gradientenrekonstruktion auf diesen Interpolanten aufzubauen. In der Arbeit [138] habe ich eine sehr Finite-Elemente-ähnliche Konstruktion vorgeschlagen, nämlich

$$\nabla w_i := \frac{1}{|B_i|}\int_{B_i} \nabla_{\underline{x}} \pi^T \overline{w}\big|_{T \in K_{h,i}}\, d\underline{x}. \tag{5.23}$$

Da die Gradienten $\nabla_{\underline{x}}\pi^T\overline{w}$ der linearen Lagrange-Interpolierenden auf den Dreiecken $T \in K_{h,i}$ stückweise konstant sind, ergibt sich

$$\nabla w_i = \frac{1}{|B_i|}\sum_{T\in K_{h,i}} \nabla_{\underline{x}}\pi^T\overline{w}\,|T\cap B_i|.$$

Diese Gradientenrekonstruktion ist vollständig isotrop in dem Sinne, daß sie alle Werte auf den $T \in K_{h,i}$ gleich behandelt. Wie ich bereits in [138] ausgeführt habe, entstammt die Motivation für die Verwendung dieses isotropen Gradienten aus den Superkonvergenzresultaten von Křížek und Neitaanmäki [74]. Allerdings ist es im Rahmen hyperbolischer Erhaltungsgleichungen nahezu ausgeschlossen, daß sich solche Resultate übertragen.

Die isotrope Gradientenberechnung für Boxmethoden ist unabhängig von der Geometrie des Primärnetzes und arbeitet an Rändern ebenso wie im Feld. Hier erweisen sich die Boxmethoden den Primärnetzmethoden überlegen.

Die direkte Verwendung des so berechneten Gradienten in den Rekonstruktionspolynomen (5.23) führt zu einem instabilen Verfahren, da der isotrope Gradient auf Unstetigkeiten keine Rücksicht nimmt und sich daher wild oszillierende numerische Lösungen einstellen. Wie in räumlich eindimensionalen TVD-Verfahren üblich, wird der rekonstruierte Gradient daher limitiert, d.h. an Stelle von (5.23) wird

$$\tilde{p}_i^w(\underline{x}) := \overline{w}_i + \mathsf{L}_i\nabla w_i\cdot(\underline{x}-\underline{c}_i)$$

verwendet, wobei L_i die Limitierungsfunktion auf der Box B_i bezeichnet. Erzeugt die lineare Rekonstruktion p_i^w an den Gaußpunkten Extrema, die in den bekannten Zellmitteln nicht auftraten, dann soll die Limitierungsfunktion den Rekonstruktionsgradienten so begrenzen, daß das Monotonieverhalten der linearen Rekonstruktionen $\tilde{p}_i^w$ demjenigen der zugehörigen Zellmitteln entspricht.

In der Praxis bewährt hat sich eine Limitierungsfunktion nach Barth und Jespersen [12], die in der Form

$$\mathsf{L}_i := \min_{l_{ij}^k}\mathsf{L}_{l_{ij}^k}$$

mit

$$
\mathsf{L}_{l^k_{ij}} := \begin{cases} \min\left\{1, \frac{w^+_{ij} - \overline{w}_i}{p^w_i(\underline{x}^k_{ij}(0)) - \overline{w}_i}\right\} & ; p^w_i(\underline{x}^k_{ij}(0)) - \overline{w}_i > 0 \\ \min\left\{1, \frac{w^-_{ij} - \overline{w}_i}{p^w_i(\underline{x}^k_{ij}(0)) - \overline{w}_i}\right\} & ; p^w_i(\underline{x}^k_{ij}(0)) - \overline{w}_i < 0 \\ 1 & ; p^w_i(\underline{x}^k_{ij}(0)) = \overline{w}_i \end{cases}
$$

und

$$
\begin{aligned} w^+_{ij} &:= \max_{j \in N(i)} \{\overline{w}_i, \overline{w}_j\} \\ w^-_{ij} &:= \min_{j \in N(i)} \{\overline{w}_i, \overline{w}_j\} \end{aligned}
$$

angegeben werden kann.

Obwohl der DLR-τ-Code mit dieser TVD-ähnlichen Rekonstruktion sehr erfolgreich zur Berechnung verschiedenartigster Strömungen eingesetzt wurde, machte sich ein Designfehler erst bemerkbar, als es nicht gelang, den Stoß in einem simplen Riemannschen Stoßrohr oszillationsfrei zu berechnen. Der Grund für das Versagen der Rekonstruktion liegt an einer möglichen Umkehrung der Größenverhältnisse der rekonstruierten Strömungsgrößen an einer Zellgrenze nach der Rekonstruktion, was man sich im eindimensionalen Kontext leicht klarmachen kann. Sind Zellmittel $\overline{u}_i < \overline{u}_{i+1}$ wie in Abbildung 3.32

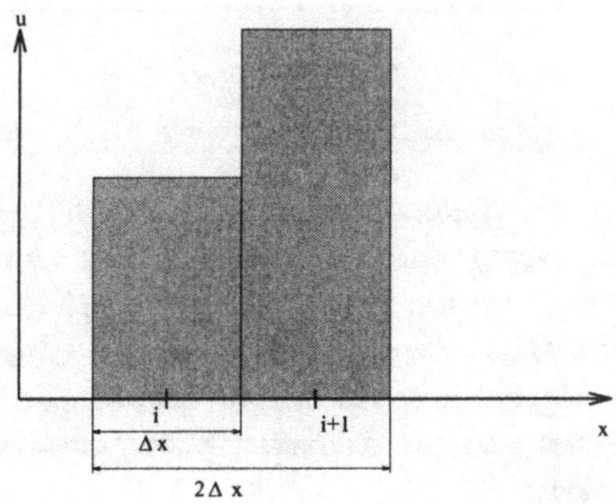

Abb. 3.32 Zellmittel

gegeben, dann sorgt die beschriebene Limitierung dafür, daß

$$\tilde{p}_i^u(x_i + \frac{\Delta x}{2}) \leq \overline{u}_{i+1}$$
$$\tilde{p}_{i+1}^u(x_{i+1} - \frac{\Delta x}{2}) \geq \overline{u}_i$$

gilt, aber während für die Zellmittel die Monotonie

$$\overline{u}_i < \overline{u}_{i+1}$$

bestand, kann nach der Rekonstruktion durchaus der Fall

$$\tilde{p}_i^u(x_i + \frac{\Delta x}{2}) > \tilde{p}_{i+1}^u(x_{i+1} - \frac{\Delta x}{2})$$

auftreten, siehe Abbildung 3.33. Damit ist der monoton wachsende Verlauf

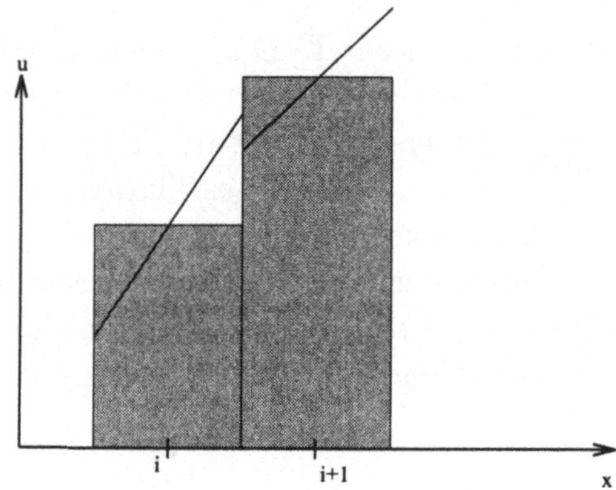

Abb. 3.33 Umkehrung der Monotonieverhältnisse durch Rekonstruktion

der Zellmittel durch die Rekonstruktion in ein monoton fallendes Verhalten verkehrt worden, was in der numerischen Praxis zu heftigen Störungen in der Nähe von Stößen führen kann. Für eine TVD-ähnliche Rekonstruktion reicht daher die Barth-Jespersen Limitierung allein nicht aus. In einem nachfolgenden algorithmischen Schritt müssen die Monotonieverhältnisse überprüft werden und die Rekonstruktionsfunktionen gegebenenfalls weiter limitiert werden.

Da der Aufwand für diese Art von Limitierung bereits erheblich ist, wurde der DLR-τ-Code auf eine ENO-Rekonstruktion umgestellt.

3.5.3 Eine ENO-Rekonstruktion

Wie wir gesehen haben, reduzierte sich das Rekonstruktionsproblem für Boxmethoden im Fall linearer Polynome auf das Problem der Gradientenrekonstruktion. Erfolgreich ist der folgende, erstaunlich einfache Algorithmus. Man berechnet für alle $T \in K_{h,i}$ den Gradienten des Lagrange-Interpolanten $\nabla_{\underline{x}}\pi^T\overline{w}$, woraus man vermöge

$$\nabla w_i := \nabla_{\underline{x}}\pi^{\tilde{T}}\overline{w}, \qquad \left|\nabla_{\underline{x}}\pi^{\tilde{T}}\overline{w}\right| := \min_{T \in K_{h,i}} \left|\nabla_{\underline{x}}\pi^T\overline{w}\right|$$

den Gradienten für das Rekonstruktionspolynom auf der Box B_i erhält. Mit anderen Worten wählt man den flachsten Gradienten der Lagrange-Interpolanten auf den Dreiecken, die die jeweilige Box umschließen. Offensichtlich ist diese Rekonstruktion keine TVD-ähnliche Rekonstruktion mehr, sondern eine ENO-Rekonstruktion.

Praktische Erfahrungen haben gezeigt, daß an Punkten mit $\text{card}K_{h,i} = 1$ keine sinnvolle Rekonstruktion möglich ist. An solchen (singulären) Punkten der Triangulierung wird daher $p_i^w(\underline{x}) \equiv \overline{w}_i$ verwendet.

Algorithmus V — Gradientenrekonstruktion auf den Boxen

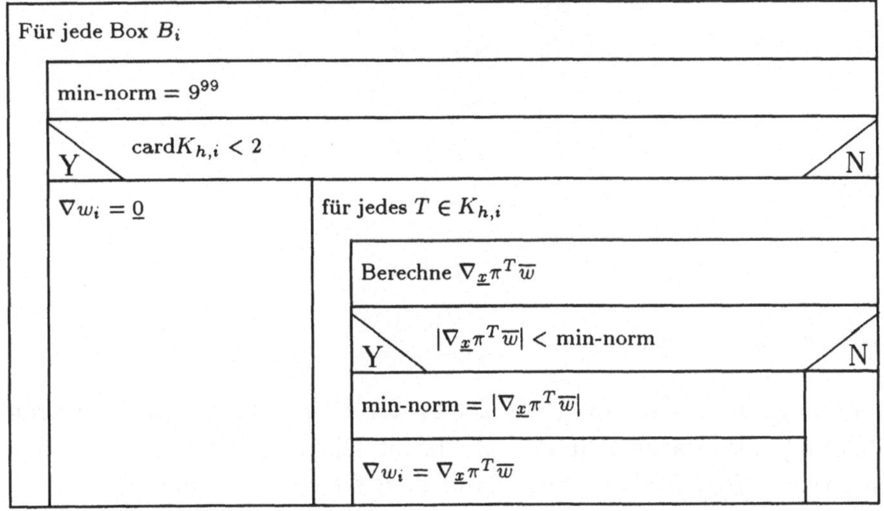

3.5.4 Numerische Resultate

Zum numerischen Test des DLR-τ-Codes diene wieder die transsonische Umströmung des NACA-0012 Profiles bei den Anströmdaten

$$\mathrm{Ma}_\infty = 0.8, \quad \alpha = 1.25°.$$

Zum Test wählen wir das primäre Netz aus Abbildung 3.22. Die Machzahlverteilung der stationären numerischen Lösung ist in Abbildung 3.34 dargestellt. Zur Berechnung wurde der approximative Riemann-Löser von Osher und Solomon verwendet. Ein Vergleich mit dem Netz aus Abbildung 3.22 zeigt, daß der obere Stoß auf zwei bis drei Zellen aufgelöst worden ist. Trotz der groben Diskretisierung ist der schwache Stoß auf der Profilunterseite gut sichtbar, wenn auch nicht scharf dargestellt. Im Fall der

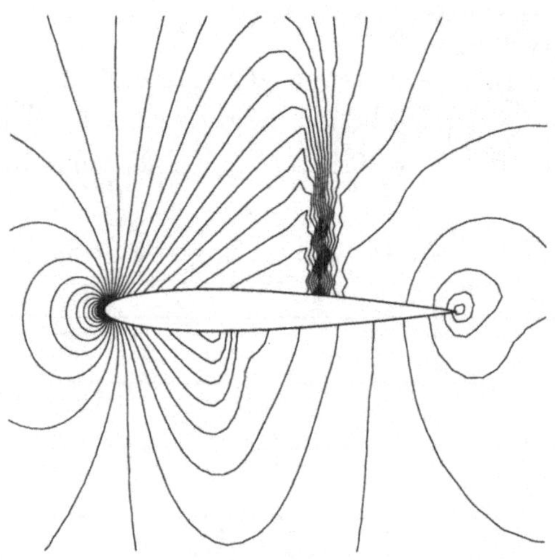

Abb. 3.34 Machzahlverteilung

Innenströmung im Kanal mit Stufe liefert der DLR-τ-Code die Lösungen aus Abbildung 3.35. Dargestellt sind Machzahl, Dichte und Druck (von oben nach unten) auf dem groben (links) und dem feinen Netz, das bereits bei den numerischen Ergebnissen für Primärnetzmethoden verwendet wurde. Als numerische Flußfunktion wurde der approximative Riemann-Löser von

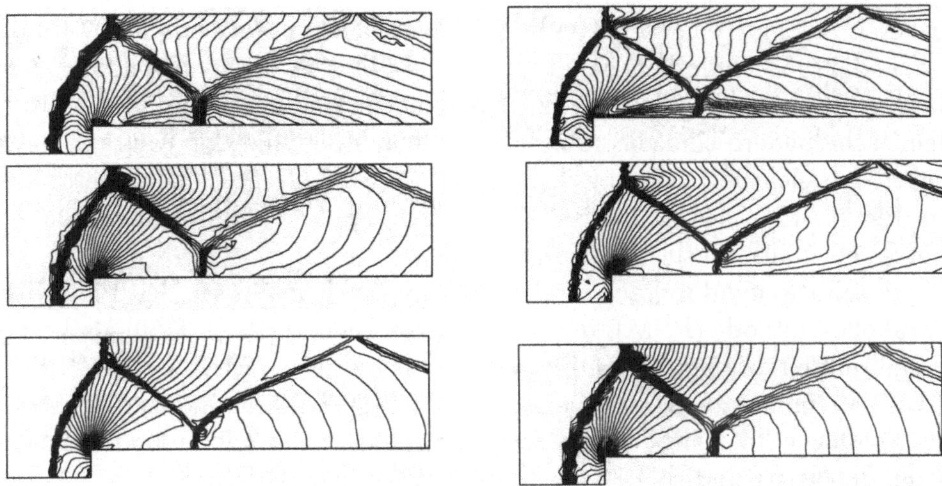

Abb. 3.35 Machzahl, Dichte und Druck (von oben) auf dem groben (links) und dem feinen Netz

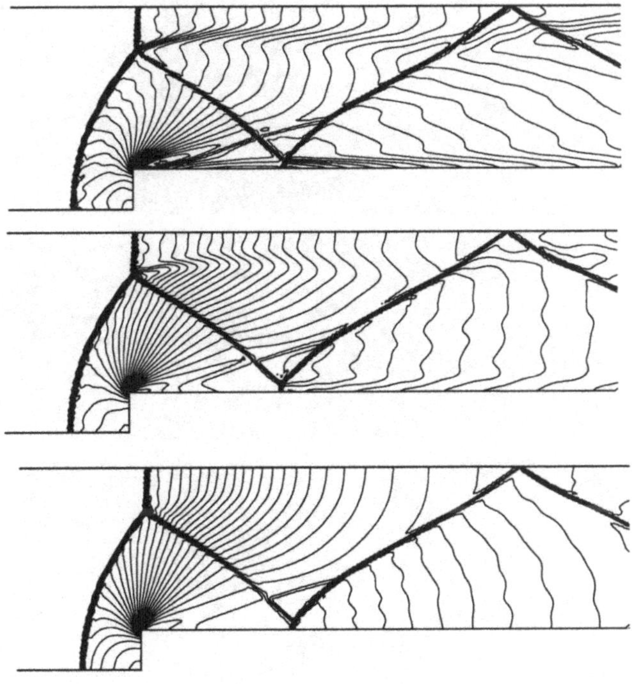

Abb. 3.36 Machzahl, Dichte und Druck (von oben) auf einem Netz mit 14297 Punkten

Osher & Solomon eingesetzt. Wird ein noch feineres Netz mit 14297 Punkten und 27953 Dreiecken benutzt, dann ergibt sich die in Abbildung 3.36 dargestellte Lösung. Alle Strömungsphänomene sind sehr gut aufgelöst worden, insbesondere sind die Interaktionen der Stöße und der Kontaktunstetigkeit gut sichtbar. Die physikalisch falsche Stoß-Grenzschicht-Interaktion am Punkt W2 aus Abbildung 3.25 ist durch die Verwendung eines feineren Netzes ebenfalls deutlich kleiner geworden.
Die Resultate sind durchaus vergleichbar mit den Ergebnissen der 'Piecewise-Parabolic-Method' (PPM), die bei den extensiven Tests in [160] als bestes Verfahren hervorging. Dabei ist zu bemerken, daß es sich bei dem DLR-τ-Code um ein einfaches, allgemein anwendbares Verfahren handelt, während die PPM hochspezialisiert alle Strömungsphänomene mit besonderen Sensoren detektiert und so z.B. die Kontaktunstetigkeiten scharf hält.

3.6 Polynomiale ENO-Rekonstruktionen für Boxmethoden

Wir hatten bereits bei der Diskussion der Auswahlkriterien in Abschnitt 3.1.5 dieses Kapitels vermerkt, daß die einzige mathematisch fundierte Auswahl von Rekonstruktionspolynomen eng mit den Boxmethoden verknüpft ist und von Abgrall in einer Serie von Arbeiten entwickelt wurde ([1], [2], [3], [4]). Es handelt sich darum, die eindimensionale ENO-Technik, die auf der Auswahl eines Polynoms nach dem Betrag seiner dividierten Differenz höchster Ordnung beruht (vgl. Abschnitt 3.2.2), auf mehrere Raumdimensionen zu übertragen.

Möglich wird diese Übertragung durch die den Boxmethoden eigene Dualität der Lösungsdarstellung, die wir bereits in Abschnitt 3.5 beschrieben und bei der Konstruktion der linearen Rekonstruktion für den DLR-τ-Code ausgenutzt haben. Es ist interessant zu bemerken, daß Abgrall diese Übertragung auf rein approximationstheoretischer Grundlage durchgeführt hat, nachdem ihn ältere Arbeiten von Mühlbach ([105], [106]) zu verallgemeinerten Polynomen in Newton-Form angeregt haben. Letztendlich beruht die Idee auf einer Arbeit über die Approximationseigenschaften finiter Elemente [28]. Für eine r-mal stetig differenzierbare Funktion $\mathbf{R}^2 \ni \underline{x} \overset{u}{\longmapsto} u(\underline{x}) \in \mathbf{R}$ erhält man mit den dort angegebenen Techniken das folgende Resultat.

Satz 3.8 *Es sei $K(B_i)$ eine Knotenmenge zur Box B_i mit $\operatorname{card}K(B_i) = M$ und es sei $r \in \mathbf{N}$, so daß $\dim \Pi_{r-1} = M$ gilt. Es sei $\operatorname{conv}K(B_i)$ die konvexe Hülle der Knotenmenge, σ ihr Durchmesser und ς das Supremum der Durchmesser der Kugeln, die in $\operatorname{conv}K(B_i)$ einbeschrieben werden können. Ist $\mathbf{R}^2 \ni \underline{x} \overset{u}{\longmapsto} u(\underline{x}) \in \mathbf{R}$ eine Funktion aus $C^r(\mathbf{R}^2;\mathbf{R})$ mit*

$$M_r := \sup_{\underline{x} \in \operatorname{conv}K(B_i)} \{\|\partial^{\underline{\alpha}} u(\underline{x})\|_{\underline{\alpha},r,\infty}\} < \infty,$$

wobei die Norm durch

$$\|\partial^{\underline{\alpha}} u(\underline{x})\|_{\underline{\alpha},r,\infty} := \sup_{|\underline{\alpha}|=r} |\partial^{\underline{\alpha}} u(\underline{x})|$$

definiert ist und

$$p_i(\underline{x}) = \sum_{\mu=0}^{r-1} \frac{1}{\mu!} \sum_{|\underline{\alpha}|=\mu} (\underline{x} - \underline{c}_i)^{\underline{\alpha}} a_{\underline{\alpha}}$$

das Rekonstruktionspolynom für B_i, das die Bedingungen

$$\mathfrak{A}(B_{i_j})p_i = \mathfrak{A}(B_{i_j})u, \quad j = 0, \ldots, M-1,$$

$i_0 \equiv i$, *erfüllt, dann gilt für alle* $0 \le l \le r-1$

$$\sup_{\underline{x} \in \mathrm{conv} K(B_i)} \{ \| \partial^{\underline{\alpha}} u(\underline{x}) - \partial^{\underline{\alpha}} p_i(\underline{x}) \|_{\underline{\alpha}, l, \infty} \} \le C M_r \frac{\sigma^r}{\varsigma^l}$$

für eine Konstante $C = C(l, r-1, K(B_i))$. *Geht die Knotenmenge* $K(B_i)'$ *aus* $K(B_i)$ *durch eine affine Transformation hervor, dann gilt überdies*

$$C(l, r-1, K(B_i)') = C(l, r-1, K(B_i)).$$

Beweis: In [1] als direkte Übertragung der Interpolationstheorie in [28]. □

Dieses Resultat gibt im wesentlichen Auskunft darüber, daß das Rekonstruktionspolynom p_i eine gute Approximation an u ist, wenn nur der Quotient σ/ς nicht zu groß wird. Große Quotienten σ/ς korrespondieren offenbar zu 'flachen' Knotenmengen, also langgestreckten, verzerrten Netzgeometrien (vgl. [26]).

Interessanter ist der Fall, wenn die Funktion u eine Unstetigkeit aufweist. Man benötigt dazu die folgende Zulässigkeitsbedingung.

Definition 3.17 Sei $\epsilon > 0$ und $K(B_i)$ eine Knotenmenge mit $\mathrm{card} K(B_i) = M$ und $r \in \mathbf{N}$ so, daß $\dim \Pi_{r-1} = M$ gilt. Es sei w eine Funktion, deren Zellmittel auf sämtlichen $B_{i_j} \in K(B_i)$ entweder 0 oder 1 ist. Es mögen Boxen $B_{i_k}, B_{i_l} \in K(B_i)$ mit $\mathfrak{A}(B_{i_k})w = 0$ und $\mathfrak{A}(B_{i_l})w = 1$ existieren. Dann heißt die Knotenmenge $K(B_i)$ Abgrall-zulässig, wenn das durch die Bedingungen

$$\mathfrak{A}(B_{i_j})p_i = \mathfrak{A}(B_{i_j})w, \quad j = 0, \ldots, M-1,$$

$i_0 \equiv i$, charakterisierte Rekonstruktionspolynom genau vom Grad $\mathrm{grad} p_i = r-1$ und die Summe der Beträge der Leitkoeffizienten größer als ϵ ist, d.h. in der Darstellung

$$p_i(\underline{x}) = \sum_{\mu=0}^{r-1} \frac{1}{\mu!} \sum_{|\underline{\alpha}|=\mu} (\underline{x} - \underline{c}_i)^{\underline{\alpha}} a_{\underline{\alpha}}$$

gilt $\exists\underline{\alpha}, |\underline{\alpha}| = r-1 : a_{\underline{\alpha}} \neq 0$ und

$$\sum_{|\underline{\alpha}|=r-1} |a_{\underline{\alpha}}| > \epsilon.$$

Es ist bemerkenswert, daß es offenbar keine einfache geometrische Interpretation dieser Bedingung gibt ([5]), die aus rein technischen Gründen zum Beweis des folgenden Satzes benötigt wird.

Satz 3.9 *Sei $\epsilon > 0$ und $K(B_i)$ sei Abgrall-zulässig. Es sei $\mathbf{R}^2 \ni \underline{x} \stackrel{u}{\longmapsto} u(\underline{x}) \in \mathbf{R}$ eine Funktion aus $C^{s-1}(\mathbf{R}^2;\mathbf{R})$ mit $s < r-1$. Die s-te Ableitung von u weise einen Sprung $[\partial^{\underline{\alpha}} u]_{|\underline{\alpha}|=s}$ der Höhe*

$$\left|[\partial^{\underline{\alpha}} u]_{|\underline{\alpha}|=s}\right| > M_s > 0$$

längs einer stückweise stetig differenzierbaren Kurve γ auf, die mit $\operatorname{conv} K(B_i)$ nichtleeren Durchschnitt habe. Ansonsten sei die s-te Ableitung stetig und beschränkt. Für das Rekonstruktionspolynom

$$p_i(\underline{x}) = \sum_{\mu=0}^{r-1} \frac{1}{\mu!} \sum_{l+m=\mu} (x_1 - c_{i,1})^l (x_2 - c_{i,2})^m a_{lm}$$

gilt dann

$$\sum_{l+m=r-1} |a_{lm}| \geq C(r-1, s, \epsilon) \frac{M_s}{\sigma^{r-1-s}},$$

wobei $C(r-1, s, \epsilon)$ unabhängig von $K(B_i)$ und invariant unter affinen Transformationen ist.

Mit Hilfe dieser Resultate über das Verhalten der führenden Polynomkoeffizienten liegt nun folgender Algorithmus nahe. Für jeden Knoten i konstruiert man auf jedem Dreieck $T \in K_{h,i}$ (siehe (1.1)) ein lineares Polynom

$$p_{i,1}^T(\underline{x}) := \sum_{|\underline{\alpha}| \leq 1} (\underline{x} - \underline{c}_i)^{\underline{\alpha}} a_{\underline{\alpha}}^T$$

aus den Rekonstruktionsbedingungen

$$\mathfrak{A}(B_k) p_{i,1}^T = \mathfrak{A}(B_k) u,$$

wobei k die Indizes der Eckpunte des Dreiecks T durchläuft. Aus allen $T \in K_{h,i}$ sei dasjenige mit T_{min} bezeichnet, auf dem

$$\sum_{|\underline{\alpha}|=1} |a_{\underline{\alpha}}^{T_{min}}| < \sum_{|\underline{\alpha}|=1} |a_{\underline{\alpha}}^{T}|$$

gilt. Ist nur lineare Rekonstruktion verlangt, setzt man als Rekonstruktion auf der Box B_i

$$p_i := p_{i,1}^{T_{min}}.$$

Für quadratische Rekonstruktion verfährt man nach Bild 3.37. Ausgehend von T_{min}, das in Abbildung 3.37 geschwärzt dargestellt ist, verschafft man sich drei Mengen von Knotenmengen, und zwar durch den direkten Kantennachbarn und seine beiden, von T_{min} verschiedenen, Nachbarn. Auf den drei Knotenmengen konstruiert man jeweils das quadratische Polynom

$$p_{i,2}^{K_m(B_i)}(\underline{x}) := \sum_{|\underline{\alpha}|\leq 2} (\underline{x} - \underline{c}_i)^{\underline{\alpha}} a_{\underline{\alpha}}^m, \quad m = 1, 2, 3,$$

aus den jeweiligen Rekonstruktionsbedingungen auf den Boxen, die zu den Knoten der Dreiecke gehören. Als Rekonstruktion für die Box B_i ausgewählt wird dasjenige Polynom $p_{i,2}^l$, für das

$$\sum_{|\underline{\alpha}|=2} \left|a_{\underline{\alpha}}^l\right| = \min_{m=1,2,3} \sum_{|\underline{\alpha}|=2} |a_{\underline{\alpha}}^m|$$

gilt. Die zugehörige Knotenmenge bezeichnen wir mit $K_{min}(B_i)$. Dann wird $p_i := p_{i,2}^l$ gesetzt. Zur Konstruktion von Polynomen noch höheren Grades verfährt man jetzt ganz analog, d.h. ausgehend von der Knotenmenge $K_{min}(B_i)$ werden neue Kantennachbarn (von Neumann-Nachbarn) dazugenommen.

Abgrall verweist in seinen Arbeiten darauf, daß die Konditionszahl der Matrix, die bei den Rekonstruktionsbedingungen

$$\mathfrak{A}(B_m)p_i = \mathfrak{A}(B_m)u$$

auftritt, von der Ordnung $\mathcal{O}\left(h^{-\mathrm{card}K(B_i)}\right)$ ist. Für feine Netze ist also bereits bei moderater Ordnung der Rekonstruktion mit Schwierigkeiten bei der

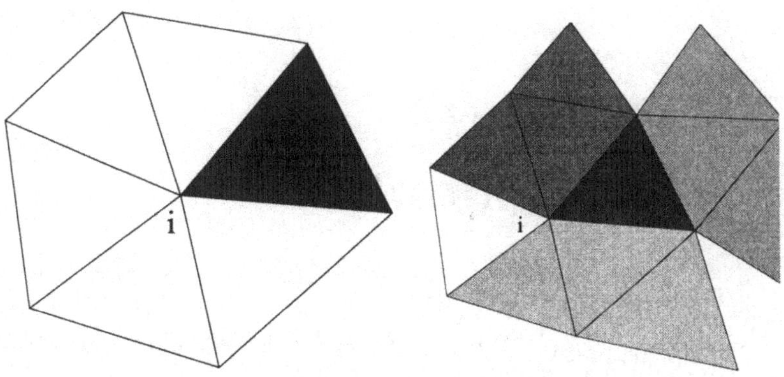

Abb. 3.37 Dreieck T_{min} und mögliche Knotenmengen für quadratische Rekonstruktion

Lösung des linearen Systems zu rechnen, mit denen man die Polynomkoeffizienten bestimmt. Als Abhilfe gibt Abgrall in ([1], [2], [3]) eine Methode an, die auf baryzentrischen Koordinaten des Dreiecks T_{min} basiert. Abgrall zeigt die gleichmäßige Beschränktheit der Konditionszahl seiner Rekonstruktionsmatrix unabhängig von der Mächtigkeit der Knotenmengen.

Fehlen Nachbardreiecke an Rändern des Rechengebietes, dann kann eine eingeschränkte Auswahl an Polynomen bei Anwendung auf die Euler-Gleichungen leicht zu negativen Drücken führen. Um einen Zusammenbruch des numerischen Algorithmus zu verhindern, empfiehlt Abgrall ein Herunterschalten der Ordnung. Stellt man nach der Rekonstruktion mit Polynomen vom Grad r fest, daß der Druck oder die Dichte in einem der Gaußpunkte auf den Kanten der Box negativ ist, dann wird die Rekonstruktion für diese Box mit Polynomen vom Grad $r - 1$ wiederholt. Nach Abgralls Berichten war es bei der Berechnung der Strömung im Kanal mit Stufe an einigen wenigen Stellen notwendig, von quadratischen Polynomen auf lineare umzuschalten (d.h. die Ordnung des Verfahrens von drei auf zwei zu vermindern), aber der Fall einer weiteren Verminderung auf konstante Funktionen trat nie ein.

Abschließend bleibt festzuhalten, daß die Rekonstruktion nach Abgrall die für die nächste Zukunft vielversprechendste polynomiale ENO-Methode darstellt. Auf ihr basieren bereits erste Vertreter sogenannter Multiresolutionsverfahren, bei denen (wie bei den Wavelets) adaptiv rekonstruiert werden soll, siehe ([6], [56], [57]).

4 Optimale Rekonstruktion

Bereits bei der Analysis polynomialer Rekonstruktionen in Kapitel 3 wurde in die Sprache und Notation der Theorie der optimalen Rekonstruktion eingeführt. Das vorliegende Kapitel entwickelt die Ideen von Golomb und Weinberger, Micchelli und Rivlin und Sard in einem einheitlichen Zusammenhang. Verschiedene, in der Literatur verstreute Optimalitätsbegriffe werden eingeführt und ihre Beziehung untereinander untersucht. Mit Hilfe der hier entwickelten Theorie werden wir zeigen, daß polynomiale Rekonstruktionsoperatoren triviale Algorithmen sind.

4.1 Optimale Rekonstruktion im Sinne von Michelli und Rivlin

4.1.1 Die Theorie der optimalen Rekonstruktion

Wir lösen uns von der polynomialen Rekonstruktion und verallgemeinern die Definition 3.4.

Definition 4.1 Es sei Z_i ein Dreieck oder eine Box und $K(Z_i)$ eine Knotenmenge mit $\text{card}K(Z_i) = M$. Weiter sei $(V, \|\cdot\|_V)$ ein Banachraum, in dem das Punktfunktional stetig ist, und $U \subset V$ eine konvexe Nullumgebung, für die

$$\forall u \in V\, \exists c > 0: \quad cu \in U \tag{1.1}$$

und

$$u \in U \Leftrightarrow -u \in U \tag{1.2}$$

gilt. Der Vektor linearer Funktionale

$$V \ni u \overset{\mathfrak{I}_i}{\longmapsto} \mathfrak{I}_i u := \left(\mathfrak{A}(Z_i)u, \mathfrak{A}(Z_{i_1})u, \ldots, \mathfrak{A}(Z_{i_{M-1}})u\right) \in \mathbf{R}^M$$

heißt Informationsoperator zur Knotenmenge $K(Z_i)$, das lineare Funktional

$$V \ni u \stackrel{\delta_{\underline{x}}}{\longmapsto} \delta_{\underline{x}} u := \langle \delta_{\underline{x}}, u \rangle = u(\underline{x}) \in \mathbf{R}$$

ist der Eigenschaftsoperator. Jeder (nicht notwendig lineare) Operator

$$\mathbf{R}^M \ni \mathfrak{I}_i u \stackrel{\mathfrak{R}_i(\underline{x})}{\longmapsto} \mathfrak{R}_i(\underline{x}) \mathfrak{I}_i u \in \mathbf{R}$$

heißt Rekonstruktionsoperator (oder Rekonstruktionsalgorithmus) auf Z_i.

Diese Definition ist bereits eine auf unsere Zwecke zugeschnittene Definition der in den Arbeiten von Micchelli und Rivlin benutzten, allgemeineren Begriffe (vgl. [96], [97], [98]). Traub und Woźniakowski betrachten zusätzlich nichtlineare Informationsoperatoren, siehe [152].

Zur Beurteilung der Güte verschiedener Rekonstruktionsalgorithmen benötigen wir ein Kriterium, das wir uns in der folgenden Definition beschaffen.

Definition 4.2 Der von einem Rekonstruktionsoperator erzeugte Fehler ist

$$E_{\mathfrak{R}_i(\underline{x})}(\delta_{\underline{x}}, \mathfrak{I}_i, U) := \sup_{u \in U} \left| \langle \delta_{\underline{x}}, u \rangle - \mathfrak{R}_i(\underline{x}) \mathfrak{I}_i u \right| .$$

Die untere Schranke

$$\begin{aligned} E(\delta_{\underline{x}}, \mathfrak{I}_i, U) &:= \inf_{\mathfrak{R}_i(\underline{x})} E_{\mathfrak{R}_i(\underline{x})}(\delta_{\underline{x}}, \mathfrak{I}_i, U) \\ &= \inf_{\mathfrak{R}_i(\underline{x})} \sup_{u \in U} \left| \langle \delta_{\underline{x}}, u \rangle - \mathfrak{R}_i(\underline{x}) \mathfrak{I}_i u \right| \end{aligned}$$

heißt eigentlicher Fehler. Ein Rekonstruktionsoperator $\mathfrak{R}_i^\star(\underline{x})$ mit

$$E_{\mathfrak{R}_i^\star(\underline{x})}(\delta_{\underline{x}}, \mathfrak{I}_i, U) = E(\delta_{\underline{x}}, \mathfrak{I}_i, U)$$

heißt optimaler Rekonstruktionsoperator (Rekonstruktionsalgorithmus).

Um die Rolle der Nullumgebung $U \subset V$ zu klären, beweisen wir eine spezielle Form eines Resultates von Golomb und Weinberger. Sie bemerkten, daß die Kenntnis der linearen Funktionale im Vektor $\mathfrak{I}_i u$ allein nicht ausreicht, um das Bild des Eigenschaftsoperators zu rekonstruieren.

Lemma 4.1 *Es sei Z_i ein Dreieck oder eine Box mit Informationsoperator $\mathfrak{I}_i$. Alle linearen Funktionale im Vektor $\mathfrak{I}_i u$ seien paarweise linear unabhängig und linear unabhängig vom Eigenschaftsoperator $\delta_{\underline{x}}$. Dann läßt sich das Bild $\langle \delta_{\underline{x}}, u \rangle$ des Eigenschaftsoperators für $u \in V$ nicht allein aus $\mathfrak{I}_i u$ bestimmen.*

Beweis: Wegen der linearen Unabhängigkeit der Funktionale $\mathfrak{A}(Z_i)$, $\mathfrak{A}(Z_{i_1})$, ..., $\mathfrak{A}(Z_{i_{M-1}})$, $\delta_{\underline{x}}$ existiert ein $w \in V$ mit $\langle \delta_{\underline{x}}, w \rangle = 1$ und $\mathfrak{A}(Z_i)w = \mathfrak{A}(Z_{i_1})w = \ldots = \mathfrak{A}(Z_{i_{M-1}})w = 0$. Anderenfalls wäre die durch $\langle \delta_{\underline{x}}, w \rangle = 1$ definierte Hyperebene parallel zu einer durch die in $\mathfrak{I}_i$ enthaltenen Funktionale definierten Hyperebene. Die Funktion $u + \xi w$ ist ebenfalls aus V für alle $u \in V$ und erfüllt die Gleichung

$$\mathfrak{I}_i(u + \xi w) = \mathfrak{I}_i u + \xi \mathfrak{I}_i w = \mathfrak{I}_i u.$$

Andererseits gilt

$$\langle \delta_{\underline{x}}, u + \xi w \rangle = \langle \delta_{\underline{x}}, u \rangle + \xi \langle \delta_{\underline{x}}, w \rangle = u(\underline{x}) + \xi$$

und beliebige Werte von ξ führen zu beliebigen Werten im Bild von $\delta_{\underline{x}}$. □

Für gegebene Banachräume V ist die Suche nach konvexen Nullumgebungen U mit den Eigenschaften (1.1) und (1.2) im allgemeinen nicht trivial. Eine Hilfe zur Konstruktion solcher Räume liefert ein weiterer Operator, den man in der Praxis tatsächlich zur Verfügung hat.

Definition 4.3 *Ein linearer Operator*

$$V \ni u \stackrel{\mathfrak{T}}{\longmapsto} \mathfrak{T}u \in V$$

heißt Einschränkungsoperator.

Das folgende Lemma erklärt den Gebrauch eines Einschränkungsoperators zur Konstruktion geeigneter Nullumgebungen.

Lemma 4.2 *Ist V ein Banachraum, dann ist die durch*

$$U := \{u \in V \mid \|\mathfrak{T}u\|_V \leq 1\} \tag{1.3}$$

definierte Nullumgebung konvex und erfüllt (1.1) *und* (1.2).

Beweis: Triviale Eigenschaften der Norm. □

Bemerkung 4.1 Natürlich ist die Wahl der Schranke 1 in der Definition der Nullumgebung U in (1.3) nebensächlich. Ist als Einschränkung die Bedingung $\|\tilde{\mathfrak{T}}u\|_V \leq c$ für $c > 0$ gefordert, dann erfüllt $\mathfrak{T} := \tilde{\mathfrak{T}}/c$ die in (1.3) angegebene Bedingung.

4.1.2 Radius, Durchmesser und Zentrum

Rekonstruktion ist die Aufgabe, den Wert eines linearen Funktionales aus gewissen Informationen (hier: Zellmitteln) herzustellen. Es scheint daher sinnvoll, Aussagen über den Umfang der vorhandenen Information zu machen. Tatsächlich werden sich die hier vorgestellten Begriffe als tragende Elemente der Theorie der optimalen Rekonstruktion erweisen.

Definition 4.4 Für eine beliebige Menge $A \subset \mathbf{R}$ heißt

$$d(A) := \sup_{a,b \in A} |a - b|$$

der Durchmesser und

$$r(A) := \inf_{y \in \mathbf{R}} \sup_{a \in A} |y - a|$$

der Radius von A. Für jedes $u \in U$ sei

$$B_i(u) := \{v \in U \mid \mathfrak{I}_i v = \mathfrak{I}_i u\}$$

die Menge aller zulässigen Funktionen (d.h. aus U) gleicher Information und

$$F_i(u) := \{\langle \delta_{\underline{x}}, v \rangle \mid v \in B_i(u)\} \tag{1.4}$$

die Menge möglicher Funktionswerte von Funktionen aus $B_i(u)$ an der Stelle $\underline{x}$. Dann heißt

$$d(\delta_{\underline{x}}, \mathfrak{I}_i, U) := \sup_{u \in U} \sup_{v \in B_i(u)} \left|\langle \delta_{\underline{x}}, v \rangle - \langle \delta_{\underline{x}}, u \rangle\right|$$

der Durchmesser der Information $\mathfrak{I}_i$ und

$$r(\delta_{\underline{x}}, \mathfrak{I}_i, U) := \sup_{u \in U} \inf_{y \in \mathbf{R}} \sup_{v \in B_i(u)} \left| y - \langle \delta_{\underline{x}}, v \rangle \right|$$

der Radius von $\mathfrak{I}_i$.

Bemerkung 4.2 Es ist

$$B_i(0) = \ker \mathfrak{I}_i \cap U. \tag{1.5}$$

Bemerkung 4.3 Man stellt mühelos fest, daß die Definitionen von Radius und Durchmesser einer beliebigen Menge mit denen für die Information konsistent sind. Es gilt offenbar

$$d(\delta_{\underline{x}}, \mathfrak{I}_i, U) = \sup_{u \in U} d(F_i(u))$$

und

$$r(\delta_{\underline{x}}, \mathfrak{I}_i, U) = \sup_{u \in U} r(F_i(u)).$$

Die Verwendung des Buchstabens r auf der linken wie auf der rechten Seite der vorstehenden Gleichungen führt nicht zu Konfusion, da die entsprechenden Größen gemeinsam mit ihrer Argumentliste definiert wurden.

Lemma 4.3 *Es gilt*

$$d(A) \leq 2r(A).$$

Beweis: Klar. □

Nach Definition von Radius und Durchmesser ist es natürlich, auch von einem Zentrum einer Menge zu sprechen.

Definition 4.5 Eine Zahl $z \in \mathbf{R}$ heißt Zentrum einer Menge $A \subset \mathbf{R}$, wenn

$$\sup_{a \in A} |z - a| = r(A),$$

d.h. $\sup_{a \in A} |z - a| = \inf_{y \in \mathbf{R}} \sup_{a \in A} |y - a|$, gilt.

Der folgende Satz zeigt, daß der Radius der Information eine untere Schranke des Fehlers bildet.

Satz 4.1 *Für jeden Rekonstruktionsoperator* $\mathfrak{R}_i(\underline{x})$ *gilt*

$$E_{\mathfrak{R}_i(\underline{x})}(\delta_{\underline{x}}, \mathfrak{I}_i, U) \geq r(\delta_{\underline{x}}, \mathfrak{I}_i, U).$$

Beweis: Für $u \in U$ gilt

$$\begin{aligned} E_{\mathfrak{R}_i(\underline{x})}(\delta_{\underline{x}}, \mathfrak{I}_i, U) &= \sup_{u \in U} \left|\langle \delta_{\underline{x}}, u\rangle - \mathfrak{R}_i(\underline{x})\mathfrak{I}_i u\right| \\ &= \sup_{u \in U} \sup_{v \in B_i(u)} \left|\langle \delta_{\underline{x}}, v\rangle - \mathfrak{R}_i(\underline{x})\mathfrak{I}_i u\right| \\ &= \sup_{u \in U} \sup_{y \in F_i(u)} |y - \mathfrak{R}_i(\underline{x})\mathfrak{I}_i u| \end{aligned}$$

und damit folgt

$$\begin{aligned} r(F_i(u)) = \inf_{z \in \mathbf{R}} \sup_{y \in F_i(u)} |y - z| &\leq \sup_{y \in F_i(u)} |y - \mathfrak{R}_i(\underline{x})\mathfrak{I}_i u| \\ &\leq E_{\mathfrak{R}_i(\underline{x})}(\delta_{\underline{x}}, \mathfrak{I}_i, U). \end{aligned}$$

Wegen $r(\delta_{\underline{x}}, \mathfrak{I}_i, U) = \sup_{u \in U} r(F_i(u)) \leq E_{\mathfrak{R}_i(\underline{x})}(\delta_{\underline{x}}, \mathfrak{I}_i, U)$ ist der Satz bewiesen. □

Die Bedeutung des Radius der Information für die optimale Rekonstruktion ist Inhalt des folgenden Satzes: Der Fehler der optimalen Rekonstruktion ist gerade durch den Radius der Information gegeben.

Satz 4.2 *Es gilt stets*

$$E_{\mathfrak{R}_i^*(\underline{x})}(\delta_{\underline{x}}, \mathfrak{I}_i, U) = r(\delta_{\underline{x}}, \mathfrak{I}_i, U).$$

Beweis: Für $\epsilon > 0$ definiere man den Rekonstruktionsoperator $\mathfrak{R}_i^{\epsilon}(\underline{x})$ vermöge

$$\mathfrak{R}_i^{\epsilon}(\underline{x})\mathfrak{I}_i u = z_\epsilon(u)$$

mit $|z_\epsilon(u) - y| \leq r(F_i(u)) + \epsilon$ für alle $y \in F_i(u)$ (damit ist $z_\epsilon(u)$ näherungsweise ein Zentrum von $F_i(u)$). Es gilt

$$\begin{aligned} E_{\mathfrak{R}_i^*(\underline{x})}(\delta_{\underline{x}}, \mathfrak{I}_i, U) \leq E_{\mathfrak{R}_i^\epsilon(\underline{x})}(\delta_{\underline{x}}, \mathfrak{I}_i, U) &= \sup_{u \in U} \left|\langle \delta_{\underline{x}}, u\rangle - \mathfrak{R}_i^\epsilon(\underline{x})\mathfrak{I}_i u\right| \\ &= \sup_{u \in U} \sup_{y \in F_i(u)} |y - z_\epsilon(u)| \\ &\leq \sup_{u \in U} r(F_i(u)) + \epsilon = r(\delta_{\underline{x}}, \mathfrak{I}_i, U) + \epsilon. \end{aligned}$$

Da $\epsilon > 0$ beliebig war, gilt $E_{\mathfrak{R}_i^*(\underline{x})}(\delta_{\underline{x}}, \mathfrak{I}_i, U) \leq r(\delta_{\underline{x}}, \mathfrak{I}_i, U)$ und wegen Satz 4.1 ist der Satz bewiesen. □

Für uns besonders wichtig sind interpolatorische Rekonstruktionsoperatoren, d.h. solche Rekonstruktionen, die eine interpolierende Funktion auswerten. Bereits bei der Diskussion der Rekonstruktionspolynome in Abschnitt 3.1 hatten wir vermerkt, daß interpolatorische Operatoren im Mittelpunkt unseres Interesses stehen (vgl. Abbildung 3.3).

Definition 4.6 Ein Rekonstruktionsoperator $\mathfrak{R}_i$ heißt interpolatorisch, wenn

$$\mathfrak{R}_i(\underline{x})\mathfrak{I}_i u = \langle \delta_{\underline{x}}, v\rangle$$

für ein $v \in B_i(u)$ gilt.

Nicht jeder interpolatorische Algorithmus ist auch optimal. Es kann jedoch gezeigt werden, daß der Fehler eines interpolatorischen Rekonstruktionsoperators stets durch den doppelten Radius der Information beschränkt ist.

Satz 4.3 *Für jeden interpolatorischen Rekonstruktionsalgorithmus $\mathfrak{R}_i(\underline{x})$ gilt*

$$E_{\mathfrak{R}_i(\underline{x})}(\delta_{\underline{x}}, \mathfrak{I}_i, U) \leq 2r(\delta_{\underline{x}}, \mathfrak{I}_i, U).$$

Beweis: Für $u \in U$ ist

$$\left|\mathfrak{R}_i(\underline{x})\mathfrak{I}_i u - \langle \delta_{\underline{x}}, u\rangle\right| \leq \left|\langle \delta_{\underline{x}}, v\rangle - \langle \delta_{\underline{x}}, u\rangle\right| \leq d(\delta_{\underline{x}}, \mathfrak{I}_i, U)$$

mit $v \in B_i(u)$. Supremumsbildung bezüglich v beweist den Satz. □

Eine weitere wichtige Klasse von Rekonstruktionsoperatoren sind die zentralen Algorithmen. Von ihnen läßt sich sogar zeigen, daß sie automatisch optimal sind.

Definition 4.7 Es sei $u \in U$ und $z(u)$ das Zentrum von $F_i(u)$. Ein Rekonstruktionsalgorithmus $\mathfrak{R}_i$ heißt zentral, wenn

$$\mathfrak{R}_i(\underline{x})\mathfrak{I}_i u = z(u)$$

gilt.

Satz 4.4 *Für jeden zentralen Rekonstruktionsoperator $\mathfrak{R}_i(\underline{x})$ gilt*

$$E_{\mathfrak{R}_i(\underline{x})}(\delta_{\underline{x}}, \mathfrak{I}_i, U) = r(\delta_{\underline{x}}, \mathfrak{I}_i, U),$$

d.h. nach Satz 4.2 ist jeder zentrale Rekonstruktionsalgorithmus optimal.

Beweis: Der Satz folgt aus der Gleichungskette

$$\begin{aligned} E_{\mathfrak{R}_i(\underline{x})}(\delta_{\underline{x}}, \mathfrak{I}_i, U) &= \sup_{u \in U} \left| \langle \delta_{\underline{x}}, u \rangle - \mathfrak{R}_i(\underline{x})\mathfrak{I}_i u \right| = \sup_{u \in U} \sup_{y \in F_i(u)} |y - z(u)| \\ &= \sup_{u \in U} r(F_i(u)) = r(\delta_{\underline{x}}, \mathfrak{I}_i, U). \end{aligned}$$

□

Nach den interpolatorischen und zentralen Rekonstruktionsalgorithmen definieren wir nun die Klasse der linearen Rekonstruktionsalgorithmen. Diese Klasse ist insbesondere aus Gründen der geringen Komplexität bei der numerischen Berechnung der Rekonstruktion interessant. Sämtliche polynomiale Rekonstruktionen lassen sich in die Klasse der linearen Algorithmen einordnen.

Definition 4.8 Ein Rekonstruktionsoperator $\mathfrak{R}_i$ heißt linearer Algorithmus, wenn die Darstellung

$$\mathfrak{R}_i(\underline{x})\mathfrak{I}_i u = \sum_{j=0}^{M-1} \mathfrak{A}(Z_{i_j})u \cdot \varphi_j(\underline{x})$$

mit $\mathbf{R}^2 \ni \underline{x} \stackrel{\varphi_j}{\longmapsto} \varphi_j(\underline{x}) \in \mathbf{R}$ und $i_0 \equiv i$ gilt.

Um die Frage zu klären, wann interpolatorische Rekonstruktionsalgorithmen optimal sind, benötigen wir das folgende Lemma.

Lemma 4.4 *Es gilt*

$$r(\delta_{\underline{x}}, \mathfrak{I}_i, U) = \frac{1}{2} d(\delta_{\underline{x}}, \mathfrak{I}_i, U) = \sup_{v \in \ker \mathfrak{I}_i \cap U} \langle \delta_{\underline{x}}, v \rangle.$$

Beweis: Da $\delta_{\underline{x}}$ eine lineare Abbildung und U konvex ist, ist $F_i(u)$ ein Intervall. Damit gilt $r(F_i(u)) = d(F_i(u))/2$ für alle $u \in U$. Daraus folgt dann sofort $r(\delta_{\underline{x}}, \mathfrak{I}_i, U) = d(\delta_{\underline{x}}, \mathfrak{I}_i, U)/2$. Sei nun $u \in U$ und $\tilde{u} \in B_i(u)$. Dann gilt $w := \frac{1}{2}(u + \tilde{u}) \in \ker \mathfrak{I}_i$ und $\|\mathfrak{T} w\|_V \leq 1$. Daraus folgt

$$|\langle \delta_x, \tilde{u} - u \rangle| = 2|\langle \delta_x, w \rangle| \leq 2 \sup_{B_i(0)} |\langle \delta_x, v \rangle|$$

und Supremumsbildung auf beiden Seiten bezüglich u und $\tilde{u}$ ergibt

$$d(\delta_x, \mathfrak{I}_i, U) \leq 2 \sup_{v \in B_i(0)} |\langle \delta_x, v \rangle|.$$

Ist andererseits $v \in B_i(0)$, dann definiere man $u := v$ und $\tilde{u} := -v$. Damit gilt sicher $\tilde{u} \in B_i(u) = B_i(0)$ und

$$2|\langle \delta_x, v \rangle| = |\langle \delta_x, \tilde{u} \rangle - \langle \delta_x, u \rangle| \leq d(\delta_x, \mathfrak{I}_i, U).$$

Es folgt also

$$d(\delta_x, \mathfrak{I}_i, U) = 2 \sup_{u \in B_i(0)} |\langle \delta_x, v \rangle|$$

und damit

$$r(\delta_{\underline{x}}, \mathfrak{I}_i, U) = r(F_i(0)) = \sup_{v \in \ker \mathfrak{I}_i \cap U} \{\langle \delta_{\underline{x}}, v \rangle\}.$$

Da für $F_i(0)$ die Eigenschaft $y \in F_i(u) \Leftrightarrow -y \in F_i(u)$ gilt, kann auf die Beträge verzichtet werden. □

Der folgende Satz ist von fundamentaler Bedeutung. Er erklärt die Optimalität interpolatorischer Rekonstruktionsoperatoren.

Satz 4.5 *Existiert eine Abbildung*

$$G : \mathbf{R}^M \supset \mathfrak{I}_i u \longmapsto V$$

mit

$$\forall u \in U : \quad u - G\mathfrak{I}_i u \in B_i(0),$$

dann ist $\mathfrak{R}_i$ *mit*

$$\mathfrak{R}_i(\underline{x})\mathfrak{I}_i u = \langle \delta_{\underline{x}}, G\mathfrak{I}_i u \rangle$$

ein optimaler Rekonstruktionsoperator.

Beweis: Es gilt

$$\begin{aligned}
E_{\mathfrak{R}_i(\underline{x})}(\delta_{\underline{x}}, \mathfrak{I}_i, U) &= \sup_{u \in U} |\langle \delta_{\underline{x}}, u \rangle - \langle \delta_{\underline{x}}, G\mathfrak{I}_i u \rangle| \\
&= \sup_{u \in U} |\langle \delta_{\underline{x}}, u - G\mathfrak{I}_i u \rangle| \\
&\leq \sup_{u \in B_i(0)} |\langle \delta_{\underline{x}}, u \rangle|.
\end{aligned}$$

Wegen Satz 4.2 und Lemma 4.4 folgt daraus

$$E_{\mathfrak{R}_i(\underline{x})}(\delta_{\underline{x}}, \mathfrak{I}_i, U) \leq E_{\mathfrak{R}_i^*(\underline{x})}(\delta_{\underline{x}}, \mathfrak{I}_i, U)$$

und der Satz ist bewiesen. □

4.1.3 Optimale Rekonstruktion in Hilbert-Räumen

Es ist sicher nicht überraschend, daß die Theorie der optimalen Rekonstruktion besonders in Hilbert-Räumen reiche Früchte trägt. Auch wir wollen uns, wie bereits Golomb und Weinberger 1959, auf diesen Spezialfall konzentrieren.

Sei also nun $V = V(\mathbf{R}^2; \mathbf{R})$ ein Hilbert-Raum mit Skalarprodukt

$$\langle u|u\rangle_V := \|u\|_V^2.$$

Da wir punktweise Funktionswerte auswerten wollen, muß das Punktfunktional stetig in V sein. Hilbert-Räume mit dieser kennzeichnenden Struktur sind gerade diejenigen, die einen Kern im folgenden Sinne besitzen.

Definition 4.9 Eine Funktion

$$\mathbf{R}^2 \times \mathbf{R}^2 \ni (\underline{x}, \underline{y}) \overset{K}{\longmapsto} K(\underline{x}, \underline{y}) \in \mathbf{R}$$

heißt reproduzierender Kern für den Hilbert-Raum V, wenn die durch

$$\mathbf{R}^2 \ni \underline{x} \overset{K_{\underline{y}}}{\longmapsto} K_{\underline{y}}(\underline{x}) := K(\underline{x}, \underline{y})$$

erklärte Abbildung $K_{\underline{y}}$ für jedes feste $\underline{y} \in \mathbf{R}^2$ zu $V(\mathbf{R}^2; \mathbf{R})$ gehört, und wenn die Reproduktionseigenschaft

$$\forall v \in V(\mathbf{R}^2; \mathbf{R}), \forall \underline{y} \in \mathbf{R}^2 : \quad v(\underline{y}) = \langle v(\underline{x}) | K(\underline{x}, \underline{y})\rangle$$

gilt. Hierbei ist das Skalarprodukt bezüglich der Variablen $\underline{x} \in \mathbf{R}^2$ zu bilden.

Hilbert-Räume mit reproduzierendem Kern weisen eine reiche innere Struktur auf, die im wesentlichen von Aronszajn [11] 1949 analysiert worden ist. Bei Davis [32] findet man einen sehr guten Überblick für die in der Approximationstheorie relevanten Aspekte der Theorie. Für uns entscheidend ist der folgende Satz von Aronszajn.

Satz 4.6 *Ein Hilbert-Raum V besitzt einen reproduzierenden Kern genau dann, wenn das Punktfunktional $\delta_{\underline{x}}$ stetig ist.*

Beweis: [11], [32] □

Damit sind gerade die Hilbert-Räume mit reproduzierendem Kern die für unsere Zwecke geeigneten Räume.

Wie zu erwarten, spielen Projektionen in Hilbert-Räumen eine tragende Rolle. Aus Gründen der Vollständigkeit sei deshalb ein unter der Bezeichnung 'Projektionssatz' bekannter Satz angegeben, den wir nicht beweisen wollen.

Satz 4.7 *Es sei W eine nichtleere, konvexe und abgeschlossene Teilmenge eines Hilbert-Raumes V. Für jede Abbildung $v \in V$ existiert ein eindeutig bestimmtes Element Pv, so daß*

$$Pv \in W \quad \text{und} \quad \|v - Pv\|_V = \inf_{w \in W} \|v - w\|_V$$

gilt. Dieses Element $Pv \in W$ erfüllt die Ungleichung

$$\forall w \in W: \quad \langle Pv - v | w - Pv \rangle_V \geq 0. \tag{1.6}$$

Erfüllt umgekehrt ein $w \in W$ die Ungleichung

$$\forall u \in W: \quad \langle w - v | u - w \rangle_V \geq 0,$$

dann folgt $w = Pv$. Für die so definierte Abbildung $P : V \to W$ gilt

$$\forall v_1, v_2 \in V: \quad \|Pv_1 - Pv_2\|_V \leq \|v_1 - v_2\|_V. \tag{1.7}$$

Weiterhin ist die Abbildung P genau dann linear, wenn die Teilmenge W ein Untervektorraum ist. In diesem Fall wird die Ungleichung (1.6) *ersetzt durch die Gleichung*

$$\forall w \in W: \quad \langle Pv - v | w \rangle_V = 0.$$

Beweis: Z.B. [27] □

Betrachten wir jetzt beispielhaft den Fall $\mathfrak{T} := \mathrm{i}_V$, d.h.

$$U := \{v \in V \mid \|v\|_V \leq 1\}$$

ist die Einheitskugel in V. Wir nehmen weiter an, der Kern $\ker \mathfrak{I}_i$ sei abgeschlossen. Für $v \in V$ bezeichne P die Projektion von V auf den Teilraum $\ker \mathfrak{I}_i$. Damit ist P nach dem Projektionssatz durch

$$\|v - Pv\|_V = \min_{w \in \ker \mathfrak{I}_i} \|v - w\|_V$$

charakterisiert. Weiterhin folgt aus dem Projektionssatz, daß

$$\|Pv\|_V \leq \|v\|$$

gilt (man setze $v_2 \equiv 0$ in (1.7)). Damit folgt aber auch, daß $\|Pu\|_V \leq \|u\|_V$ für alle $u \in U$ gilt und somit gilt

$$\forall u \in U: \quad Pu \in B_i(0).$$

Damit ist das folgende Lemma bewiesen, daß eine Darstellung der Abbildung G in Hilbert-Räumen vermittelt.

Lemma 4.5 *Ist V ein Hilbert-Raum, U die Einheitskugel in V und* $\ker \mathfrak{I}_i$ *abgeschlossen. Dann ist die durch*

$$G\mathfrak{I}_i u := u - Pu$$

definierte Abbildung G die in Satz 4.5 charakterisierte Funktion, mit der der durch

$$\mathfrak{R}_i(\underline{x})\mathfrak{I}_i u := \langle \delta_{\underline{x}}, G\mathfrak{I}_i u \rangle$$

definierte Rekonstruktionsoperator $\mathfrak{R}_i$ optimal ist.

Bemerkung 4.4 Ist der Informationsoperator $\mathfrak{I}_i$ eine beschränkte, lineare, surjektive Abbildung auf einen Hilbert-Raum, dann ist $\ker \mathfrak{I}_i$ abgeschlossen. Man macht sich sofort klar, daß der von uns verwendete Informationsoperator der Zellmittel immer über einen abgeschlossenen Kern verfügt.

Wir beschließen diesen Abschnitt mit einer expliziten Darstellung der Abbildung G und einem instruktiven Beispiel, daß sich bereits bei Micchelli und Rivlin [96] findet.

Satz 4.8 *Ist V ein Hilbert-Raum, U die Einheitskugel in V und $\mathfrak{I}_i$ ein beschränktes, lineares Funktional, dann ist die in Satz 4.5 charakterisierte Abbildung G gegeben durch*

$$G = \mathfrak{I}_i^*(\mathfrak{I}_i\mathfrak{I}_i^*)^{-1}, \tag{1.8}$$

wobei $\mathfrak{I}_i^*$ den durch

$$\mathfrak{I}_i u \cdot \underline{y} = \langle u | \mathfrak{I}_i^* \underline{y} \rangle_V$$

definierten adjungierten Informationsoperator bezeichnet. (Das Produkt auf der linken Seite der vorstehenden Gleichung ist das Skalarprodukt im $\mathbf{R}^2$).

Beweis: Anwendung des Informationsoperators auf G liefert die Identität auf $\mathbf{R}^M$, denn

$$\mathfrak{I}_i G = \mathfrak{I}_i \mathfrak{I}_i^*(\mathfrak{I}_i\mathfrak{I}_i^*)^{-1} = \mathrm{i}_{\mathbf{R}^M}.$$

Andererseits gilt aber auch

$$\mathfrak{I}_i G \mathfrak{I}_i u + \mathfrak{I}_i(u - Pu) = \mathfrak{I}_i u - \mathfrak{I}_i P u = \mathfrak{I}_i u \in \mathbf{R}^M,$$

da P auf den Kern von $\mathfrak{I}_i$ projeziert. □

Da wir uns in einem Hilbert-Raum befinden, existieren nach dem Rieszschen Darstellungssatz M linear unabhängige Abbildungen $u_1, \ldots, u_M \in V$, so daß sich der Informationsoperator $\mathfrak{I}_i$ darstellen läßt als

$$\mathfrak{I}_i u = \begin{bmatrix} \langle u | u_1 \rangle_V \\ \vdots \\ \langle u | u_M \rangle_V \end{bmatrix} \in \mathbf{R}^M.$$

Weiterhin folgt für $\underline{y} \in \mathbf{R}^M$:

$$\mathfrak{I}_i u \cdot \underline{y} = \sum_{k=1}^{M} \langle u | u_k \rangle_V y_k = \langle u | \sum_{k=1}^{M} u_k y_k \rangle_V = \langle u | \mathfrak{I}_i^* \underline{y} \rangle_V,$$

so daß die Darstellung

$$\mathfrak{I}_i\mathfrak{I}_i^*\underline{y} = \begin{bmatrix} \langle u_1|u_1\rangle_V & \cdots & \langle u_M|u_1\rangle_V \\ \vdots & \ddots & \vdots \\ \langle u_1|u_M\rangle_V & \cdots & \langle u_M|u_M\rangle_V \end{bmatrix} \begin{bmatrix} y_1 \\ \vdots \\ y_M \end{bmatrix}$$

gilt. Danach ist also $\mathfrak{I}_i\mathfrak{I}_i^*$ die Gramsche Matrix. Setzt man diese Matrix in (1.8) ein, so folgt

$$G\mathfrak{I}_i u = \sum_{k=1}^{M} g_k^{-1} u_k \tag{1.9}$$

mit

$$\begin{bmatrix} g_1^{-1} \\ \vdots \\ g_M^{-1} \end{bmatrix} = \begin{bmatrix} \langle u_1|u_1\rangle_V & \cdots & \langle u_M|u_1\rangle_V \\ \vdots & \ddots & \vdots \\ \langle u_1|u_M\rangle_V & \cdots & \langle u_M|u_M\rangle_V \end{bmatrix}^{-1} \begin{bmatrix} \langle u|u_1\rangle_V \\ \vdots \\ \langle u|u_M\rangle_V \end{bmatrix}, \tag{1.10}$$

also eine explizite Darstellung des optimalen Rekonstruktionsoperators $\mathfrak{R}_i(\underline{x})\mathfrak{I}_i u = \langle \delta_{\underline{x}}, G\mathfrak{I}_i u\rangle$.

4.1.4 Optimalität der stückweise konstanten Funktionen

Wir wollen die explizite Darstellung des Rekonstruktionsoperators am Ende des letzten Unterabschnittes benutzen, um die optimale Rekonstruktion im Raum L^2 herzuleiten. Zu einem Kontrollvolumen Z_i ist der Informationsoperator für $i_0 \equiv i$ gegeben durch

$$\mathfrak{I}_i u = \begin{bmatrix} \mathfrak{A}(Z_{i_0})u \\ \mathfrak{A}(Z_{i_1})u \\ \vdots \\ \mathfrak{A}(Z_{i_{M-1}})u \end{bmatrix}.$$

Wegen $\mathfrak{A}(Z_{i_j})u = \frac{1}{|Z_{i_j}|}\int_{Z_{i_j}} u\, d\underline{x}$ und $\langle u|u_{i_j}\rangle_{L^2(\mathbf{R}^2;\mathbf{R})} = \int_{\mathbf{R}^2} u u_{i_j}\, d\underline{x}$ folgt aus der Forderung $\langle u|u_{i_j}\rangle_{L^2(\mathbf{R}^2;\mathbf{R})} \stackrel{!}{=} \mathfrak{A}(Z_{i_j})u$ der Riesz-Repräsentator des Zellmittelungsoperators zu

$$u_{i_j} := \frac{1}{|Z_{i_j}|}\chi_{Z_{i_j}}.$$

Da sich die Kontrollvolumina nicht überlappen, folgt weiter

$$\langle u_{i_j} | u_{i_k} \rangle_{L^2(\mathbf{R}^2;\mathbf{R})} = \begin{cases} \frac{1}{|Z_{i_j}|} & ; j = k \\ 0 & ; \text{sonst.} \end{cases}$$

Damit gilt für (1.10)

$$\begin{aligned} \begin{bmatrix} g_{i_0}^{-1} \\ \vdots \\ g_{i_{M-1}}^{-1} \end{bmatrix} &= \operatorname{diag}\left(\frac{1}{|Z_{i_0}|}, \ldots, \frac{1}{|Z_{i_{M-1}}|} \right)^{-1} \begin{bmatrix} \mathfrak{A}(Z_{i_0})u \\ \vdots \\ \mathfrak{A}(Z_{i_{M-1}})u \end{bmatrix} \\ &= \begin{bmatrix} |Z_{i_0}| \mathfrak{A}(Z_{i_0})u \\ \vdots \\ |Z_{i_{M-1}}| \mathfrak{A}(Z_{i_{M-1}})u \end{bmatrix} \end{aligned}$$

und als optimale Rekonstruktion in L^2 ergibt sich (1.9) zu

$$G\mathfrak{I}_i u = \sum_{k=0}^{M-1} g_{i_k}^{-1} u_{i_k} = \sum_{k=0}^{M-1} \mathfrak{A}(Z_{i_k})u.$$

Demnach ist also die durch die stückweise konstanten Zellmittel gegebene Funktion eine optimale Rekonstruktion, nämlich die in $L^2(\mathbf{R}^2; \mathbf{R})$. Abgesehen von der Nutzlosigkeit dieses Ergebnisses für unsere Zwecke (die Funktion $G\mathfrak{I}_i u$ ist auf den Gaußpunkten der Zellkanten nicht auswertbar) zeigt das Resultat jedoch, daß auch durchaus Funktionen von geringer struktureller Reichhaltigkeit optimale Rekonstruktionen sein können. Desweiteren ist es durchaus interessant, daß bereits die kanonischen diskreten Funktionen der Basismethoden optimal sind.

4.2 Optimale Rekonstruktion im Sinne von Golomb und Weinberger

In ihrer Arbeit [44] aus dem Jahr 1959 untersuchten Golomb und Weinberger die optimale Rekonstruktion von linearen Funktionalen auf Hilbert-Räumen. Allerdings ist ihre Arbeit bezüglich der Auswirkungen der Theorie sehr wenig explizit. Obwohl Splines die tragenden algorithmischen Bestandteile der Theorie der optimalen Rekonstruktion in Hilbert-Räumen sind (wir werden noch auf diesen Punkt zurückkommen), findet man hierzu bei Golomb und Weinberger keinerlei Aussage.

Wir diskutieren die für uns relevanten Punkte der Rekonstruktion im Sinne von Golomb und Weinberger und werden dann zeigen, daß optimale Rekonstruktionsoperatoren in diesem Sinn auch optimale Operatoren im Sinne von Micchelli und Rivlin sind. Sei V wieder ein Hilbert-Raum mit reproduzierendem Kern und U die Einheitskugel in V. Die Gleichungen

$$\mathfrak{I}_i u = \begin{bmatrix} \langle u|u_1\rangle_V \\ \vdots \\ \langle u|u_M\rangle_V \end{bmatrix} = \begin{bmatrix} \overline{u}_1 \\ \vdots \\ \overline{u}_M \end{bmatrix} \in \mathbf{R}^M$$

bestimmen eine Hyperebene in V. Sind diese linearen Bedingungen unabängig, dann schneiden sich die Hyperebene und die Einheitskugel wie in Abbildung 4.1 gezeigt. Der Schnitt

$$\mathcal{H}_1 := \{u \in U \mid \mathfrak{I}_i u = \underline{\overline{u}}\}$$

ist demnach ein Hyperkreis in V. Da der Hyperkreis symmetrisch ist und da das Punktfunktional linear ist, ist die bestmögliche Approximation von $\langle \delta_{\underline{x}}, u\rangle$ gerade die Anwendung von $\delta_{\underline{x}}$ auf den Mittelpunkt des Hyperkreises. Mit anderen Worten:

Definition 4.10 Der Mittelpunkt des Hyperkreises

$$\mathcal{H}_2 := \{\langle \delta_{\underline{x}}, u\rangle \mid u \in U \wedge \mathfrak{I}_i u = \underline{\overline{u}}, \underline{\overline{u}} \in \mathbf{R}^M\}$$

ist die optimale Rekonstruktion des Bildes des linearen Funktionales $\delta_{\underline{x}}$ im Sinne von Golomb und Weinberger.

Nun ist es leicht, die Optimalität im Sinn von Golomb und Weinberger auf die Optimalität im Sinne von Micchelli und Rivlin zurückzuführen. Ein Vergleich mit (1.4) zeigt nämlich, daß

$$\mathcal{H}_2 = F_i(u)$$

gilt und Satz 4.4 zeigt die Optimalität des zentralen Rekonstruktionsoperators für $F_i(u)$. Damit ist gezeigt:

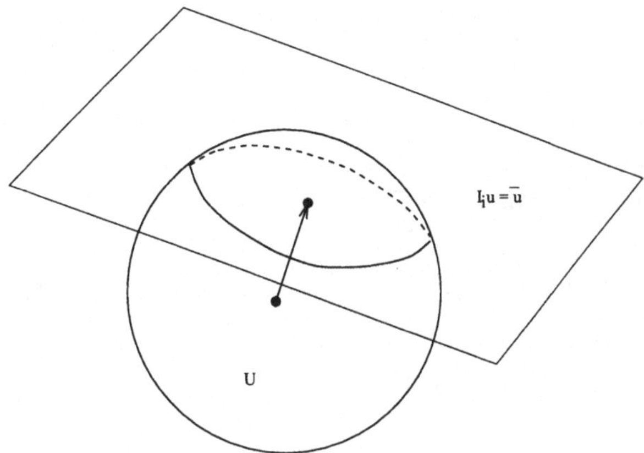

Abb. 4.1 Einheitskugel und Hyperebene im Hilbert-Raum

Satz 4.9 *Optimalität im Sinne von Golomb & Weinberger ist äquivalent zur Optimalität im Sinne von Micchelli & Rivlin.*

Der große Wert der Golomb und Weinbergerschen Arbeiten liegt in der geometrischen Anschaulichkeit, mit der man sich das Problem der Rekonstruktion in Hilbert-Räumen leicht klarmachen kann.

Zum Abschluß dieses Abschnitts sei noch eine Variation eines Satzes von Micchelli und Rivlin angegeben, der die Darstellung der Abbildung G im vorhergehenden Abschnitt in die geometrische Sprache von Golomb und Weinberger kleidet.

Satz 4.10 *Es sei V ein Hilbert-Raum, U die Einheitskugel in V und $\mathfrak{I}_i$ ein beschränktes lineares Funktional. Dann gilt für das Zentrum $z(u)$ des Hyperkreises $F_i(u)$ die Darstellung*

$$z(u) = \langle \delta_{\underline{x}}, \mathfrak{I}_i^*(\mathfrak{I}_i\mathfrak{I}_i^*)^{-1}\mathfrak{I}_i u\rangle$$

und der Radius des Hyperkreises ist gegeben durch

$$r(F_i(u)) = \sqrt{1 - \|\mathfrak{I}_i^*(\mathfrak{I}_i\mathfrak{I}_i^*)^{-1}\mathfrak{I}_i u\|_V^2} \sup_{v \in B_i(0)} \left|\langle \delta_{\underline{x}}, v\rangle\right|.$$

Beweis: Die Funktion $u_0 := \mathfrak{I}_i^*(\mathfrak{I}_i\mathfrak{I}_i^*)^{-1}\mathfrak{I}_i u$ erfüllt trivialerweise $\mathfrak{I}_i u_0 = \mathfrak{I}_i u$. Wegen

$$\langle v | u_0\rangle_V = \langle v | \mathfrak{I}_i^*(\mathfrak{I}_i\mathfrak{I}_i^*)^{-1}\mathfrak{I}_i u\rangle_V = \mathfrak{I}_i v \cdot ((\mathfrak{I}_i\mathfrak{I}_i^*)^{-1}\mathfrak{I}_i u)$$

für $v \in V$ mit $\mathfrak{I}_i v = 0$ gilt weiterhin

$$\langle v | u_0 \rangle_V = 0.$$

Also folgt für $v \in V$ mit $\mathfrak{I}_i v = \mathfrak{I}_i u$, daß

$$\begin{aligned}\langle v | u_0 \rangle_V &= \mathfrak{I}_i v \cdot ((\mathfrak{I}_i \mathfrak{I}_i^*)^{-1} \mathfrak{I}_i u) = \mathfrak{I}_i u \cdot ((\mathfrak{I}_i \mathfrak{I}_i^*)^{-1} \mathfrak{I}_i u) \\ &= \mathfrak{I}_i u_0 \cdot ((\mathfrak{I}_i \mathfrak{I}_i^*)^{-1} \mathfrak{I}_i u) = \langle u_0 | \mathfrak{I}_i^* (\mathfrak{I}_i \mathfrak{I}_i^*)^{-1} \mathfrak{I}_i u \rangle_V \\ &= \langle u_0 | u_0 \rangle_V = \|u_0\|_V^2\end{aligned}$$

gilt. Somit gilt für alle $v \in U$ mit $\mathfrak{I}_i v = \mathfrak{I}_i u$

$$\|u_0 - v\|_V^2 = \|v\|_V^2 - 2\langle u_0 | v \rangle_V + \|u_0\|_V^2 = \|v\|_V^2 - \|u_0\|_V^2 \leq 1 - \|u_0\|_V^2.$$

Aus

$$\begin{aligned}\sup_{v \in B_i(u)} \left| \langle \delta_{\underline{x}}, v \rangle - \langle \delta_{\underline{x}}, u_0 \rangle \right| &= \sup_{v \in B_i(u)} \left| \langle \delta_{\underline{x}}, v - u_0 \rangle \right| \\ &= \sup_{v \in B_i(u)} \left(\frac{|\langle \delta_x, v - u_0 \rangle|}{\|v - u_0\|_V} \|v - u_0\|_V \right) \\ &\leq \sqrt{1 - \|u_0\|_V^2} \sup_{\substack{\mathfrak{I}_i(v - u_0) = 0 \\ \|v - u_0\|_V \leq \sqrt{1 - \|u_0\|_V^2}}} \frac{|\langle \delta_x, v - u_0 \rangle|}{\|v - u_0\|_V} \\ &= \sqrt{1 - \|u_0\|_V^2} \sup_{\substack{\mathfrak{I}_i \tilde{v} = 0 \\ \|\tilde{v}\|_V \leq \sqrt{1 - \|u_0\|_V^2}}} \frac{|\langle \delta_x, \tilde{v} \rangle|}{\|\tilde{v}\|_V} \\ &= \sqrt{1 - \|u_0\|_V^2} \sup_{\substack{\mathfrak{I}_i \tilde{v} = 0 \\ \|\tilde{v}\|_V \leq \sqrt{1 - \|u_0\|_V^2}}} \frac{|\langle \delta_x, \frac{\tilde{v}}{\|\tilde{v}\|_V} \rangle|}{\|\frac{\tilde{v}}{\|\tilde{v}\|_V}\|_V},\end{aligned}$$

also

$$\begin{aligned}\sup_{v \in B_i(u)} \left| \langle \delta_{\underline{x}}, v \rangle - \langle \delta_{\underline{x}}, u_0 \rangle \right| &\leq \sqrt{1 - \|u_0\|_V^2} \sup_{\substack{\mathfrak{I}_i w = 0 \\ \|w\|_V = 1}} |\langle \delta_x, w \rangle| \\ &\leq \sqrt{1 - \|u_0\|_V^2} \sup_{\substack{\mathfrak{I}_i w = 0 \\ \|w\|_V \leq 1}} |\langle \delta_x, w \rangle|,\end{aligned}$$

folgt

$$\begin{aligned} r(F_i(u)) &= \sup_{y \in F_i(u)} \left| y - \langle \delta_{\underline{x}}, u_0 \rangle \right| = \sup_{v \in B_i(u)} \left| \langle \delta_{\underline{x}}, v \rangle - \langle \delta_{\underline{x}}, u_0 \rangle \right| \\ &\leq \sqrt{1 - \|u_0\|_V^2} \sup_{v \in B_i(0)} \left| \langle \delta_{\underline{x}}, v \rangle \right|, \end{aligned}$$

was wegen Lemma 4.4 auch in der Form

$$r(F_i(u)) \leq \sqrt{1 - \|u_0\|_V^2}\, r(\delta_{\underline{x}}, \mathfrak{I}_i, U)$$

geschrieben werden kann. Zum Beweis der umgekehrten Ungleichung definieren wir

$$s := \sqrt{1 - \|u_0\|_V^2}.$$

Für $w \in U$ mit $\mathfrak{I}_i w = 0$ folgt dann

$$\|u_0 \pm sw\|_V^2 \leq \|u_0\|_V^2 + s^2 = 1$$

sowie $\mathfrak{I}_i(u_0 \pm sw) = \mathfrak{I}_i u_0 = \mathfrak{I}_i u$. Damit gilt für alle $y \in \mathbf{R}$

$$\left| \langle \delta_{\underline{x}}, u_0 \pm sw \rangle - y \right| \leq \sup_{v \in B_i(u)} \left| \langle \delta_{\underline{x}}, v \rangle - y \right|.$$

Addiert man die beiden in der vorstehenden Ungleichung auftretenden zwei Ungleichungen und wendet die Dreiecksungleichung an, so folgt

$$\begin{aligned} 2 \sup_{v \in B_i(u)} \left| \langle \delta_{\underline{x}}, v \rangle - y \right| &\geq \left| \langle \delta_{\underline{x}}, u_0 + sw \rangle - y \right| + \left| \langle \delta_{\underline{x}}, u_0 - sw \rangle - y \right| \\ &\geq \left| \langle \delta_{\underline{x}}, u_0 + sw \rangle - y - \langle \delta_{\underline{x}}, u_0 - sw \rangle + y \right| \\ &= 2s \left| \langle \delta_{\underline{x}}, w \rangle \right|. \end{aligned}$$

Die Abbildung $w \in B_i(0)$ war ansonsten beliebig. Übergang zum Supremum liefert die noch ausstehende Ungleichung

$$\sqrt{1 - \|u_0\|_V^2} \sup_{v \in B_i(0)} \left| \langle \delta_{\underline{x}}, v \rangle \right| \leq r(F_i(u)),$$

die den Satz beweist. □

4.3 Die Interpretation der polynomialen Rekonstruktion

Nach der Theorie der optimalen Rekonstruktion, die wir im letzten Kapitel als eine Synthese der geometrischen Ideen von Golomb & Weinberger und dem mehr analytisch orientierten Zugang von Micchelli & Rivlin entwickelt haben, wollen wir jetzt die polynomialen Rekonstruktionen im Licht dieser Theorie betrachten.

4.3.1 Lineare Algorithmen

Es sei eine $\mathfrak{A}(Z)$-unisolvente Knotenmenge $K(Z_i) = \{Z_i, Z_{i_1}, \ldots, Z_{M-1}\}$ der Mächtigkeit $M = \binom{r+1}{r-1}$ für $r > 1$ gegeben. Zugunsten einer einfachen Notation sei immer $i_0 := i$ gesetzt. Dann ist das Problem

$$\mathfrak{A}(Z_{i_j})p_{i_k} = \delta_j^k \quad , j = 0, \ldots, M-1,$$

für alle $k = 0, \ldots, M-1$ und $p_{i_k} \in \Pi_{r-1}(\mathbf{R}^2; \mathbf{R})$ eindeutig lösbar. In der Tat bilden die M Polynome $p_{i_k}, k = 0, \ldots, M-1$ eine kanonische Basis des $\Pi_{r-1}(\mathbf{R}^2; \mathbf{R})$. Mit Hilfe dieser Basis folgt mühelos

Lemma 4.6 *Ist $\{p_{i_k}\}_{k=0,\ldots,M-1}$ eine Basis des $\Pi_{r-1}(\mathbf{R}^2; \mathbf{R})$, dann ist jedes Polynom $\pi_i \in \Pi_{r-1}(Z_i; \mathbf{R})$ darstellbar in der Form*

$$\pi_i(\underline{x}) := \sum_{k=0}^{M-1} \mathfrak{A}(Z_{i_k})u \cdot p_{i_k}(\underline{x})$$

In der polynomialen Rekonstruktion wird ein Polynom $\pi_i \in \Pi_{r-1}(Z_i; \mathbf{R})$ konstruiert, indem die M Koeffizienten von π_i aus dem System

$$\mathfrak{A}(Z_{i_k})\pi_i = \overline{u}_{i_k} \quad , k = 0, \ldots, M-1,$$

berechnet werden. Offenbar ist dieses Vorgehen äquivalent zur Bestimmung eines Polynoms

$$\pi_i(\underline{x}) = \sum_{k=0}^{M-1} \overline{u}_{i_k} p_{i_k}(\underline{x})$$

mit $\mathfrak{A}(Z_{i_j})p_{i_k} = \delta_{i_k}^{i_j}$. Damit erhalten wir

Lemma 4.7 *Alle polynomialen Rekonstruktionsoperatoren sind lineare Algorithmen im Sinne der* Definition 4.8. *Sie sind außerdem interpolatorisch im Sinne der* Definition 4.6.

Wie wir bereits gezeigt haben, sind interpolatorische Algorithmen nicht notwendig optimal. Nach Satz 4.5 ist eine Abbildung G zu finden, so daß $u - G\mathfrak{I}_i u \in B_i(0) = \ker \mathfrak{I}_i \cap U$ für alle $u \in U$ gilt. Es ist daher unumgänglich, geeignete Funktionenräume und Restriktionsoperatoren zu betrachten. Wir beschränken uns zunächst auf einen trivialen Fall.

4.3.2 Eine triviale Rekonstruktion

Der einfachste Fall polynomialer Rekonstruktion auf einer Zelle Z_i ist dann gegeben, wenn Punktwerte von Polynomen festen Grades rekonstruiert werden sollen, d.h. wenn

$$V := \Pi_{r-1}(Z_i; \mathbf{R})$$

und

$$U := \left\{ v \in V \mid \|v\|_{C^{r-1}(Z_i;\mathbf{R})} := \sum_{|\underline{\alpha}| \leq r-1} \sup_{\underline{x} \in \overline{Z}_i} |\partial^{\underline{\alpha}} v(\underline{x})| \leq 1 \right\}$$

gesetzt wird. Wir haben dabei $C^{r-1}(Z_i; \mathbf{R})$ als den Raum aller Funktionen aufgefaßt, die auf $\overline{Z}_i$ stetig sind und deren sämtliche Ableitungen bis zur Ordnung $r-1$ stetig in Z_i und stetig fortsetzbar auf $\overline{Z}_i$ sind.

In diesem Fall gilt offenbar

$$\text{card}\mathfrak{I}_i = \dim V,$$

was dann wegen $\ker \mathfrak{I}_i = \{0\}$ trivialerweise auf

$$\ker \mathfrak{I}_i \cap U = \{0\}$$

führt. Nun gilt aber

Lemma 4.8 *Es gilt* $r(\delta_{\underline{x}}, \mathfrak{I}_i, U) = 0$ *genau dann, wenn* $\ker \mathfrak{I}_i \cap U = \{0\}$ *gilt.*

Beweis: Das Lemma ist ein Korollar zu Lemma 4.4, aus dem es direkt folgt. □

Ist aber $r(\delta_{\underline{x}}, \mathfrak{I}_i, U) = 0$, dann ist der Fehler eines jeden interpolatorischen Rekonstruktionsalgorithmus nach Satz 4.3 gerade Null. Andererseits ist die Menge $F_i(u) = \{\langle \delta_{ux}, v\rangle \mid v \in \ker \mathfrak{I}_i \cap U\}$ jetzt ein Singleton, sie besteht also nur aus ihrem Zentrum $z(u)$, dem eindeutig bestimmten Polynom $\pi_i \in \Pi_{r-1}(Z_i; \mathbf{R})$, das die Bedingungen $\mathfrak{A}(Z_{i_j})\pi_i = \overline{u}_{i_j}$ für $j = 0, \dots, M-1$ erfüllt.

Lemma 4.9 *Gilt* $r(\delta_{\underline{x}}, \mathfrak{I}_i, U) = 0$, *dann existiert ein linearer, zentraler, interpolatorischer Rekonstruktionsoperator, nämlich*

$$\mathfrak{R}_i(\underline{x})\mathfrak{I}_i\pi_i = \langle \delta_{\underline{x}}, \pi_i\rangle.$$

Wir wissen nun bereits, auf welche Weise man diesen Rekonstruktionsoperator berechnet. Es gilt

Satz 4.11 *Ist* $\operatorname{card}\mathfrak{I}_i = \dim V = M$, *dann existieren* $p_{i_0}, \dots, p_{i_{M-1}}$ *mit* $V = \operatorname{span}(p_{i_0}, \dots, p_{i_{M-1}})$ *und* $\mathfrak{A}(Z_{i_j})\pi_{i_k} = \delta_j^k$. *Dann ist jedes* $\pi \in V$ *darstellbar als* $\pi(\underline{x}) = \sum_{k=0}^{M_1} \mathfrak{A}(Z_{i_k})\pi \cdot \pi_{i_k}$. *Der Rekonstruktionsalgorithmus*

$$\mathfrak{R}_i(\underline{x})\mathfrak{I}_i\pi = \sum_{k=0}^{M-1} \mathfrak{A}(Z_{i_k})\pi \cdot \langle \delta_{\underline{x}}, \pi_{i_k}\rangle$$

ist linear, zentral, interpolatorisch und damit optimal.

Auf diese Weise sind die polynomialen Rekonstruktionen in trivialer Weise als optimale Rekonstruktionen deutbar. Natürlich ist die Situation unbefriedigend, da man Optimalität gerne in größeren Funktionenräumen zeigen möchte. Während in einer Raumdimension die Splines, auf die wir noch zurückkommen werden, optimale Rekonstruktionen in gewissen Hilbert-Räumen sind, führt deren direkte Verallgemeinerung in mehreren Raumdimensionen nicht zu den Polynomsplines, sondern zu den Plattensplines in Beppo-Levi-Räumen, mit denen wir uns ebenfalls noch beschäftigen werden. Der nachfolgende Abschnitt soll zeigen, welche Resultate im Fall der polynomialen Rekonstruktion noch anwendbar sind.

4.3.3 Algorithmen für lineare Funktionale

Wir wollen uns von dem restriktiven Fall $r(\delta_{\underline{x}}, \mathfrak{I}_i, U) = 0$ lösen und folgen im wesentlichen der Darstellung von Traub und Woźniakowski [152]. Für uns nicht besonders überraschend gilt

Satz 4.12 *Es sei* $U := \{v \in V \mid \|\mathfrak{T}v\|_V \leq 1\}$. *Existieren* M *Funktionen* $\pi_{i_0}, \ldots, \pi_{i_{M-1}} \in V$ *mit*

$$\mathfrak{A}(Z_{i_j})\pi_{i_k} = \delta_j^k \quad , j, k = 0, \ldots, M-1$$

und

$$\mathfrak{T}\pi_{i_k} = 0 \quad , k = 0, \ldots, M-1,$$

dann ist der Rekonstruktionsalgorithmus

$$\mathfrak{R}_i(\underline{x})\mathfrak{I}_i u = \sum_{k=0}^{M-1} \mathfrak{A}(Z_{i_k})u \cdot \langle \delta_{\underline{x}}, \pi_{i_k} \rangle$$

eine linearer, zentraler, interpolatorischer Algorithmus und somit optimal.

Zum Beweis benötigen wir einen Hilfssatz.

Lemma 4.10 *Gibt es zu jedem* $u \in U$ *ein* $c(u) \in \mathbf{R}$ *mit*

$$a + c(u) \in F_i(u) \Longrightarrow -a + c(u) \in F_i(u) \quad , a \in \mathbf{R},$$

dann ist $c(u)$ *ein Zentrum von* $F_i(u)$ *und es gilt*

$$d(\delta_{\underline{x}}, \mathfrak{I}_i, U) = 2r(\delta_{\underline{x}}, \mathfrak{I}_i, U).$$

Beweis: Wir nehmen an, für ein $b \in \mathbf{R}$ gelte

$$\sup_{y \in F_i(u)} |b - y| < \sup_{y \in F_i(u)} |c(u) - y|.$$

Wähle $x \in F_i(u)$, so daß für alle $y \in F_i(u)$

$$|b - y| < |c(u) - x|$$

gilt. Setze $x = c(u) + a$. Dann gilt $c(u) - a \in F_i(u)$ und

$$2|a| \leq |b - (c(u) + a)| + |b - (c(u) - a)| < 2|a|,$$

womit ein Widerspruch aufgetreten ist. Damit ist $c(u)$ Zentrum von $F_i(u)$. □

Beweis: (von Satz 4.12). Definiere $\pi := \sum_{k=0}^{M-1} \mathfrak{A}(Z_{i_k})u \cdot \pi_{i_k}$. Dann gilt $\pi \in \ker \mathfrak{T}$ und $\mathfrak{A}(Z_{i_j})\pi = \mathfrak{A}(Z_{i_j})u$ und somit ist $\mathfrak{R}_i$ interpolatorisch und linear. Um die Zentralität des Rekonstruktionsoperators zu zeigen, bemerken wir, daß

$$\langle \delta_{\underline{x}}, \pi \rangle + \langle \delta_{\underline{x}}, v \rangle \in F_i(u)$$

$v \in \ker \mathfrak{I}_i$ und $\|\mathfrak{T}v\|_V \leq 1$ impliziert, denn es muß $\pi + v \in \ker \mathfrak{I}_i \cap U$ gelten. Damit gehört dann aber auch $\langle \delta_{\underline{x}}, \pi \rangle - \langle \delta_{\underline{x}}, v \rangle$ zu $F_i(u)$ und die Bedingungen des Lemmas 4.10 sind erfüllt. Damit ist $\langle \delta_{\underline{x}}, \pi \rangle$ ein Zentrum von $F_i(u)$, und der Rekonstruktionsalgorithmus $\mathfrak{R}_i(\underline{x})\mathfrak{I}_i u = \langle \delta_{\underline{x}}, \pi \rangle$ ist zentral. □

Der letzte Satz ermöglicht nun, polynomiale Rekonstruktionen als optimal in solchen Sobolev-Räumen zu interpretieren, in denen das Punktfunktional stetig ist. Allerdings spielt hier der Einschränkungsoperator eine entscheidende Rolle. Wählt man etwa in einem (passenden) Sobolev-Raum

$$\mathfrak{T} := \partial^{\underline{\alpha}} \quad , |\underline{\alpha}| = 2,$$

dann sind die linearen Funktionen auf den Zellen Z_i wieder triviale Rekonstruktionen. Nach dem Sobolevschen Lemma (siehe [46], [43]) gilt

$$H^m(\mathbf{R}^2; \mathbf{R}) \equiv W^{m,2}(\mathbf{R}^2; \mathbf{R}) \subset C(\mathbf{R}^2; \mathbf{R})$$

falls $m > 1$. Damit wäre $W^{2,2}(\mathbf{R}^2; \mathbf{R})$ ein geeigneter Kandidat, wenn die Ableitungen als schwache Ableitungen interpretiert würden.

4.4 Splines

Nach den Ausführungen über optimale Rekonstruktion in Hilbert-Räumen ist es nicht verwunderlich, wenn Auswertungen von Splines die Rolle der optimalen Algorithmen übernehmen. Da wir den mehrdimensionalen Fall diskutieren wollen, benötigen wir eine abstrakte Definition des Splines, wie man sie zum Beispiel bei Laurent [78] oder Böhmer [14] findet. Zuvor sind jedoch einige approximationstheoretische Begriffe einzuführen.

4.4.1 Proximalität und Orthogonalität

Mit Rücksicht auf die zu behandelnden Splines werden wir an Stelle von Hilbert-Räumen etwas allgemeiner Semi-Hilbert-Räume betrachten.

Definition 4.11 Ein reeller Funktionenraum V ist ein Semi-Hilbert-Raum, wenn es eine semidefinite Bilinearform $[\cdot|\cdot]_V$ auf V gibt, wenn also aus $[v|v]_V = 0$ nicht notwendig $v \equiv 0$ folgt. Die durch $[\cdot|\cdot]_V$ induzierte Seminorm sei mit

$$|v|_V := \sqrt{[v|v]_V}$$

bezeichnet.

Die Einführung von Semi-Hilbert-Räumen bringt keinerlei Komplikation mit sich. Definiert man $\mathcal{N} := \{v \in V \mid [v|v]_V = 0\}$, dann läßt sich der Quotientenraum $V/\mathcal{N}$ als Hilbert-Raum modulo $\ker |\cdot|_V$ auffassen. Insbesondere behalten alle Resultate ihre Gültigkeit, die wir bisher im Kontext der Hilbert-Räume bewiesen haben. Man hat nur jeweils das Skalarprodukt $\langle\cdot|\cdot\rangle_V$ durch die Bilinearform $[\cdot|\cdot]_V$ zu ersetzen.

Zwischen dem euklidischen Betrag $|\cdot|$ und der Seminorm $|\cdot|_V$ sind keine Verwechselungen zu befürchten, da die Seminorm immer mit ihrem Semi-Hilbert-Raum indiziert wird.

Definition 4.12 Es sei V ein Semi-Hilbert-Raum und $Q \subset V$ ein Untervektorraum. Wenn zu gegebenem $u \in V$ ein Element $\tilde{u} \in Q$ existiert, so daß

$$|u - \tilde{u}|_V = \inf_{v \in Q} |u - v|_V \tag{4.11}$$

gilt, dann heißt $\tilde{u}$ das Proximum zu u in Q.

Das Proximum ist die wohlbekannte Bestapproximation an die vorgegebene Funktion bezüglich des Unterraumes Q (vgl. [133], [134]). Wir halten uns in der Bezeichnung an die Terminologie von Schönhage [125].
Der nächste, ebenfalls wohlbekannte, Satz stellt die Verbindung zwischen Proxima und orthogonalen Projektionen her.

Satz 4.13 (Charakterisierungssatz für Proxima) *Es sei Q ein Untervektorraum des Semi-Hilbert-Raumes V. Ein Element $\tilde{u} \in Q$ ist genau dann Proximum zu $u \in V$, wenn die Orthogonalitätsrelation*

$$[u - \tilde{u}|v]_V = 0$$

für alle $v \in Q$ gilt.

Beweis: Es sei $v \in Q$, $s \in \mathbf{R}$ und $\tilde{w}(s) := \tilde{u} - sv$. Dann gilt

$$\begin{aligned}|u - \tilde{w}(s)|_V^2 - |u - \tilde{u}|_V^2 &= [u - \tilde{u} + sv|u - \tilde{u} + sv]_V - [u - \tilde{u}|u - \tilde{u}]_V \\ &= 2[u - \tilde{u}|sv]_V + [sv|sv]_V \\ &= 2s[u - \tilde{u}|v]_V + s^2|v|_V^2 =: \zeta(s).\end{aligned}$$

Also gilt $|u - \tilde{u}|_V^2 = |u - \tilde{w}(s)|_V^2 - \zeta(s)$ und $\tilde{u}$ ist proximal, wenn $\zeta(s) \geq 0$ für alle $s \in \mathbf{R}$ und alle $v \in Q$ gilt. Als quadratische Funktion kann ζ nur ein Extremum aufweisen. An der Stelle $s = 0$ gilt $\zeta(0) = 0$ und es liegt ein Extremum genau dann vor, wenn $\zeta'(0) = 2[u - \tilde{u}|v]_V$ verschwindet. □

4.4.2 Abstrakte Splines

Definition 4.13 Es sei V ein Semi-Hilbert-Raum und

$$A_i(u) := \{v \in V \mid \mathfrak{J}_i v = \mathfrak{J}_i u\}$$

die Menge aller Funktionen aus V mit gleicher Information wie u.[1] Eine Funktion $\Phi \in A_i(u)$ heißt interpolierender Spline zu u, wenn

$$|\mathfrak{T}\Phi|_V = \min_{v \in A_i(u)} |\mathfrak{T}v|_V$$

gilt.

Wir wollen an dieser Stelle keine allgemeine Theorie der Splines entwickeln, zumal dies an anderer Stelle bereits ausführlich getan wurde (z.B. in [78] oder [8]). Für uns interessant ist der bekannte

[1] Im Gegensatz zu $B_i(u)$ aus Definition 4.4 umfaßt $A_i(u)$ alle Funktionen aus V.

Satz 4.14 *Sei V ein Semi-Hilbert-Raum. Dann ist eine Funktion $\Phi \in A_i(u)$ ein Spline genau dann, wenn*

$$\forall v \in \ker \mathfrak{I}_i : \quad [\mathfrak{T}\Phi | \mathfrak{T}v]_V = 0$$

gilt.

Beweis: *Per Definitionem* ist Φ ein Spline genau dann, wenn $|\mathfrak{T}\Phi|_V \leq |\mathfrak{T}w|_V$ für alle $w \in V$ mit $\mathfrak{I}_i w = \mathfrak{I}_i u$ gilt und wenn $\mathfrak{I}_i \Phi = \mathfrak{I}_i u$ ist. Dies ist äquivalent zu

$$|\mathfrak{T}\Phi|_V \leq |\mathfrak{T}(u - v)|_V$$

für alle $v \in \ker \mathfrak{I}_i$. Nun ist $\Phi = u - (u - \Phi)$, also ist Φ ein Spline genau dann, wenn

$$|\mathfrak{T}(u - (u - \Phi))|_V \leq |\mathfrak{T}(u - v)|_V$$

für alle $v \in \ker \mathfrak{I}_i$, bzw. wegen der Linearität von $\mathfrak{T}$ gilt

$$|\mathfrak{T}u - \mathfrak{T}(u - \Phi)|_V \leq |\mathfrak{T}u - \mathfrak{T}v|_V.$$

Nach (4.11) bedeutet dies gerade, daß $\mathfrak{T}(u - \Phi)$ Proximum zu $\mathfrak{T}u$ bezüglich $\ker \mathfrak{I}_i$ ist. Nach dem Charakterisierungssatz für Proxima 4.13 gilt dann jedoch die Orthogonalitätsrelation

$$[\mathfrak{T}u - \mathfrak{T}(u - \Phi) | \mathfrak{T}v]_V = 0$$

für alle $v \in \ker \mathfrak{I}_i$, d.h. $[\mathfrak{T}\Phi | \mathfrak{T}v]_V = 0$ wegen der Linearität von $\mathfrak{T}$. □

Auf unsere Zwecke zugeschnitten definieren wir nun den Begriff des Spline-Algorithmus. Er ist zentral für die späteren Kapitel, in denen wir uns mit mehrdimensionalen Verallgemeinerungen von eindimensionalen Splines beschäftigen wollen.

Definition 4.14 Ein Rekonstruktionsoperator $\mathfrak{R}_i$ heißt Spline-Algorithmus, wenn für alle $u \in U$ die Darstellung

$$\mathfrak{R}_i(\underline{x})\mathfrak{I}_i u = \langle \delta_{\underline{x}}, \Phi \rangle$$

mit einem Spline Φ gilt.

Wie man sofort erkennt, ist jeder Spline-Algorithmus interpolatorisch.

Setzen wir voraus, daß der Einschränkungsoperator $\mathfrak{T}$ surjektiv ist und $\mathfrak{T}(\ker \mathfrak{J}_i)$ abgeschlossen, dann existiert ein eindeutig bestimmter Spline-Algorithmus (vgl. [152]). Man finde M Funktionen $\Phi_{i_k} \in V$, $k = 0, \ldots, M-1$, mit $\mathfrak{A}(Z_{i_j})\Phi_{i_k} = \delta_j^k$ und $\forall v \in \ker \mathfrak{J}_i : [\mathfrak{T}\Phi_{i_k}|\mathfrak{T}v]_V = 0$. Dann gilt für

$$\Phi = \sum_{k=0}^{M-1} \mathfrak{A}(Z_{i_k})u \cdot \Phi_{i_k}$$

ebenfalls $\forall v \in \ker \mathfrak{J}_i : [\mathfrak{T}\Phi|\mathfrak{T}v]_V = 0$ und Φ ist ein Spline, der $\mathfrak{J}_i$ interpoliert. Es gilt folgender

Satz 4.15 *Es sei V ein Semi-Hilbert-Raum und $\mathfrak{T}(\ker \mathfrak{J}_i)$ abgeschlossen. Dann ist der Spline-Algorithmus*

$$\mathfrak{R}_i(\underline{x})\mathfrak{J}_i u = \langle \delta_{\underline{x}}, \Phi \rangle = \sum_{k=0}^{M-1} \mathfrak{A}(Z_{i_k})u \cdot \langle \delta_{\underline{x}}, \Phi_{i_k} \rangle$$

zentral und es gilt

$$E_{\mathfrak{R}_i(\underline{x})}(\delta_{\underline{x}}, \mathfrak{J}_i, U) = r(F_i(u)) = \sqrt{1 - |\mathfrak{T}\Phi|_V^2} \sup_{v \in \ker \mathfrak{J}_i \cap U} |\langle \delta_{\underline{x}}, v \rangle|.$$

Beweis: Es sei $\tilde{u} \in B_i(u)$. Dann läßt sich $\tilde{u}$ darstellen als $\tilde{u} := \Phi + v$ mit $v \in \ker \mathfrak{J}_i$. Da Φ ein Spline ist, gilt $[\mathfrak{T}\Phi|\mathfrak{T}v]_V = 0$ für alle $v \in \ker \mathfrak{J}_i$, also folgt

$$\begin{aligned} |\mathfrak{T}\tilde{u}|_V^2 &= [\mathfrak{T}\tilde{u}|\mathfrak{T}\tilde{u}]_V = [\mathfrak{T}(\Phi + v)|\mathfrak{T}(\Phi + v)]_V \\ &= [\mathfrak{T}\Phi|\mathfrak{T}\Phi]_V + 2[\mathfrak{T}\Phi|\mathfrak{T}v]_V + [\mathfrak{T}v|\mathfrak{T}v]_V = [\mathfrak{T}\Phi|\mathfrak{T}\Phi]_V + [\mathfrak{T}v|\mathfrak{T}v]_V. \end{aligned}$$

Damit muß die Zerlegung von $\tilde{u}$ noch die Bedingung

$$1 \geq |\mathfrak{T}\tilde{u}|_V^2 = |\mathfrak{T}\Phi|_V^2 + |\mathfrak{T}v|_V^2$$

erfüllen. Nun läßt sich die Menge $B_i(u)$ in der Form

$$B_i(u) = \left\{ \Phi + v \mid v \in \ker \mathfrak{J}_i \wedge |\mathfrak{T}v|_V^2 \leq 1 - |\mathfrak{T}\Phi|_V^2 \right\}$$

darstellen. Wir wollen Lemma 4.10 benutzen, um zu zeigen, daß $\langle\delta_{\underline{x}},\Phi\rangle$ Zentrum von $F_i(u)$ ist. Dazu sei $\langle\delta_{\underline{x}},\Phi\rangle+\langle\delta_{\underline{x}},v\rangle\in F_i(u)$. In der Tat folgt dann sowohl $v\in\ker\mathfrak{I}_i$, als auch $|\mathfrak{T}v|_V^2\le 1-|\mathfrak{T}\Phi|_V^2$. Jetzt ist aber auch leicht zu sehen, daß für die Differenz $\langle\delta_{\underline{x}},\Phi\rangle-\langle\delta_{\underline{x}},v\rangle\in F_i(u)$ gilt, denn es ist ja $\mathfrak{I}_i(\Phi-v)=\mathfrak{I}_i\Phi=\mathfrak{I}_iu$ und $|\mathfrak{T}(\Phi-v)|_V^2=|\mathfrak{T}\Phi|_V^2+|\mathfrak{T}v|_V^2\le 1$. Nach Lemma 4.10 folgt $\langle\delta_{\underline{x}},\Phi\rangle$ ein Zentrum von $F_i(u)$ und $\mathfrak{R}_i(\underline{x})\mathfrak{I}_iu=\langle\delta_{\underline{x}},\Phi\rangle$ ist ein zentraler Rekonstruktionsoperator. Nach Satz 4.4 ist dann

$$E_{\mathfrak{R}_i(\underline{x})}(\delta_{\underline{x}},\mathfrak{I}_i,U)=r(\delta_{\underline{x}},\mathfrak{I}_i,U)$$

und wegen der Zentralität gilt $r(\delta_{\underline{x}},\mathfrak{I}_i,U)=r(F_i(u))$. Damit folgt

$$\begin{aligned} r(F_i(u)) &= \sup_{\Phi+v\in B_i(u)}\{|\langle\delta_{\underline{x}},\Phi+v\rangle-\langle\delta_{\underline{x}},\Phi\rangle|\} \\ &= \sup_{\substack{v\in\ker\mathfrak{I}_i \\ |\mathfrak{T}v|_V\le\sqrt{1-|\mathfrak{T}\Phi|_V^2}}}\{|\langle\delta_{\underline{x}},v\rangle|\} \\ &= \sqrt{1-|\mathfrak{T}\Phi|_V^2}\sup_{v\in\ker\mathfrak{I}_i}\left\{\frac{|\langle\delta_{\underline{x}},v\rangle|}{|\mathfrak{T}v|_V}\right\} \\ &= \sqrt{1-|\mathfrak{T}\Phi|_V^2}\sup_{v\in\ker\mathfrak{I}_i\cap U}|\langle\delta_{\underline{x}},v\rangle|. \end{aligned}$$

□

Bemerkung 4.5 An dieser Stelle schließt sich der Kreis, der mit der Einführung der grundlegenden Begriffe der optimalen Rekonstruktion begann und nun hier mit den Splines endet. Ein Vergleich zwischen Satz 4.15 und Satz 4.10 zeigt, daß die Splines tatsächlich den Funktionen G entsprechen, für die nach Satz 4.5 die Optimalität gezeigt wurde. Wir sind bei der Darstellung der Splines nur etwas allgemeiner vorgegangen und haben einen beliebigen linearen Einschränkungsoperator $\mathfrak{T}$ zugelassen, während wir uns bei der Diskussion um die optimale Rekonstruktion in Hilbert-Räumen der Einfachheit halber nur um den Fall $\mathfrak{T}=i_V$ gekümmert haben.

4.4.3 Splines und Semi-Kerne

Nachdem wir die interpolierenden Splines in Semi-Hilbert-Räumen als optimale Rekonstruktionen identifiziert haben, bleibt die Frage der Konstruierbarkeit solcher Funktionen zu klären. Wir verfolgen einen an Laurent [79] angelehnten, abstrakten Weg, der alle praktisch interessierenden Fälle umfaßt.

Es sei $C'(\mathbf{R}^n;\mathbf{R})$ der Dualraum zu $C(\mathbf{R}^n;\mathbf{R})$ und es bezeichne

$$\mu(u) := \langle \mu, u \rangle$$

die Bilinearform der Dualität für $u \in C(\mathbf{R}^n;\mathbf{R})$ und $\mu \in C'(\mathbf{R}^n;\mathbf{R})$.

Definition 4.15 Es sei $V := C_\phi(\mathbf{R}^n;\mathbf{R}) \subset C(\mathbf{R}^n;\mathbf{R})$ ein Semi-Hilbert-Raum. Die Abbildung

$$C(\mathbf{R}^n;\mathbf{R}) \ni u \overset{S_{C_\phi}}{\longmapsto} S_{C_\phi} u = \begin{cases} \frac{1}{2}|u|_V^2 & ; \ u \in C_\phi(\mathbf{R}^n;\mathbf{R}) \\ +\infty & ; \ \text{sonst} \end{cases}$$

heißt Semi-Hilbert-Funktion. Ein Spline ist ein $\Phi \in A_i(u)$, das die Semi-Hilbert-Funktion minimiert[2]. Ein linearer Operator

$$C'(\mathbf{R}^n;\mathbf{R}) \ni \mu \overset{K_{C_\phi}}{\longmapsto} K_{C_\phi}\mu \in C(\mathbf{R}^n;\mathbf{R})$$

heißt Semi-Kern für $C_\phi(\mathbf{R}^n;\mathbf{R})$, wenn für alle $\mu \in \{\nu \in C'(\mathbf{R}^n;\mathbf{R}) \mid \forall v \in \ker|\cdot|_V : \quad \nu(v) = 0\} \subset C'(\mathbf{R}^n;\mathbf{R})$

$$K_{C_\phi}\mu \in C(\mathbf{R}^n;\mathbf{R})$$

und

$$\forall u \in C_\phi(\mathbf{R}^n;\mathbf{R}) : \quad \mu(u) = \left[u \,\middle|\, K_{C_\phi}\mu\right]_V \tag{4.12}$$

gilt.

[2]Der Faktor 1/2 sowie das Quadrat bei der Seminorm sind natürlich für uns völlig belanglos. Wir behalten sie hier bei, da Laurent in [79] den Bezug zwischen Splines und quadratischen konvexen Funktionalen untersucht hat. Natürlich ist S_{C_ϕ} ein solches Funktional.

Um Splines in Semi-Hilbert-Räumen weiter charakterisieren zu können, müssen wir eine Verbindung zu den Semi-Kernen herstellen. Dazu erinnern wir nochmals daran, daß auf einer Knotenmenge $K(Z_i) = \{Z_{i_0}, \ldots, Z_{i_{M-1}}\}$, $i_0 := i$, Zellmittel $\mathfrak{A}(Z_{i_j})u$ vorgegeben sind, aus denen sich ein Spline konstruieren lassen muß. Dazu zeigen wir, daß man Splines durch die Maße $\mu := \sum_{j=0}^{M-1} \lambda_j \mathfrak{A}(Z_{i_j})$ mit $\lambda_i \in \mathbf{R}$ darstellen kann.

Lemma 4.11 *Es sei* $V := C_\phi(\mathbf{R}^n; \mathbf{R})$. *Eine Funktion* $\Phi \in A_i(u)$ *ist interpolierender Spline zu* $u \in C_\phi(\mathbf{R}^n; \mathbf{R})$ *im Sinne von Definition 4.13 genau dann, wenn es Koeffizienten* $\lambda_j, j = 0, \ldots, M-1$, *gibt, so daß*

$$[\Phi|u]_{C_\phi(\mathbf{R}^n;\mathbf{R})} = \left\langle \sum_{j=0}^{M-1} \lambda_j \mathfrak{A}(Z_{i_j}), u \right\rangle = \sum_{j=0}^{M-1} \lambda_j \mathfrak{A}(Z_{i_j})u \tag{4.13}$$

gilt.

Beweis: Nach Satz 4.14 ist ein Spline Φ durch $[\Phi|v]_{C_\phi(\mathbf{R}^n;\mathbf{R})} = 0$ für alle $v \in \ker \mathfrak{I}_i$ charakterisiert. Für $u, w \in C_\phi(\mathbf{R}^n; \mathbf{R})$ mit $\mathfrak{I}_i u = \mathfrak{I}_i w$ gilt demnach $[\Phi|u-w]_{C_\phi(\mathbf{R}^n;\mathbf{R})} = [\Phi|u]_{C_\phi(\mathbf{R}^n;\mathbf{R})} - [\Phi|w]_{C_\phi(\mathbf{R}^n;\mathbf{R})} = 0$, also $[\Phi|u]_{C_\phi(\mathbf{R}^n;\mathbf{R})} = [\Phi|w]_{C_\phi(\mathbf{R}^n;\mathbf{R})}$. Damit hängt aber $[\Phi|u]_{C_\phi(\mathbf{R}^n;\mathbf{R})}$ nur von den Komponenten von $\mathfrak{I}_i u$ ab, d.h. es gibt $\mathbf{R}^M \ni \underline{\lambda} := (\lambda_0, \ldots, \lambda_{M-1})$ mit

$$[\Phi|u]_{C_\phi(\mathbf{R}^n;\mathbf{R})} = \underline{\lambda} \cdot \mathfrak{I}_i u = \sum_{j=0}^{M-1} \lambda_j \mathfrak{A}(Z_{i_j})u.$$

□

Jetzt ist es ein Leichtes, die gewünschte Verbindung zum Semi-Kern herzustellen.

Lemma 4.12 *Die Funktion* $\Phi \in A_i(u)$ *ist ein interpolierender Spline zu* $u \in C_\phi(\mathbf{R}^n; \mathbf{R})$ *genau dann, wenn*

$$[\Phi|u]_{C_\phi(\mathbf{R}^n;\mathbf{R})} = \left[u \,\middle|\, K_{C_\phi}\left(\sum_{j=0}^{M-1} \lambda_j \mathfrak{A}(Z_{i_j}) \right) \right]_{C_\phi(\mathbf{R}^n;\mathbf{R})}$$

gilt.

Beweis: Sei $\mu := \sum_{j=0}^{M-1} \lambda_j \mathfrak{A}(Z_{i_j})$. Dann ist (4.13) einfach $[\Phi|u]_{C_\phi(\mathbf{R}^n;\mathbf{R})} = \mu(u)$ und $\mu(u) = [u|K_{C_\phi}]_{C_\phi(\mathbf{R}^n;\mathbf{R})}$ nach (4.12). □

Damit sind wir nun in der Lage, einen fundamentalen Satz zu beweisen, der uns die explizite Konstruktion von interpolierenden Splines in die Hand gibt.

Satz 4.16 *Eine Funktion* $\Phi \in A_i(u)$ *ist ein interpolierender Spline zu* $u \in C_\phi(\mathbf{R}^n;\mathbf{R})$ *genau dann, wenn die Darstellung*

$$\Phi = \sum_{j=0}^{M-1} \lambda_j K_{C_\phi} \mathfrak{A}(Z_{i_j}) + v$$

mit $v \in \ker|\cdot|_{C_\phi(\mathbf{R}^n;\mathbf{R})}$ *und*

$$\forall q \in \ker|\cdot|_{C_\phi(\mathbf{R}^n;\mathbf{R})}: \quad \sum_{j=0}^{M-1} \lambda_j \mathfrak{A}(Z_{i_j}) q = 0$$

gilt.

Beweis: Wegen der Linearität des Semi-Kernes K_{C_ϕ} folgt aus Lemma 4.12 die Form des Splines zu

$$\Phi = \sum_{j=0}^{M-1} \lambda_j K_{C_\phi} \mathfrak{A}(Z_{i_j}).$$

Wegen $v \in \ker|\cdot|_{C_\phi(\mathbf{R}^n;\mathbf{R})}$ lassen sich beliebige Elemente des Kernes der Seminorm additiv hinzufügen. Nun muß auch für die Summe nach Lemma 4.11

$$\begin{aligned}
[\Phi|\Phi]_{C_\phi(\mathbf{R}^n;\mathbf{R})} + 0 = [\Phi|\Phi]_{C_\phi(\mathbf{R}^n;\mathbf{R})} + [v|\Phi]_{C_\phi(\mathbf{R}^n;\mathbf{R})} &= [\Phi + v|\Phi]_{C_\phi} \\
&= \left\langle \Phi + v, \sum_{j=0}^{M-1} \lambda_j \mathfrak{A}(Z_{i_j}) \right\rangle_{C_\phi(\mathbf{R}^n;\mathbf{R})} \\
&= \sum_{j=0}^{M-1} \lambda_j \mathfrak{A}(Z_{i_j}) \Phi + \sum_{j=0}^{M-1} \lambda_j \mathfrak{A}(Z_{i_j}) v \\
&= [\Phi|\Phi]_{C_\phi(\mathbf{R}^n;\mathbf{R})} + \sum_{j=0}^{M-1} \lambda_j \mathfrak{A}(Z_{i_j}) v
\end{aligned}$$

gelten. Damit muß $\sum_{j=0}^{M-1} \lambda_j \mathfrak{A}(Z_{i_j})v = 0$ für alle $v \in \ker |\cdot|_{C_\phi(\mathbf{R}^n;\mathbf{R})}$ erfüllt sein. $\square$

5 Globale radiale Funktionen

5.1 Optimale Rekonstruktion in Beppo-Levi-Räumen

Nach den abstrakten Resultaten über interpolierende Splines in Semi-Hilbert-Räumen bleibt nach dem fundamentalen Satz 4.16 nur die Konstruktion geeigneter Semi-Hilbert-Räume C_ϕ zur expliziten Berechnung optimaler Rekonstruktionen übrig. In diesem Kapitel diskutieren wir den einzigen mir bekannten nichttrivialen Raum C_ϕ, den man explizit (d.h. ohne die Verwendung von Fouriertransformationen) beschreiben kann. Wir stützen uns dabei auf Resultate von Meinguet [93], die wir auf den Fall der Rekonstruktion aus Zellmitteln verallgemeinern.

5.1.1 Beppo-Levi-Räume

Definition 5.1 Es bezeichne $\mathcal{D}(\mathbf{R}^n;\mathbf{R})$ den Raum $C_0^\infty(\mathbf{R}^n;\mathbf{R})$ der Testfunktionen und $\mathcal{D}'(\mathbf{R}^n;\mathbf{R})$ den Raum der Schwartzschen Distributionen. Weiterhin sei $\underline{\alpha} \in \mathbf{N}^n$ ein Multiindex und $m \in \mathbf{N}$. Dann heißt

$$BL^m(\mathbf{R}^n,\mathbf{R}) := \{v \in \mathcal{D}'(\mathbf{R}^n;\mathbf{R}) \mid \partial^{\underline{\alpha}} v \in L^2(\mathbf{R}^n;\mathbf{R}) \text{ für } |\underline{\alpha}| = m\}$$

der Beppo-Levi-Raum der Ordnung m auf dem $\mathbf{R}^n$. Es bezeichne $\partial^{\underline{\alpha}} u$ die distributionelle $|\underline{\alpha}|$-te partielle Ableitung von $u \in BL^m(\mathbf{R}^n)$. Dann ist durch

$$[u|v]_{BL^m(\mathbf{R}^n;\mathbf{R})} := \sum_{|\underline{\alpha}|=m} \int_{\mathbf{R}^n} \binom{m}{\underline{\alpha}} \partial^{\underline{\alpha}} u \partial^{\underline{\alpha}} v \, d\underline{x}$$

eine semidefinite Bilinearform bzw. durch

$$|u|_{BL^m(\mathbf{R}^n;\mathbf{R})} := \sqrt{\sum_{|\underline{\alpha}|=m} \int_{\mathbf{R}^n} \binom{m}{\underline{\alpha}} |\partial^{\underline{\alpha}} u|^2 d\underline{x}}$$

eine Seminorm auf $BL^m(\mathbf{R}^n, \mathbf{R})$ gegeben. Dabei ist

$$\binom{m}{\underline{\alpha}} := \frac{m!}{\alpha_1! \cdots \alpha_n!}.$$

Da es sich bei den Beppo-Levi-Räumen um Räume von Distributionen handelt, läßt sich der Kern der Seminorm aus klassischen Aussagen der Distributionentheorie angeben.

Lemma 5.1 $\ker |\cdot|_{BL^m(\mathbf{R}^n;\mathbf{R})} = \Pi_{m-1}(\mathbf{R}^n; \mathbf{R}).$

Beweis: [128], Corollaire auf Seite 60. □

Es bleiben die Bedingungen zu überprüfen, wann ein Beppo-Levi-Raum ein Semi-Hilbert-Raum mit reproduzierendem Kern ist. Nur dann läßt sich das Punktfunktional auswerten. Der folgende Satz geht auf Duchon [34] zurück, ein konstruktiver Beweis findet sich in einer Arbeit von Meinguet [92].

Satz 5.1 *Unter der Bedingung*

$$m > \frac{n}{2}$$

ist der in Definition 5.1 eingeführte Beppo-Levi-Raum $BL^m(\mathbf{R}^n; \mathbf{R})$ ein Semi-Hilbert-Raum mit reproduzierendem Kern, d.h. das Punktfunktional ist stetig.

Wir kehren jetzt wieder zu unserem Ausgangsproblem zurück. Da unsere Probleme räumlich zweidimensional sind ($n = 2$), sind nur die Fälle $m \geq 2$ interessant. Gegeben ist eine Knotenmenge $K(Z_i) = \{Z_{i_0}, \ldots, Z_{i_{M-1}}\}$ mit $i_0 := i$, auf der Zellmittel einer unbekannten Funktion u vorliegen. Wir nehmen an, u läge im Beppo-Levi-Raum $BL^m(\mathbf{R}^2; \mathbf{R}), m \geq 2$. Im Gegensatz zu polynomialer Rekonstruktion muß die Knotenmenge nicht mehr vollständig $\mathfrak{A}(Z)$-unisolvent für den Polynomgrad $M - 1$ sein, sondern nur noch die eindeutige Interpolation der Polynome im Kern der Seminorm ermöglichen.

Lemma 5.2 *Es sei $m \geq 2$, $M > m$, $K(Z_i) = \{Z_{i_0}, \ldots, Z_{i_{M-1}}\}$ mit $i_0 := i$ eine Knotenmenge und es existiere eine $\mathfrak{A}(Z)$-unisolvente Teilmenge von*

$K(Z_i)$ der Mächtigkeit $Q := \binom{m+1}{m-1}$, die o.B.d.A. gerade $\{Z_{i_0}, \ldots, Z_{i_{Q-1}}\} \subset K(Z_i)$ sei. Weiterhin sei $\{p_k\}$, $k = 0, \ldots, Q-1$, die durch das System

$$\mathfrak{A}(Z_{i_j})p_k = \delta_j^k, \quad j, k = 0, \ldots, Q-1$$

eindeutig bestimmte Basis des $\Pi_{m-1}(\mathbf{R}^2; \mathbf{R})$. Dann ist die lineare Abbildung

$$BL^m(\mathbf{R}^2; \mathbf{R}) \ni u \overset{P}{\longmapsto} Pu := \sum_{k=0}^{Q-1} \mathfrak{A}(Z_{i_k})u \cdot p_k \tag{1.1}$$

ein Projektor auf $BL^m(\mathbf{R}^2; \mathbf{R})$ mit $\operatorname{ran}(P) = \Pi_{m-1}(\mathbf{R}^2; \mathbf{R})$ und Kern

$$\ker P = \{v \in BL^m(\mathbf{R}^2; \mathbf{R}) \mid \forall j \in \{0, \ldots, Q-1\} : \quad \mathfrak{A}(Z_{i_j})v = 0\}$$

Beweis: klar! □

Als Korollar erhalten wir daraus

Lemma 5.3 *Es gilt die Zerlegung*

$$BL^m(\mathbf{R}^2; \mathbf{R}) = \Pi_{m-1}(\mathbf{R}^2; \mathbf{R}) \oplus \ker P.$$

5.1.2 Die Darstellung des reproduzierenden Kerns

Versehen mit der Seminorm $|\cdot|_{BL^m(\mathbf{R}^2;\mathbf{R})}$ ist auch $\ker P$ ein Semi-Hilbert-Raum. Nach dem Darstellungssatz von Fréchet-Riesz [66] existiert ein Element $K_{\underline{x}} \in \ker P$, so daß für $m \geq 2$ gilt:

$$v(\underline{x}) = \langle \delta_{\underline{x}}, v \rangle = [K_{\underline{x}} | v]_{BL^m(\mathbf{R}^2;\mathbf{R})}.$$

Nun gilt aber

$$(\mathrm{i}_{BL^m(\mathbf{R}^2;\mathbf{R})} - P)\varphi \in \ker P$$

für alle $\varphi \in \mathcal{D}(\mathbf{R}^2; \mathbf{R})$, so daß auch $(\varphi - P\varphi)(\underline{x}) = [K_{\underline{x}}|\varphi - P\varphi]_{BL^m(\mathbf{R}^2;\mathbf{R})}$ gilt. Dann folgt

$$\begin{aligned}
[K_{\underline{x}}|\varphi - P\varphi]_{BL^m(\mathbf{R}^2;\mathbf{R})} &= \sum_{|\underline{\alpha}|=m} \int_{\mathbf{R}^2} \binom{m}{\underline{\alpha}} \partial^{\underline{\alpha}} K_{\underline{x}} \cdot \partial^{\underline{\alpha}}(\varphi - P\varphi)\, d\underline{x} \\
&= \sum_{|\underline{\alpha}|=m} \int_{\mathbf{R}^2} \binom{m}{\underline{\alpha}} \partial^{\underline{\alpha}} K_{\underline{x}} \cdot \partial^{\underline{\alpha}} \varphi\, d\underline{x} \\
&\quad - \sum_{|\underline{\alpha}|=m} \int_{\mathbf{R}^2} \binom{m}{\underline{\alpha}} \partial^{\underline{\alpha}} K_{\underline{x}} \cdot \partial^{\underline{\alpha}}(P\varphi)\, d\underline{x} \\
&= \sum_{|\underline{\alpha}|=m} \int_{\mathbf{R}^2} \binom{m}{\underline{\alpha}} \partial^{\underline{\alpha}} K_{\underline{x}} \cdot \partial^{\underline{\alpha}} \varphi\, d\underline{x} \\
&= (-1)^m \int_{\mathbf{R}^2} \Delta^m K_{\underline{x}} \cdot \varphi\, d\underline{x} = \langle (-1)^m \Delta^m K_{\underline{x}}, \varphi \rangle, (1.2)
\end{aligned}$$

wobei für die vorletzte Gleichheit die Differentiationsregel für Distributionen angewendet wurde. Der Operator Δ^m symbolisiert die m-fache Anwendung des Laplace-Operators Δ im distributionellen Sinn, d.h.

$$\Delta^m := \sum_{|\underline{\alpha}|=m} \binom{m}{\underline{\alpha}} \partial^{2\underline{\alpha}}.$$

Es gilt das

Lemma 5.4 *Es sei* $\varphi \in \mathcal{D}(\mathbf{R}^2; \mathbf{R})$ *und* P *die durch* (1.1) *definierte Projektion. Die Knotenmenge* $K(Z_i) = \{Z_{i_0}, \ldots, Z_{i_{M-1}}\}, i_0 := i$, *besitze eine* $\mathfrak{A}(Z)$*-unisolvente Teilmenge der Mächtigkeit* $\binom{m+1}{m-1} Q \leq M$. *O.B.d.A. sei die* $\mathfrak{A}(Z)$*-unisolvente Teilmenge* $\{Z_{i_0}, \ldots, Z_{i_{Q-1}}\}$. *Dann gilt*

$$(\varphi - P\varphi)(\underline{x}) = \langle \delta_{\underline{x}}, \varphi - P\varphi \rangle = \langle \delta_{\underline{x}} - \sum_{k=0}^{Q-1} p_k(\underline{x}) \mathfrak{A}(Z_{i_k}), \varphi \rangle.$$

Beweis: Es ist $(\varphi - P\varphi)(\underline{x}) = \varphi(\underline{x}) - P\varphi(\underline{x}) = \langle \delta_{\underline{x}}, \varphi \rangle - P\varphi(\underline{x})$. Weiterhin ist $P\varphi = \sum_{k=0}^{Q-1} \mathfrak{A}(Z_{i_k})\varphi \cdot p_k$, was das Lemma beweist. □

Damit läßt sich $K_{\underline{x}}$ als Lösung einer partiellen Differentialgleichung im Distributionensinn auffassen, es gilt nämlich

Satz 5.2 *Der Fréchet-Riesz-Repräsentant $K_{\underline{x}}$ des Punktfunktionals ist Lösung der distributionellen Differentialgleichung*

$$(-1)^m \Delta^m K_{\underline{x}} = \delta_{\underline{x}} - \sum_{k=0}^{Q-1} p_k(\underline{x}) \mathfrak{A}(Z_{i_k}) \tag{1.3}$$

für alle $\underline{x} \in \mathbf{R}^2$.

Beweis: Nach (1.2) gilt $\langle (-1)^m \Delta^m K_{\underline{x}}, \varphi \rangle = \langle \delta_{\underline{x}}, \varphi - P\varphi \rangle$. Wegen Lemma 5.4 folgt dann die behauptete Differentialgleichung. □

Für das weitere Vorgehen benötigen wir die Fundamentallösung des Operators Δ^m. Es gilt

Satz 5.3 *Die Fundamentallösung $F \in \mathcal{D}'(\mathbf{R}^2; \mathbf{R})$ mit $\nabla^m F = \delta_{\underline{0}}$, $m > 1$, ist gegeben durch die lokal integrierbare Funktion*

$$F(\underline{y}) = \frac{1}{2^{2m-1}\pi((m-1)!)^2} |\underline{y}|^{2(m-1)} \log(|\underline{y}|).$$

Beweis: Nachrechnen, siehe Meinguet [93]. □

Für beliebige Raumdimensionen ist die Fundamentallösung gegeben durch

$$F(\underline{y}) = \begin{cases} \dfrac{(-1)^{n/2+1}}{2^{2m-1}\pi^{n/2}(m-1)!(m-n/2)!} |\underline{y}|^{2m-n} \log(|\underline{y}|) & ; 2m \geq n, n \text{ gerade} \\[2ex] \dfrac{(-1)^m \Gamma(n/2-m)}{2^{2m}\pi^{n/2}(m-1)!} |\underline{y}|^{2m-n} & ; \text{sonst} \end{cases}$$

siehe [93] bzw. [128].

Definition 5.2 Ist Z ein Kontrollvolumen und $\Phi \in C(\mathbf{R}^2 \times \mathbf{R}^2; \mathbf{R})$, dann bezeichne

$$\mathfrak{A}^{\underline{x}}(Z)\Phi(\underline{x}, \underline{y}) := \mathfrak{A}(Z)(\Phi(\underline{x}, \underline{y}))(\underline{y}) = \frac{1}{|Z|} \int_Z \Phi(\underline{x}, \underline{y}) \, d\underline{x}$$

$$\mathfrak{A}^{\underline{y}}(Z)\Phi(\underline{x}, \underline{y}) := \mathfrak{A}(Z)(\Phi(\underline{x}, \underline{y}))(\underline{x}) = \frac{1}{|Z|} \int_Z \Phi(\underline{x}, \underline{y}) \, d\underline{y}$$

die Anwendung des Zellmittelungsoperators auf die Funktion Φ, aufgefaßt als Funktion des jeweiligen indizierten Argumentes.

Wir können nun eine Lösung der distributionellen Differentialgleichung (1.3) angeben.

Lemma 5.5 *Die Funktion*

$$\mathcal{K}_{\underline{x}}(\underline{y}) := (-1)^m \left(F(\underline{x} - \underline{y}) - \sum_{k=0}^{Q-1} p_k(\underline{x}) \mathfrak{A}^{\underline{x}}(Z_{i_k}) F(\underline{x} - \underline{y}) \right), \quad (1.4)$$

aufgefaßt als Distribution, löst die Differentialgleichung (1.3) *für alle* $\underline{x}, \underline{y} \in \mathbf{R}^2$.

Beweis: Eine Lösung des Problems $(-1)^m \Delta^m G_1 = \delta_{\underline{x}}$ im distributionellen Sinn ist $G_1(\underline{y}) = (-1)^m F(\underline{x} - \underline{y})$. Eine Lösung von $(-1)^m \Delta^m G_2 = -\sum_{k=0}^{Q-1} p_k(\underline{x}) \mathfrak{A}(Z_{i_k})$ verschaffen wir uns durch Faltung mit der Grundlösung, d.h. $G_2 = (-1)^m (\sum_{k=0}^{Q-1} p_k(\underline{x}) \mathfrak{A}^{\underline{x}}(Z_{i_k}) * F)$. Die Distribution

$$\sum_{k=0}^{Q-1} p_k(\underline{x}) \mathfrak{A}^{\underline{x}}(Z_{i_k}) \in \mathcal{D}'(\mathbf{R}^2; \mathbf{R})$$

besitzt kompakten Träger und ist daher Element von $\mathcal{E}'(\mathbf{R}^2; \mathbf{R})$. Nach Hörmander [70], Theorem 4.2.3, S.101, gilt dann

$$G_2(\underline{y}) = (-1)^m \left(- \sum_{k=0}^{Q-1} p_k(\underline{x}) \mathfrak{A}^{\underline{x}}(Z_{i_k}) F(\underline{x} - \underline{y}) \right).$$

Wegen der Linearität von (1.3) folgt durch Superposition $\mathcal{K}_{\underline{x}}(\underline{y}) = (G_1 + G_2)(\underline{y})$. □

Die in Lemma 5.5 gefundene Distribution (1.4) löst zwar die Differentialgleichung (1.3), liegt aber nicht in $\ker P$, wovon man sich durch Anwendung von P auf $\mathcal{K}_{\underline{x}}$ leicht überzeugt. Wir verwenden die Projektion $i_{BL^m(\mathbf{R}^2;\mathbf{R})} - P$ für das folgende Resultat.

Satz 5.4 *Der Fréchet-Riesz-Repräsentator von $\delta_{\underline{x}}$ in* $\ker P$ *ist gegeben durch*

$$\begin{aligned} K_{\underline{x}}(\underline{y}) &:= (\mathfrak{i}_{BL^m(\mathbf{R}^2;\mathbf{R})} - P)\mathcal{K}_{\underline{x}}(\underline{y}) \\ &= (-1)^m \Bigg\{ F(\underline{x}-\underline{y}) - \sum_{k=0}^{Q-1} p_k(\underline{x})\mathfrak{A}^{\underline{x}}(Z_{i_k})F(\underline{x}-\underline{y}) \\ &\quad - \sum_{k=0}^{Q-1} p_k(\underline{y})\mathfrak{A}^{\underline{y}}(Z_{i_k})F(\underline{x}-\underline{y}) \\ &\quad + \sum_{j=0}^{Q-1}\sum_{k=0}^{Q-1} p_j(\underline{x})p_k(\underline{y})\mathfrak{A}^{\underline{x}}(Z_{i_j})\mathfrak{A}^{\underline{y}}(Z_{i_k})F(\underline{x}-\underline{y}) \Bigg\}. \end{aligned}$$

Der Reprs̈entator ist eindeutig in $\ker P$.

Beweis: Da $\mathfrak{i}_{BL^m(\mathbf{R}^2;\mathbf{R})} - P$ nach $\ker P$ abbildet, gilt sicher $K_{\underline{x}} \in \ker P$. Wegen

$$(-1)^m \Delta^m K_{\underline{x}} = (-1)^m \Delta^m (\mathcal{K}_{\underline{x}} - P\mathcal{K}_{\underline{x}}) = \delta_{\underline{x}} - \sum_{k=0}^{Q-1} p_k(\underline{x})\mathfrak{A}(Z_{i_k})$$

und $\Delta^m P\mathcal{K}_{\underline{x}} = 0$ erfüllt $K_{\underline{x}}$ die Differentialgleichung (1.3). Weiterhin sind Polynome vom Grad kleiner oder gleich $m-1$ die einzigen Lösungen von $\Delta^m u = 0$ in $BL^m(\mathbf{R}^2;\mathbf{R})$ (siehe [93]), so daß $K_{\underline{x}}$ eindeutig bestimmt ist. □

Wir sind mit der Beziehung $v(\underline{x}) = [K_{\underline{x}}|v]_{BL^m(\mathbf{R}^2;\mathbf{R})}$ gestartet. Damit haben wir in dem Fréchet-Riesz-Repräsentator $K_{\underline{x}}$ den reproduzierenden Kern des Raumes $\ker P$ gefunden, vgl. Definition 4.9. Jetzt ist es uns möglich, ganz analog zur Interpolationstheorie von Meinguet [93], die Theorie der optimalen Rekonstruktion von Punktwerten einer Funktion aus Zellmitteln aufzubauen. Diesen Weg, der vollständig parallel zur Entwicklung und Analysis eindimensionaler Splines verläuft (vgl. [8]), wollen wir aber gerade nicht gehen. Mit der Diskussion abstrakter Splines und ihren Beziehungen zu Semi-Kernen in Semi-Hilbert-Räumen in Abschnitt 4.4.3 von Kapitel 4 haben wir bereits den Weg vorbereitet, der uns mit einem Schlag die Konstruktion optimaler Rekonstruktionen im Beppo-Levi-Raum ermöglicht.

5.1.3 Splines in Beppo-Levi-Räumen

Es gilt das folgende

Lemma 5.6 *Ist* $K(\underline{x}, \underline{y}) := \mathcal{K}_{\underline{x}}(\underline{y})$ *der reproduzierende Kern auf einem Semi-Hilbert-Raum* $C_\phi(\mathbf{R}^2; \mathbf{R})$, K_{C_ϕ} *ein Semi-Kern, und* $\mu \in \{\nu \in C'(\mathbf{R}^2; \mathbf{R}) \mid \forall v \in \ker |\cdot|_{C_\phi(\mathbf{R}^2;\mathbf{R})} : \quad \nu(v) = 0\}$. *Dann gilt*

$$\mu^{\underline{y}} K(\underline{x}, \underline{y}) = \langle \delta_x, K_{C_\phi} \mu^{\underline{y}} \rangle$$

Beweis: Ist $K(\underline{x}, \underline{y})$ reproduzierender Kern, dann gilt $v(\underline{y}) = [v(\underline{x}) | K(\underline{x}, \underline{y})]_{C_\phi}$ und damit

$$\mu^{\underline{y}}(v) = [v(\underline{x}) | \mu^{\underline{y}} K(\underline{x}, \underline{y})]_{C_\phi}.$$

Andererseits gilt für einen Semi-Kern *per definitionem*

$$\mu^{\underline{y}}(v) = \langle \mu^{\underline{y}}, v \rangle = [v | K_{C_\phi} \mu^{\underline{y}}]_{C_\phi} = [v(\underline{x}) | \langle \delta_{\underline{x}}, K_{C_\phi} \mu^{\underline{y}} \rangle]_{C_\phi}.$$

□

Ohne Schwierigkeiten erhalten wir daraus das für unsere Zwecke zugeschnittene Resultat

Lemma 5.7 *Ist* $\mu := \sum_{j=0}^{M-1} \lambda_j \mathfrak{A}(Z_{i_j}) \in \{\nu \in C'(\mathbf{R}^2; \mathbf{R}) \mid \forall v \in \ker |\cdot|_{C_\phi(\mathbf{R}^2;\mathbf{R})} : \quad \nu(v) = 0\}$, *dann gilt*

$$\sum_{j=0}^{M-1} \lambda_j \mathfrak{A}^{\underline{y}}(Z) K(\underline{x}, \underline{y}) = \left\langle \delta_{\underline{x}}, K_{C_\phi} \left(\sum_{j=0}^{M-1} \lambda_j \mathfrak{A}^{\underline{y}}(Z) \right) \right\rangle.$$

Beweis: Lemma 5.6. □

Damit ist der Spline im Beppo-Levi-Raum gefunden, also diejenige Funktion Φ, für die

$$\frac{1}{2} |\Phi|^2_{BL^m(\mathbf{R}^2;\mathbf{R})} = \min_{v \in A_i(u)} S_{C_\phi} = \min_{v \in A_i(u)} \frac{1}{2} |v|^2_{BL^m(\mathbf{R}^2;\mathbf{R})}$$

gilt. Nach Satz 4.16 ist ein $\Phi \in A_i(u)$ ein Spline genau dann, wenn

$$\Phi = \sum_{j=0}^{M-1} \lambda_j K_{C_\phi} \mathfrak{A}(Z_{i_j}) + v$$

mit $v \in \ker|\cdot|_{BL^m(\mathbf{R}^2;\mathbf{R})}$ und

$$\forall q \in \ker|\cdot|_{BL^m(\mathbf{R}^2;\mathbf{R})}: \quad \sum_{j=0}^{M-1} \lambda_j \mathfrak{A}(Z_{i_j}) q = 0$$

gilt. Nach Anwendung von $\delta_{\underline{x}}$ auf die Darstellung des Splines folgt

$$\Phi(\underline{x}) = \sum_{j=0}^{M-1} \lambda_j \langle \delta_{\underline{x}}, K_{C_\phi} \mathfrak{A}(Z_{i_j}) \rangle + v(\underline{x}),$$

woraus mit Lemma 5.7 die Form

$$\Phi(\underline{x}) = \sum_{j=0}^{M-1} \lambda_j \mathfrak{A}^{\underline{y}}(Z_{i_j}) K(\underline{x}, \underline{y}) + v(\underline{x}) \tag{1.5}$$

folgt. Damit haben wir bereits den folgenden Satz nahezu bewiesen.

Satz 5.5 *Die Funktion*

$$\Phi^{TPS}(\underline{x}) := \sum_{j=0}^{M-1} \lambda_j \mathfrak{A}^{\underline{y}}(Z_{i_j}) \left(|\underline{x} - \underline{y}|^{2(m-1)} \log(|\underline{x} - \underline{y}|) \right) + v(\underline{x}) \tag{1.6}$$

mit $v \in \ker|\cdot|_{BL^m(\mathbf{R}^2;\mathbf{R})}$ *ist ein Spline in* $BL^m(\mathbf{R}^2;\mathbf{R})$, *wenn die Koeffizienten* λ_i *und die Funktion* v *die Bedingungen*

$$\mathfrak{A}(Z_{i_k}) \Phi^{TPS} = \mathfrak{A}(Z_{i_k}) u, \quad k = 0, \ldots, M-1,$$

und

$$\sum_{j=0}^{M-1} \lambda_i \mathfrak{A}(Z_{i_j}) q = 0 \tag{1.7}$$

für alle $q \in \ker|\cdot|_{BL^m(\mathbf{R}^2;\mathbf{R})}$ *erfüllen.*

Beweis: Die Darstellung in der Form $\Phi(\underline{x}) = \sum_{j=0}^{M-1} \lambda_j \mathfrak{A}^{\underline{y}}(Z_{i_j}) K(\underline{x}, \underline{y}) + v(\underline{x})$ mit dem reproduzierenden Kern K ist bereits klar. Der reproduzierende Kern in $BL^m(\mathbf{R}^2; \mathbf{R})$ ist durch (1.4) gegeben. Anwendung des Zellmittelungsoperators $\mathfrak{A}^{\underline{y}}(Z_{i_j})$ liefert

$$\mathfrak{A}^{\underline{y}}(Z_{i_j}) \mathcal{K}_{\underline{x}} =$$
$$(-1)^m \left(\mathfrak{A}^{\underline{y}}(Z_{i_j}) F(\underline{x} - \underline{y}) - \sum_{k=0}^{m-1} p_k(\underline{x}) \mathfrak{A}^{\underline{y}}(Z_{i_j}) \mathfrak{A}^{\underline{x}}(Z_{i_j}) F(\underline{x} - \underline{y}) \right),$$

wobei der zweite Summand in der Form $\sum_{k=0}^{m-1} \gamma_{j,k} p_k(\underline{x})$ mit $\gamma_{j,k} \in \mathbf{R}$ geschrieben werden kann. Da die Polynome p_k die Basis des $\Pi_{m-1}(\mathbf{R}^2; \mathbf{R})$ bilden und damit in $\ker |\cdot|_{BL^m(\mathbf{R}^2;\mathbf{R})}$ liegen, werden sie in der Darstellung (1.5) zu den Funktionen v geschlagen. Dann bleibt

$$\Phi^{TPS}(\underline{x}) = \sum_{j=0}^{M-1} \lambda_j \mathfrak{A}^{\underline{y}}(Z_{i_j}) F(\underline{x} - \underline{y}) + v(\underline{x})$$

mit $v \in \ker |\cdot|_{BL^m(\mathbf{R}^2;\mathbf{R})}$ und $\sum_{j=0}^{M-1} \lambda_j \mathfrak{A}(Z_{i_j}) v = 0$, wobei der in $\mathcal{K}_{\underline{x}}$ auftretende Vorfaktor in die Koeffizenten λ_i eingearbeitet wurde. Damit tatsächlich $\Phi \in A_i(u)$ gilt, müssen die Koeffizienten λ_i aus der Bedingung des Zellmittelerhaltes $\mathfrak{A}(Z_{i_k}) \Phi^{TPS} = \mathfrak{A}(Z_{i_k}) u, k = 0, \ldots, M-1$, berechnet werden. □

Damit haben wir unser Ziel erreicht. Die Funktion Φ^{TPS} ist der Spline im Beppo-Levi-Raum der Ordnung m, und damit ist die optimale Rekonstruktion des Punktfunktionals aus den Zellmitteln einer Funktion durch $\langle \delta_{\underline{x}}, \Phi^{TPS} \rangle$ gegeben.

Bemerkung 5.1 Betrachtet man das Interpolationsproblem für chaotisch verteilte Punkte $\underline{x}_0, \ldots, \underline{x}_{M-1}$ mit bekannten Werten einer Funktion $u(\underline{x}_0)$, $\ldots$, $u(\underline{x}_{M-1})$, dann nimmt der Spline (1.6) die Form

$$\Phi(\underline{x}) = \sum_{j=0}^{M-1} \lambda_j \left(|\underline{x} - \underline{x}_j|^{2(m-1)} \log(|\underline{x} - \underline{x}_i|) \right) + v(\underline{x})$$

an. Da dieser Spline für $m = 2$ nach Satz 5.3 die bekannte Plattengleichung

$$\Delta^2 \Phi^{TPS} = \delta_{\underline{0}}$$

erfüllt, läßt er sich als Auslenkungsfunktion einer Platte auffassen, die an den Punkten $\underline{x}_i$, $i = 0, \ldots, M-1$, kräftefrei eingespannt ist. Aus diesem Grund ist diese Funktion unter dem Namen Plattenspline (Thin Plate Spline) bekannt. Wir nehmen uns hier die Freiheit und behalten die Bezeichnung Φ^{TPS} auch für den Rekonstruktionsspline bei. Wir werden auch vom Plattenspline sprechen, meinen dann aber immer den Rekonstruktionsspline (1.6).

Die Funktion Φ aus der vorhergehenden Bemerkung ist wohlbekannt und wurde bereits sehr früh zur Konstruktion von Tragflügelflächen verwendet [51]. Die Analysis dieses Splines für Interpolationsprobleme wurde wesentlich von Meinguet ([92], [93]) und Duchon ([34], [35]) entwickelt . Handscomb ([48], [49]) verwendet solche Interpolationssplines zur optimalen Interpolation divergenzfreier Vektorfelder.

Bemerkung 5.2 Der Fréchet-Riesz-Repräsentator $\mathcal{K}_{\underline{x}}$ ist eine radiale Funktion, d.h. es gibt eine Funktion

$$\mathbf{R}^+ \ni r \overset{\psi}{\longmapsto} \psi(r) := \mathcal{K}_{\underline{x}}(\underline{y})$$

mit $r := |\underline{y}|$. Wir werden später auf diese Eigenschaft zurückkommen.

Nach der theoretischen Fundierung der optimalen Rekonstruktion in Beppo-Levi-Räumen wollen wir nun den Einsatz des Plattensplines in Finite-Volumen-Verfahren beschreiben.

5.1.4 Die lineare Advektionsgleichung

Wir greifen das bereits in Abschnitt 2.3.5 beschriebene Modellproblem (3.20), (3.21), (3.22) mit der Anfangswertvorgabe (3.23) wieder auf. Um eine Finite-Volumen-Methode im Primärnetzansatz mit Rekonstruktion durch Plattensplines zu entwickeln, müssen wir eine Strategie zur Knotenwahl angeben. Dazu werfen wir einen Blick auf das Gleichungssytem, aus dem sich die unbekannten Koeffizenten des Plattensplines ermitteln lassen. Wir betrachten den Fall der Rekonstruktion auf dem Kontrollvolumen T_i, für die wir die Knotenmenge wieder mit $K(T_i) = \{T_{i_0}, T_{i_1}, \ldots T_{i_{M-1}}\}$, $i_0 := i$, bezeichnen.

Da $m > 1$ gelten muß, beschränken wir uns auf den Fall $m = 2$.
Für $m = 2$ liegen gerade die linearen Polynome

$$v(\underline{x}) := a_{00} + a_{10}x_1 + a_{01}x_2$$

in $\ker |\cdot|_{BL^2(\mathbf{R}^2;\mathbf{R})}$. Der Plattenspline (1.6) nimmt daher die Form

$$\Phi^{TPS}(\underline{x}) = \sum_{j=0}^{M-1} \lambda_j \mathfrak{A}^{\underline{y}}(T_{i_j}) \left(|\underline{x} - \underline{y}|^2 \log(|\underline{x} - \underline{y}|)\right) + a_{10}x_1 + a_{01}x_2 + a_{00}$$

an. Aus der Rekonstruktionsbedingung $\mathfrak{A}(T_{i_j})\Phi^{TPS} = \mathfrak{A}(T_{i_j})u = \overline{u}_{i_j}$, $j = 0, \ldots, M-1$, folgt das System

$$\underline{\underline{\tilde{M}}} \begin{bmatrix} \lambda_0 \\ \vdots \\ \lambda_{M-1} \\ a_{10} \\ a_{01} \\ a_{00} \end{bmatrix} = \begin{bmatrix} \overline{u}_{i_0} \\ \vdots \\ \overline{u}_{i_{M-1}} \end{bmatrix},$$

mit

$$\underline{\underline{\tilde{M}}} := \tag{1.8}$$
$$\begin{bmatrix} \mathfrak{A}^{\underline{x}}(T_{i_0})\mathfrak{A}^{\underline{y}}(T_{i_0})\psi(r) & \cdots & \mathfrak{A}^{\underline{x}}(T_{i_0})\mathfrak{A}^{\underline{y}}(T_{i_{M-1}})\psi(r) & \mathfrak{A}^{\underline{x}}(T_{i_0})x_1 & \mathfrak{A}^{\underline{x}}(T_{i_0})x_2 & 1 \\ \vdots & \ddots & \vdots & \vdots & \vdots & \vdots \\ \mathfrak{A}^{\underline{x}}(T_{i_{M-1}})\mathfrak{A}^{\underline{y}}(T_{i_0})\psi(r) & \cdots & \mathfrak{A}^{\underline{x}}(T_{i_{M-1}})\mathfrak{A}^{\underline{y}}(T_{i_{M-1}})\psi(r) & \mathfrak{A}^{\underline{x}}(T_{i_{M-1}})x_1 & \mathfrak{A}^{\underline{x}}(T_{i_{M-1}})x_2 & 1 \end{bmatrix},$$

das als $M \times (M+3)$-System noch überbestimmt ist. Wir haben dabei vorübergehend $\psi(r) := r^2 \log r$ und $r := |\underline{x} - \underline{y}|$ gesetzt. Die Nebenbedingung (1.7) ist für $m = 2$ gerade durch

$$\sum_{j=0}^{M-1} \lambda_j \mathfrak{A}(T_{i_j})x_1 = 0$$

$$\sum_{j=0}^{M-1} \lambda_j \mathfrak{A}(T_{i_j})x_2 = 0$$

$$\sum_{j=0}^{M-1} \lambda_j \mathfrak{A}(T_{i_j})1 = 0,$$

also

$$\underline{\underline{N}}\lambda = \begin{bmatrix} 0 \\ 0 \\ 0 \end{bmatrix}$$

mit

$$\underline{\underline{N}} := \begin{bmatrix} \mathfrak{A}(T_{i_0})x_1 & \cdots & \mathfrak{A}(T_{i_{M-1}})x_1 \\ \mathfrak{A}(T_{i_0})x_2 & \cdots & \mathfrak{A}(T_{i_{M-1}})x_2 \\ 1 & \cdots & 1 \end{bmatrix} \tag{1.9}$$

gegeben. Kombiniert man diese Systeme, so folgt ein $(M+3) \times (M+3)$-System für die Bestimmung der Koeffizienten $\lambda_i, i = 0, \ldots, M-1$, und a_{10}, a_{01}, a_{00}.

Lemma 5.8 *Für den Fall $m = 2$ sind die Koeffizienten des Plattensplines*

$$\Phi^{TPS}(\underline{x}) = \sum_{j=0}^{M-1} \lambda_j \mathfrak{A}^{\underline{y}}(T_{i_j}) \left(|\underline{x} - \underline{y})^2 \log(|\underline{x} - \underline{y}|)\right) + a_{10}x_1 + a_{01}x_2 + a_{00} \tag{1.10}$$

durch die Lösung des linearen Systems

$$\begin{bmatrix} \underline{\underline{M}} & \underline{\underline{N}}^T \\ \underline{\underline{N}} & \underline{\underline{0}} \end{bmatrix} \begin{bmatrix} \lambda_0 \\ \vdots \\ \lambda_{M-1} \\ a_{10} \\ a_{01} \\ a_{00} \end{bmatrix} = \begin{bmatrix} \overline{u}_{i_0} \\ \vdots \\ \overline{u}_{M-1} \\ 0 \\ 0 \\ 0 \end{bmatrix}$$

bestimmt. Dabei sind $\underline{\underline{M}}$ und $\underline{\underline{N}}$ durch $\tilde{\underline{\underline{M}}} = \left[\underline{\underline{M}}\underline{\underline{N}}^T\right]$, (1.8) *bzw.* (1.9) *definiert und $\underline{\underline{0}}$ ist die* 3×3*-Nullmatrix.*

Beweis: Klar! □

Wir wollen Bemerkungen über die Lösbarkeit des linearen Systems an einer späteren Stelle machen. Hier sei nur gesagt, daß die Existenz einer $\mathfrak{A}(T)$-unisolventen Teilmenge der Knotenmenge $K(T_{i_0})$ von der Mächtigkeit drei ausreicht, um die Koeffizienten des Plattensplines eindeutig zu bestimmen. Für unsere Zwecke wichtig ist das

Lemma 5.9 *Der Plattenspline Φ^{TPS} reproduziert Polynome vom Grad kleiner oder gleich $m-1$, d.h. gilt* $\mathrm{card}K(T_{i_0}) = \binom{m+1}{m-1}$ *und ist $K(T_{i_0})$ $\mathfrak{A}(T)$-unisolvent, dann gilt $\Phi^{TPS} \in \Pi_{m-1}(\mathbf{R}^2;\mathbf{R})$.*

Beweis: Die Nebenbedingung (1.7) schreibt sich mit der Matrix $\underline{\underline{N}}$ aus (1.9) in der Form

$$\underline{\underline{N}} \begin{bmatrix} \lambda_0 \\ \vdots \\ \lambda_{M-1} \end{bmatrix} = \underline{0}.$$

Gilt $Q = M$, dann liegt ein quadratisches $Q \times Q$-System vor, daß wegen der vorausgesetzten $\mathfrak{A}(T)$-Unisolvenz von $K(T_{i_0})$ regulär ist. Damit folgt notwendig $\lambda_0 = \cdots = \lambda_{Q-1} = 0$. □

Es ist also notwendig, Knotenmengen mit $\mathrm{card}K(T_{i_0}) > 3$ zu finden. Andererseits soll die Knotenmenge so klein wie möglich sein, um dem hyperbolischen Charakter der partiellen Differentialgleichungen entgegenzukommen. Zu große Knotenmengen bedeuten einen Informationstransport von weit entfernten Kontrollvolumina über den Rekonstruktionsspline zu dem Kontrollvolumen T_{i_0}, was dem Transportcharakter der Gleichungen durchaus widersprechen kann.
Aus diesen Gründen verwenden wir Knotenmengen mit $\mathrm{card}K(T_{i_0}) = 4$, wobei sich die aus der Moore-Nachbarschaft hervorgegangene Menge

$$T_i \cup K_{vN}(T_i) \cup \{T \mid T \in K_{vN}(T_{i_j}), j = 1,2,3 \wedge T \neq T_i\}$$

anbietet, die bereits in Abschnitt 3.3.3 von Kapitel 3 beschrieben wurden. Die dortige Abbildung 3.13 zeigt diesen Nachbarschaftsbegriff. Wir wählen die Knotenmengen

$$K_k(T_i) := T_i \cup T_{i_k} \cup T_{i_{k_1}} \cup T_{i_{k_2}}, \quad k = 1,2,3,$$

sowie

$$K_4(T_i) := T_i \cup T_{i_1} \cup T_{i_2} \cup T_{i_3}.$$

Die Knotenmengen 1–3 können als 'upwind'-Knotenmengen interpretiert werden, während K_4 eine 'zentrale' Knotenmenge für T_i darstellt.

Auf jeder Knotenmenge wird ein Plattenspline berechnet. Die Auswahl aus den vier Möglichkeiten wird mit Hilfe der BV-Norm bewerkstelligt, d.h. es wird derjenige Plattenspline ausgewählt, für den

$$W(\Phi^{TPS}) := \|\Phi^{TPS}\|_{BV(T_i;\mathbf{R})}$$

am kleinsten ist. Das Ergebnis der Berechnung zur Zeit $t = \pi$ ist in Abbildung 5.1 für die beiden Triangulierungen $\mathcal{T}_{h^1}$ und $\mathcal{T}_{h^2}$ aus Abbildung 2.4 dargestellt. Die resultierende Kegelhöhe ist ganz erstaunlich. Wir erhalten

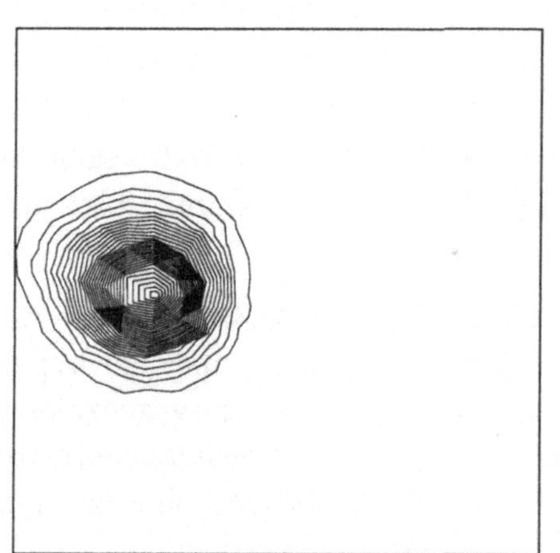

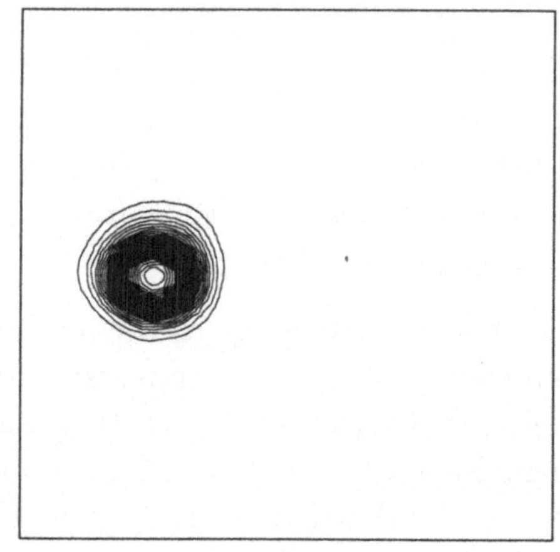

Abb. 5.1 Lösungen der Primärnetzmethode mit Rekonstruktion durch Plattensplines auf der Triangulierung $\mathcal{T}_{h^1}$ (links) und auf $\mathcal{T}_{h^2}$.

für die grobe Triangulierung $\mathcal{T}_{h^1}$

$$-0.000789 \leq \overline{u} \leq 0.42487$$

und für die Triangulierung $\mathcal{T}_{h^2}$

$$0 \leq \overline{u} \leq 0.886.$$

Damit sind die bisher vorgestellten Rekonstruktionsalgorithmen, die auf linearen Polynomen basieren, weit geschlagen worden. Zusätzlich zur besseren Kegelhöhe erkennt man aber noch einen anderen großen Vorteil der Plattenspline-Rekonstruktion: Die Form des Kegels ist (zumindest auf dem feineren Netz) nahezu perfekt erhalten. Führen wir eine dritte Triangulierung $\mathcal{T}_{h^3}$ mit 10000 Punkten und 19602 Dreiecken ein (eine Abbildung verbietet sich), dann ergeben sich für die bisher vorgestellten Finite-Volumen-Verfahren die folgenden Ergebnisse.

$\overline{u}$	Basis	DEO	Moore	TPS	quad
min.	0.0	0.0	0.0	0.0	0.0
max.	0.579	0.86	0.878	0.974	0.764

Dabei bedeutet *DEO* die Rekonstruktion nach Durlofsky, Engquist und Osher, *Moore* bezeichnet die Rekonstruktion auf Dreiecken auf der Moore-Nachbarschaft und *TPS* steht für die Rekonstruktion mit Plattensplines. *Basis* bezieht sich auf die Resultate der Basisdiskretisierung, *quad* ist die quadratische Rekonstruktion mit Sektorsuche.
Wie man sieht, schneidet die quadratische Rekonstruktion schlechter ab als die linearen Rekonstruktionen. Hier erweist sich die BV-Norm als sehr restriktives Auswahlkriterium. Die Rekonstruktion mit Plattensplines ist klar die überlegene Methode.

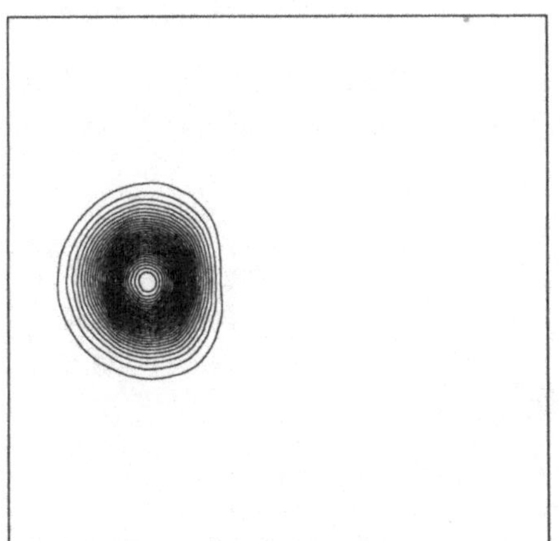

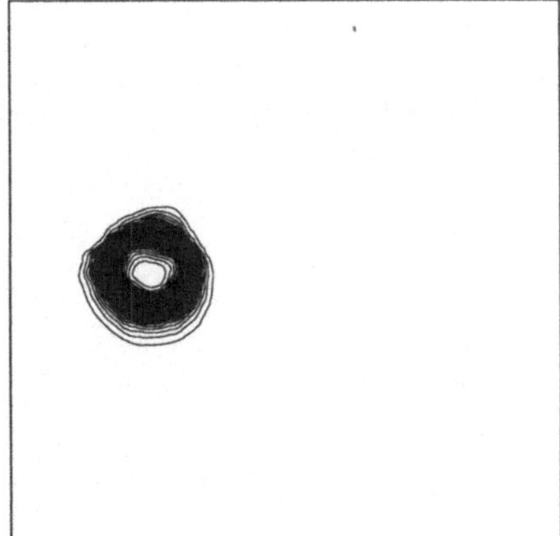

Abb. 5.2 Lösung der Basisdiskretisierung (links) und Lösung der Primärnetzmethode mit Rekonstruktion nach Durlofsky, Engquist, Osher auf der Triangulierung $\mathcal{T}_{h^3}$.

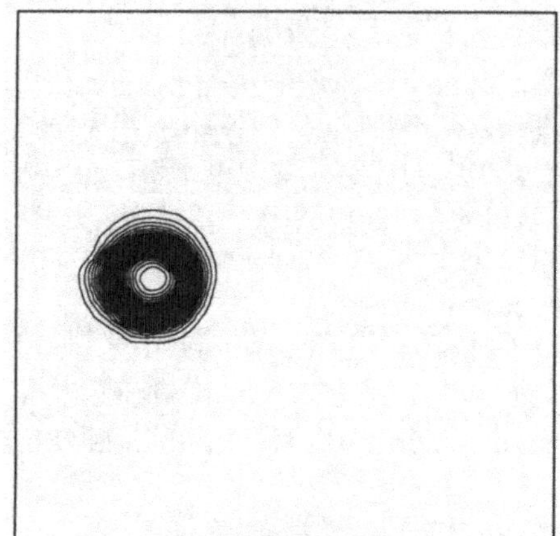

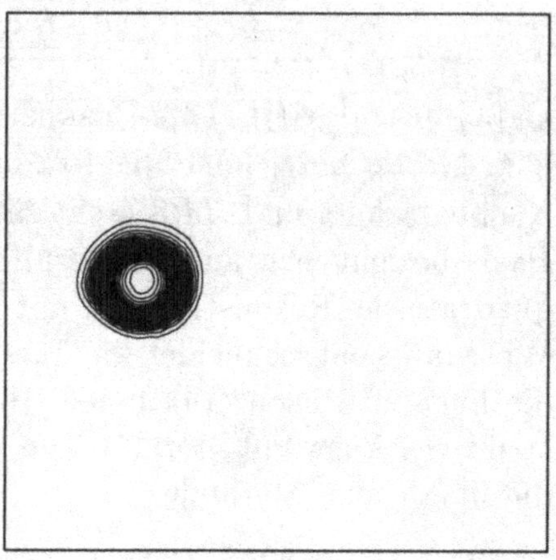

Abb. 5.3 Lösungen der Primärnetzmethode mit linearer Rekonstruktion auf der Moore-Nachbarschaft auf der Triangulierung $\mathcal{T}_{h^3}$ (links) und mit Rekonstruktion durch Plattensplines.

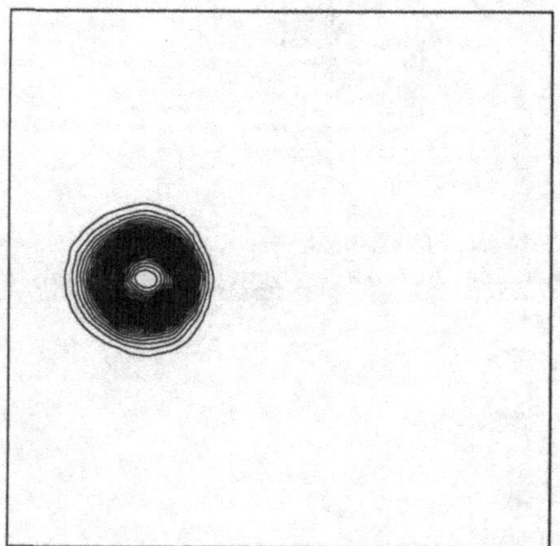

Abb. 5.4 Lösungen der Primärnetzmethode mit quadratischer Rekonstruktion mit Sektorsuche auf der Triangulierung $\mathcal{T}_{h^3}$.

5.1.5 Die Euler-Gleichungen

Wir wenden nun die Rekonstruktion mit Plattensplines auf eine Primärnetzmethode für die Euler-Gleichungen der Gasdynamik an. Wie bereits in Abschnitt 3.4 des Kapitels 3 beschrieben, werden die Größen ρ, v_1, v_2 und p rekonstruiert, und zwar auf den im letzten Abschnitt eingeführten Knotenmengen. Als numerische Flußfunktion ist die Methode nach Steger & Warming gewählt, als Testbeispiel fungierte wiederum der Kanal mit Stufe. Mit dieser Rekonstruktion war es nicht möglich, Ergebnisse mit zwei Gaußpunkten pro Dreieckskante zu erzielen, da negative Drücke und Dichten auftauchten. Führt man die Berechnungen mit einem Gaußpunkt durch, so erkennt man unschwer den Grund für dieses Verhalten. In Abbildung 5.5 sind die Lösungen der Primärnetzmethode mit linearer Rekonstruktion auf der Moore-Nachbarschaft (vgl. Abschnitt 3.4.3 in Kapitel 3) denen der Primärnetzmethode mit Rekonstruktion durch Plattensplines gegenübergestellt. Beide Lösungen wurden mit einer CFL-Zahl von 0.9 berechnet (Stabilitätsgrenze: CFL=1). Wie man deutlich sieht, ist die grundsätzliche Qualität der Lösungen (Lage und Dicke der Stöße) durchaus vergleichbar, aber die Plattensplines haben ein stark oszillatorisches Verhalten der Lösung eingeführt. Senkt man die CFL-Zahl auf 0.5, dann erhält man die Resultate aus Abbildung 5.6, die wieder mit den Ergebnissen der linearen Rekonstruktion dargestellt sind. Trotz weiterer Absenkung der CFL-Zahl auf 0.1 war es nicht möglich, eine Lösung mit zwei Gaußpunkten zu erzielen. Zwar ist es möglich, positive Plattensplines zu konstruieren (die dann keine negative Drücke oder Dichten erzeugen würden), aber diese Konstruktionen verlangen die Lösung eines Variationsproblems, das sich wegen seiner Komplexität für die Praxis verbietet. Siehe dazu [159] und [153].

Geht man zu Berechnungen auf einem feinen Netz über, so gelingt zwar immer noch keine Lösung mit zwei Gaußpunkten, aber man erhält doch eine gegenüber der linearen Rekonstruktion leicht verbesserte Lösung. Wird die Strömung im Kanal mit Stufe auf dem Netz der Abbildung 3.27 berechnet, dann ergibt sich das in Abbildung 5.7 dargestellte Bild gleicher Machzahl. Um einen visuellen Vergleich zu ermöglichen, haben wir wieder das Ergebnis der linearen Rekonstruktion auf der Moore-Nachbarschaft mitgezeichnet.

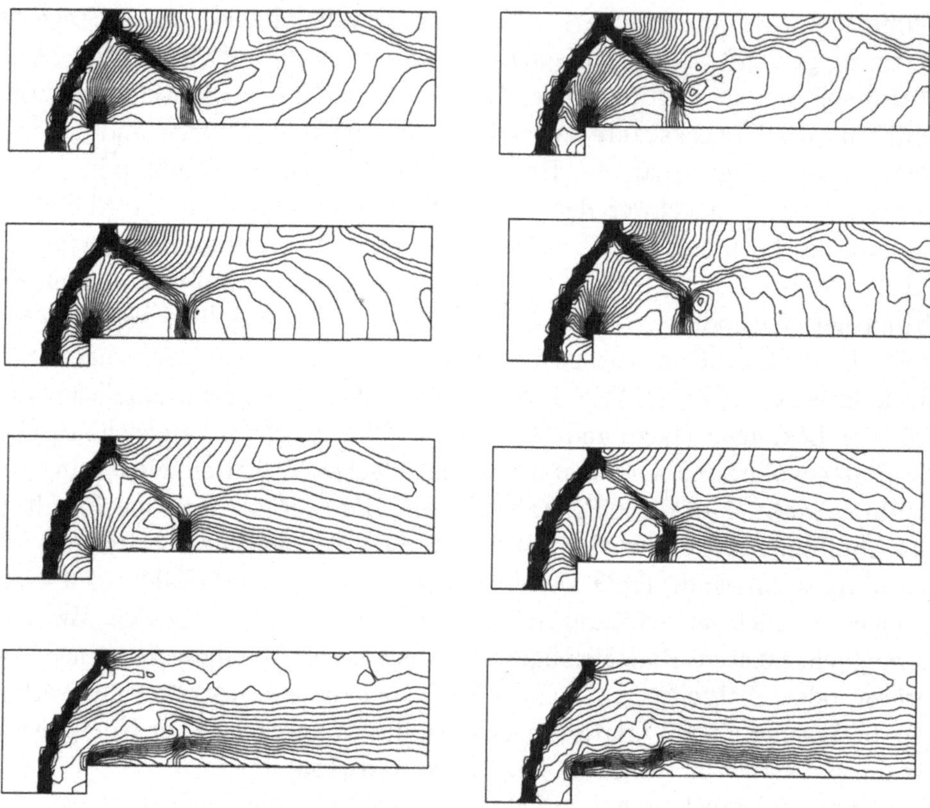

Abb. 5.5 Lösungen der Primärnetzmethode mit linearer Rekonstruktion (links) und Rekonstruktion durch Plattensplines. Von oben: Dichte, Druck, Machzahl, Entropie. CFL=0.9.

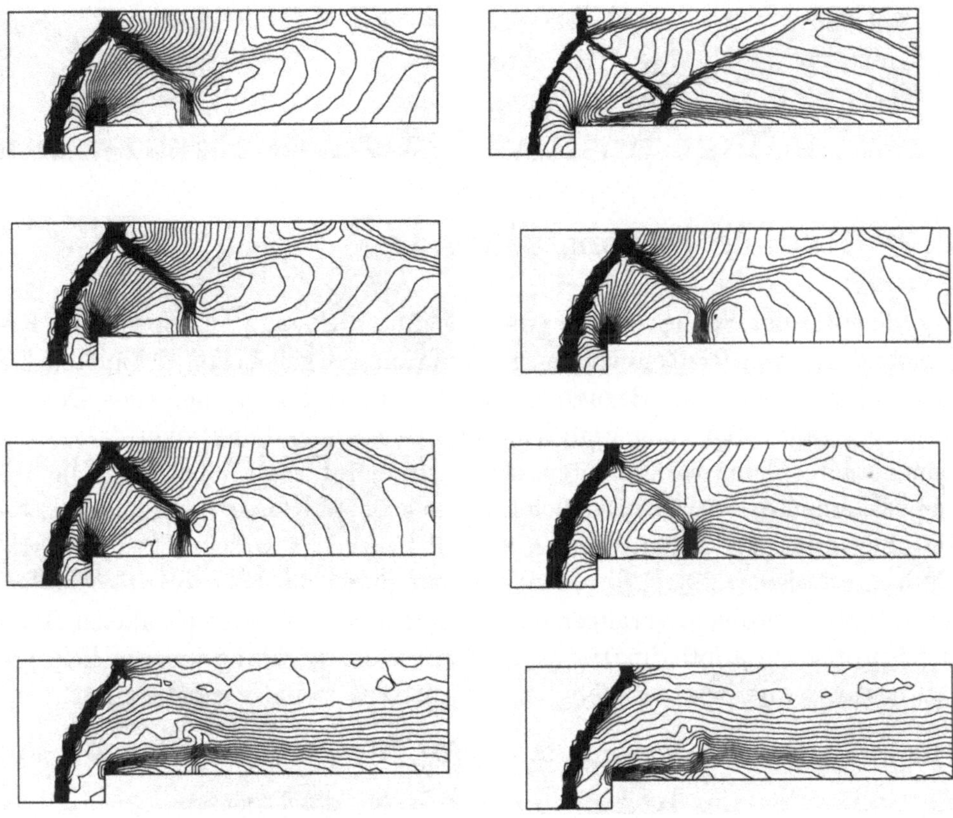

Abb. 5.6 Lösungen der Primärnetzmethode mit linearer Rekonstruktion (links) und Rekonstruktion durch Plattensplines. Von oben: Dichte, Druck, Machzahl, Entropie. CFL=0.5.

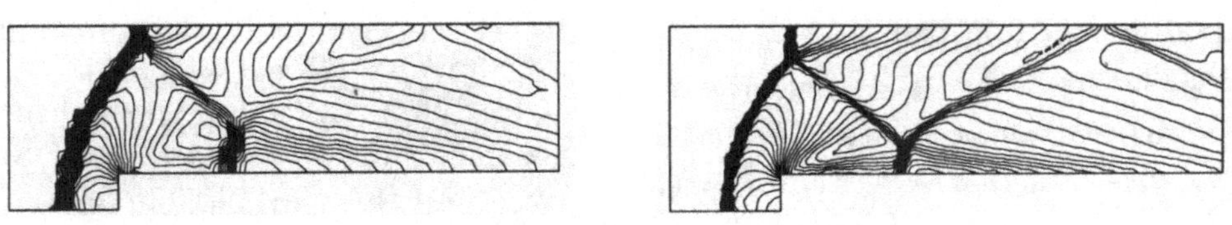

Abb. 5.7 Machzahlverteilung als Lösung der Primärnetzmethode mit Rekonstruktion durch lineare Polynome (links) und durch Plattensplines.

6 Bedingt positiv $\mathfrak{A}$-definite Funktionen

6.1 Radiale Rekonstruktionen

Die Theorie der Splines stellte einen eleganten Zugang zur optimalen Rekonstruktion von Punktwerten einer Funktion aus gegebenen Zellmitteln im Beppo-Levi-Raum dar. Bezugnehmend auf die trivial erscheinende Bemerkung 5.2 kann man nach weiteren Räumen radialer Funktionen fragen, in denen sich Splines identifizieren lassen. Eine Interpolationstheorie in solchen Räumen existiert tatsächlich für eine größere Klasse von Semi-Hilbert-Räumen mit reproduzierendem Kern und wurde im wesentlichen von Madych und Nelson ([89], [90]) entwickelt. Indem wir diese Theorie für das Rekonstruktionsproblem verallgemeinern, folgen wir auf einer parallelen Bahn der historischen approximationstheoretischen Entwicklung von der Interpolationstheorie der Plattensplines zu allgemeinen radialen Funktionen.

Definition 6.1 Eine Funktion $\phi \in C(\mathbf{R}^2;\mathbf{R})$ heißt radial, wenn es genau eine stetige Funktion $\mathbf{R}^+ \ni r \overset{\psi}{\longmapsto} \psi(r) \in \mathbf{R}$ mit der Eigenschaft

$$\phi(\underline{x}) = \psi(|\underline{x}|), \quad \underline{x} \in \mathbf{R}^2,$$

gibt.

Wir geben jetzt unseren Erfahrungen mit Splines in Beppo-Levi-Räumen einen allgemeinen Rahmen und definieren die Objekte, für die wir Optimalität der Rekonstruktion nachweisen wollen.

Definition 6.2 Es sei $C_\phi(\mathbf{R}^2;\mathbf{R}) \subset C(\mathbf{R}^2;\mathbf{R})$ ein Semi-Hilbert-Raum mit Seminorm $|\cdot|_{C_\phi(\mathbf{R}^2;\mathbf{R})}$. Die Funktion $\phi \in C_\phi(\mathbf{R}^2;\mathbf{R})$ sei radial. Es sei $K(Z_i) = \{Z_{i_0}, \ldots, Z_{M-1}\}$ mit $i_0 := i$ Knotenmenge des Kontrollvolumens Z_i, $\{p_0, \ldots, p_{Q-1}\}$ Basis des $\Pi_{m-1}(\mathbf{R}^2;\mathbf{R})$, $\underline{\lambda} := (\lambda_0, \ldots, \lambda_{M-1}) \in \mathbf{R}^M$ und $\underline{\beta} := (\beta_0, \ldots, \beta_{Q-1}) \in \mathbf{R}^Q$. Funktionen der Form

$$\Phi(\underline{x}) = \sum_{j=0}^{M-1} \lambda_j \mathfrak{A}^{\underline{y}}(Z_{i_j})\phi(\underline{x}-\underline{y}) + \sum_{j=0}^{Q-1} \beta_j p_j(\underline{x}) \tag{1.1}$$

sollen radiale Rekonstruktionen heißen, wenn die Bedingungen

$$\mathfrak{A}(Z_{i_k})\Phi = \sum_{j=0}^{M-1} \lambda_j \mathfrak{A}^{\underline{x}}(Z_{i_k})\mathfrak{A}^{\underline{y}}(Z_{i_j})\phi(\underline{x}-\underline{y}) + \sum_{j=0}^{Q-1} \beta_j \mathfrak{A}(Z_{i_k})p_j = \overline{u}_{i_k} \quad (1.2)$$

für $0 \leq k \leq M-1$ und

$$\sum_{j=0}^{M-1} \lambda_j \mathfrak{A}(Z_{i_j})p_k = 0 \quad , 0 \leq k \leq Q-1 \qquad (1.3)$$

erfüllt sind und falls

$$\ker |\cdot|_{C_\phi(\mathbf{R}^2;\mathbf{R})} = \Pi_{m-1}(\mathbf{R}^2;\mathbf{R})$$

gilt.

Ein Vergleich mit der Theorie der Plattensplines zeigt, daß wir eine direkte Verallgemeinerung der dort vorgestellten Ideen vorgenommen haben. Um die Lösbarkeit des aus (1.2) und (1.3) bestehenden $(M+Q) \times (M+Q)$-Systems zu sichern, übernehmen wir einen von Micchelli [95] eingeführten Begriff in einer leicht modifizierten Fassung. Damit können wir auch die bei der Diskussion der Plattensplines vertagte Frage nach der Lösbarkeit des dort auftretenden Systems beantworten.

Definition 6.3 Eine radiale Funktion $\phi \in C(\mathbf{R}^2;\mathbf{R})$ heißt bedingt positiv $\mathfrak{A}$-definit der Ordnung $q := m-1$, wenn

- für alle paarweise disjunkten Kontrollvolumina $Z_{i_0}, \ldots, Z_{M-1}$ und alle $\underline{\lambda}$, die (1.3) erfüllen, die Ungleichung

$$\sum_{i=0}^{M-1} \sum_{j=0}^{M-1} \lambda_i \lambda_j \mathfrak{A}^{\underline{x}}(Z_i)\mathfrak{A}^{\underline{y}}(Z_j)\phi(\underline{x}-\underline{y}) \geq 0,$$

- und $\sum_{i=0}^{M-1} \sum_{j=0}^{M-1} \lambda_i \lambda_j \mathfrak{A}^{\underline{x}}(Z_i)\mathfrak{A}^{\underline{y}}(Z_j)\phi(\underline{x}-\underline{y}) = 0 \Longrightarrow \underline{\lambda} = \underline{0}$

gilt. Die Menge aller bedingt positiv $\mathfrak{A}$-definiter Funktionen sei mit $\mathrm{BPD}^q(\mathbf{R}^2;\mathbf{R})$ bezeichnet.

Um die Bedeutung des Begriffes der bedingt positiv $\mathfrak{A}$-definiten Funktionen würdigen zu können, ist eine Analyse der Struktur des Systems (1.2) mit (1.3) hilfreich. Wie bei den Plattensplines schreiben wir

$$\begin{bmatrix} \underline{\underline{M}} & \underline{\underline{N}}^T \\ \underline{\underline{N}} & \underline{\underline{0}} \end{bmatrix} \begin{bmatrix} \underline{\lambda} \\ \underline{\beta} \end{bmatrix} = \begin{bmatrix} \overline{u}_{i_0} \\ \vdots \\ \overline{u}_{i_{M-1}} \\ \underline{0} \end{bmatrix} \tag{1.4}$$

mit den Bestandteilen

$$\underline{\underline{M}} := \begin{bmatrix} \mathfrak{A}^{\underline{x}}(Z_{i_0})\mathfrak{A}^{\underline{y}}(Z_{i_0})\phi(\underline{x}-\underline{y}) & \cdots & \mathfrak{A}^{\underline{x}}(Z_{i_0})\mathfrak{A}^{\underline{y}}(Z_{i_{M-1}})\phi(\underline{x}-\underline{y}) \\ \vdots & \ddots & \vdots \\ \mathfrak{A}^{\underline{x}}(Z_{i_{M-1}})\mathfrak{A}^{\underline{y}}(Z_{i_0})\phi(\underline{x}-\underline{y}) & \cdots & \mathfrak{A}^{\underline{x}}(Z_{i_{M-1}})\mathfrak{A}^{\underline{y}}(Z_{i_{M-1}})\phi(\underline{x}-\underline{y}) \end{bmatrix}$$

und

$$\underline{\underline{N}} := \begin{bmatrix} \mathfrak{A}(Z_{i_0})p_0 & \cdots & \mathfrak{A}(Z_{i_{M-1}})p_0 \\ \vdots & \ddots & \vdots \\ \mathfrak{A}(Z_{i_0})p_{Q-1} & \cdots & \mathfrak{A}(Z_{i_{M-1}})p_{Q-1} \end{bmatrix}.$$

Weiter ist

$$\underline{\underline{0}} \in \mathbf{R}^{Q\times Q}, \quad \underline{0} \in \mathbf{R}^{Q}.$$

Wegen der getroffenen Annahmen über die Eigenschaften der betrachteten Knotenmengen ($\mathfrak{A}(Z)$-Unisolvenz) können wir $\underline{\underline{N}}$ als injektiv voraussetzen, d.h. aus $\underline{\underline{N}}\,\underline{\beta} = \underline{0}$ folgt notwendig $\underline{\beta} = \underline{0}$. Folgt aus dem System

$$\begin{bmatrix} \underline{\underline{M}} & \underline{\underline{N}}^T \\ \underline{\underline{N}} & \underline{\underline{0}} \end{bmatrix} \begin{bmatrix} \underline{\lambda} \\ \underline{\beta} \end{bmatrix} = \underline{0} \tag{1.5}$$

das $\underline{\lambda} = \underline{0}$ und $\underline{\beta} = \underline{0}$ gilt, dann ist auch das System (1.2) (1.3) eindeutig lösbar. Die Bedingung $\Phi \in \mathrm{BPD}^q(\mathbf{R}^2;\mathbf{R})$ läßt sich in der Form

$$\underline{\lambda}\cdot\underline{\underline{M}}\,\underline{\lambda} \geq 0, \quad \underline{\lambda}\cdot\underline{\underline{M}}\,\underline{\lambda} = 0 \Leftrightarrow \underline{\lambda} = 0$$

ausdrücken. Multiplikation der ersten Blockzeile in (1.5) mit $\underline{\lambda}$ von links liefert

$$\underline{\lambda} \cdot \underline{\underline{M}}\,\underline{\lambda} + \underline{\lambda} \cdot \underline{\underline{N}}^T \underline{\beta} = 0,$$

wobei der zweite Summand wegen $\underline{\lambda} \cdot \underline{\underline{N}}^T \underline{\beta} = \underline{\beta} \cdot \underline{\underline{N}}\underline{\lambda}$ und $\underline{\underline{N}}\underline{\lambda} = \underline{0}$ gerade verschwindet. Dann muß aber auch $\underline{\lambda} = \underline{0}$ folgen, da ja $\Phi \in \mathrm{BPD}^q(\mathbf{R}^2; \mathbf{R})$ gilt. Ist $\underline{\lambda}$ der Nullvektor, dann folgt aus der ersten Blockzeile von (1.5) $\underline{\underline{N}}^T \underline{\beta} = \underline{0}$, was wegen der Injektivität von $\underline{\underline{N}}$ auf $\underline{\beta} = \underline{0}$ führt. Damit ist das folgende Lemma bewiesen.

Lemma 6.1 *Gilt $\phi \in \mathrm{BPD}^q(\mathbf{R}^2; \mathbf{R})$ und ist die Knotenmenge $K(Z_i) = \{Z_{i_0}, \ldots, Z_{i_{M-1}}\}$, $i_0 := i$, $\mathfrak{A}(Z)$-unisolvent, dann liefert das lineare System (1.2) (1.3) einen eindeutig bestimmten Satz von Koeffizienten $\underline{\lambda} \in \mathbf{R}^M$ und $\underline{\beta} \in \mathbf{R}^Q$.*

Wir wollen nun einige Funktionen vorstellen, die sich im Rahmen der noch zu entwickelnden Theorie behandeln lassen.

Definition 6.4 Es sei $q \in \mathbf{N}$. Die Funktion

$$\phi(\underline{x}) := (-1)^q |\underline{x}|^\gamma \quad , \gamma > 0, \gamma \notin 2\mathbf{N},$$

heißt radiales Polynom. Die Funktion

$$\phi(\underline{x}) := (-1)^{\gamma/2+1} |\underline{x}|^\gamma \log(|\underline{x}|) \quad , \gamma \in 2\mathbf{N},$$

ist die Verallgemeinerung des bereits bekannten Plattensplines,

$$\phi(\underline{x}) := (-1)^q (c^2 + |\underline{x}|^2)^{\gamma/2} \quad , \gamma > -2, \gamma \notin 2\mathbf{Z}, c \in \mathbf{R},$$

heißt Multiquadrik und

$$\phi(\underline{x}) := \exp(-\alpha |\underline{x}|^2) \quad , \alpha > 0$$

ist die Gaußsche Glocke.

Für den Beweis des folgenden Lemmas sei auf die Arbeit [95] von Micchelli verwiesen, dessen Beweis sich leicht auf den Fall der Rekonstruktion übertragen läßt.

Lemma 6.2 *Radiale Polynome, Plattensplines und Multiquadriken sind bedingt positiv $\mathfrak{A}$-definit der Ordnung q mit $q > \gamma/2 \geq q - 1$ falls $\gamma \geq 0$ gilt, sonst von der Ordnung $q = 0$. Die Gaußsche Glocke ist unbedingt positiv $\mathfrak{A}$-definit.*

6.2 Der Zugang nach Madych und Nelson

Wir werden in diesem Abschnitt die Interpolationstheorie von Madych und Nelson auf das Rekonstruktionsproblem übertragen. Dieser Ansatz ist insoweit interessant, als daß er zu einem Satz über die Minimalität radialer Rekonstruktionen in bestimmten Semi-Hilbert-Räumen führt, der zu dem berühmten Holladay-Resultat (siehe [8]) über eindimensionale Polynomsplines direkt analog ist. Die Theorie von Madych und Nelson wurde jedoch kürzlich von Weinrich [157] stark verallgemeinert und bietet gleichzeitig einen eleganteren Zugang, so daß wir uns stärker um die Übertragung der Weinrichschen Ideen auf den Rekonstruktionsfall konzentrieren wollen.

Wir benötigen im folgenden eine maßtheoretische Konstruktion, die uns bereits im Kontext der Semi-Kerne begegnet ist. Dazu erinnern wir daran, daß nach dem bekannten Darstellungssatz von Riesz der Dualraum von $C(\Sigma;\mathbf{R})$ für offenes $\Sigma \subset \mathbf{R}^2$ aus Maßen mit kompaktem Träger besteht (vgl. [101]). Wir schreiben dafür

$$\mathcal{M}_0(\mathbf{R}^2;\mathbf{R}) := C'(\mathbf{R}^2;\mathbf{R}).$$

Definition 6.5 Es seien $Z_{i_0},\ldots,Z_{i_{M-1}}$ paarweise disjunkte Kontrollvolumina. Dann sei der Raum $\Pi^{\perp}_{m-1}(\mathbf{R}^2;\mathbf{R}) \subset \mathcal{M}_0(\mathbf{R}^2;\mathbf{R})$ durch

$$\begin{aligned}\Pi^{\perp}_{m-1}(\mathbf{R}^2;\mathbf{R}) := \{\lambda \in \mathcal{M}_0(\mathbf{R}^2;\mathbf{R}) \mid \operatorname{supp}\lambda \subset \{Z_{i_0},\ldots,Z_{i_{M-1}}\} \wedge \\ \forall p \in \Pi_{m-1}(\mathbf{R}^2;\mathbf{R}) : \lambda(p) = 0\}\end{aligned} \tag{2.6}$$

erklärt.

Nun ist es leicht, einen Zusammenhang zwischen den uns interessierenden Maßen und dem Raum $\Pi^{\perp}_{m-1}$ zu sehen.

Lemma 6.3 *Es ist* $\lambda := \sum_{j=0}^{M-1} \lambda_j \mathfrak{A}(Z_{i_j}) \in \Pi^{\perp}_{m-1}(\mathbf{R}^2;\mathbf{R})$ *genau dann, wenn* (1.3) *gilt.*

Beweis: trivial. □

Elemente aus $\Pi^{\perp}_{m-1}(\mathbf{R}^2;\mathbf{R})$ können offenbar als Distributionen mit kompaktem Träger ($\mathcal{E}'$) identifiziert werden. Dann ist die Faltung $\lambda * \phi$ für $\lambda \in \mathcal{E}'(\mathbf{R}^2;\mathbf{R})$ und $\phi \in C(\mathbf{R}^2;\mathbf{R})$ nach [70] durch

$$\lambda * \phi(\underline{x}) = \lambda(\phi(\underline{x} - \cdot))$$

gegeben. Daher macht die folgende Definition Sinn.

Definition 6.6 Ist $\lambda \in \Pi_{m-1}^{\perp}(\mathbf{R}^2;\mathbf{R})$ und $\phi \in C(\mathbf{R}^2;\mathbf{R})$, dann ist die Faltung von λ mit ϕ vermöge

$$\lambda * \phi(\underline{x}) := \sum_{j=0}^{M-1} \lambda_j \mathfrak{A}^{\underline{y}}(Z_{i_j})\phi(\underline{x}-\underline{y})$$

definiert.

Der folgende Satz charakterisiert die Räume, in denen radiale Rekonstruktionen zu finden sind. Da wir uns auf den Zugang von Weinrich konzentrieren wollen, sei der folgende Satz ohne Beweis angegeben. Er ist (für das Interpolationsproblem!) in der Arbeit [89] zu finden. Die Übertragung auf das Rekonstruktionsproblem macht keine Mühe.

Satz 6.1 *Gegeben sei $q \geq 0$ und $\phi \in \mathrm{BPD}^q(\mathbf{R}^2;\mathbf{R})$. Dann existiert ein Teilraum $C_\phi(\mathbf{R}^2;\mathbf{R}) \subset C(\mathbf{R}^2;\mathbf{R})$ mit semi-innerem Produkt $[\cdot|\cdot]_{C_\phi(\mathbf{R}^2;\mathbf{R})}$, so daß gilt:*

- $\ker|\cdot|_{C_\phi(\mathbf{R}^2;\mathbf{R})} = \Pi_{m-1}(\mathbf{R}^2;\mathbf{R})$
- C_ϕ/Π_{m-1} *ist ein Hilbert-Raum*
- *Ist $\lambda \in \Pi_{m-1}^{\perp}(\mathbf{R}^2,\mathbf{R})$, dann gilt $\lambda * \phi \in C_\phi(\mathbf{R}^2;\mathbf{R})$ und $[\lambda * \phi|u]_{C_\phi(\mathbf{R}^2;\mathbf{R})} = \lambda(u)$ für alle $u \in C_\phi(\mathbf{R}^2;\mathbf{R})$.*

Die genannten drei Eigenschaften bestimmen C_ϕ und $[\cdot|\cdot]_{C_\phi(\mathbf{R}^2;\mathbf{R})}$ überdies eindeutig.

Beweis: [89]. □

Daraus läßt sich sofort etwas über das semi-innere Produkt $[\cdot|\cdot]_{C_\phi(\mathbf{R}^2;\mathbf{R})}$ folgern.

Lemma 6.4 *Ist $\lambda \in \Pi_{m-1}^{\perp}(\mathbf{R}^2;\mathbf{R})$ mit*

$$\lambda = \sum_{j=0}^{M-1} \lambda_j \mathfrak{A}(Z_{i_j})$$

und $\phi \in C_\phi(\mathbf{R}^2;\mathbf{R})$, dann gilt

$$[\lambda * \phi|\lambda * \phi]_{C_\phi(\mathbf{R}^2;\mathbf{R})} = \sum_{j=0}^{M-1}\sum_{k=0}^{M-1} \lambda_j\lambda_k \mathfrak{A}^{\underline{x}}(Z_{i_j})\mathfrak{A}^{\underline{y}}(Z_{i_k})\phi(\underline{x}-\underline{y}). \quad (2.7)$$

Beweis: Nach Definition 6.6 ist $\lambda * \phi = \sum_{j=0}^{M-1} \lambda_j \mathfrak{A}^{\underline{y}}(Z_{i_j})\phi(\cdot - \underline{y})$. Nach der dritten Aussage in Satz 6.1 ist

$$[\lambda * \phi, \lambda * \phi]_{C_\phi(\mathbf{R}^2;\mathbf{R})} = \lambda(\lambda * \phi),$$

was das Lemma beweist. □

Es gilt nun die folgende Aussage.

Lemma 6.5 *Seien $m, M \in \mathbf{N}$ und $\phi \in C_\phi(\mathbf{R}^2; \mathbf{R})$. Sei $\{Z_{i_0}, \ldots, Z_{M-1}\}$ eine Knotenmenge, die eine $\mathfrak{A}(Z)$-unisolvente Teilmenge der Mächtigkeit $Q := \mathrm{card}\Pi_{m-1}(\mathbf{R}^2; \mathbf{R})$ enthält. Dann gilt:*

- *Ist die Funktion ϕ bedingt positiv $\mathfrak{A}$-definit, dann existiert für alle $\overline{u}_{i_k}, k = 0, \ldots, M-1$ ein $u \in C_\phi(\mathbf{R}^2; \mathbf{R})$ mit*

$$\mathfrak{A}(Z_{i_k})u = \overline{u}_{i_k} \quad , k = 0, \ldots, M-1.$$

Beweis: Wie wir bereits wissen, garantiert die bedingte positive $\mathfrak{A}$-Definitheit die eindeutige Lösung des Systems, mit dem die Koeffizienten λ_i und β_i der radialen Rekonstruktion bestimmt werden. Dann gilt $\mathfrak{A}(Z_{i_k})\Phi = \overline{u}_{i_k}$, wobei die radiale Rekonstruktion (1.1) in der Form

$$\Phi = \lambda * \phi + p$$

mit $\lambda = \sum_{j=0}^{M-1} \lambda_j \mathfrak{A}^{\underline{y}}(Z_{i_j})$ und $p(\underline{x}) = \sum_{j=0}^{Q-1} \beta_j p_k(\underline{x})$ geschrieben werden kann. Offenbar gilt $\lambda \in \Pi_{m-1}^{\perp}(\mathbf{R}^2; \mathbf{R})$, so daß $\Phi \in C_\phi(\mathbf{R}^2; \mathbf{R})$ folgt. Damit ist die behauptete Implikation bewiesen. □

Wir zeigen nun, daß die radialen Rekonstruktionen tatsächlich optimale Rekonstruktionen in den entsprechenden Räumen $C_\phi(\mathbf{R}^2; \mathbf{R})$ darstellen. Hierbei handelt es sich um die bereits angekündigte mehrdimensionale Version des berühmten Holladayschen Resultates für eindimensionale Polynomsplines.

Satz 6.2 *Es sei $q \geq 0$, $\phi \in C_\phi(\mathbf{R}^2; \mathbf{R})$, $K(Z_i) = \{Z_{i_0}, \ldots, Z_{i_{M-1}}\}, i_0 := i$, eine Knotenmenge, und $\overline{u}_{i_k} \in \mathbf{R}$ für $k = 0, \ldots, M-1$. Es sei*

$$\mathcal{V} := \{v \in C_\phi(\mathbf{R}^2; \mathbf{R}) \mid \mathfrak{A}(Z_{i_k})v = \overline{u}_{i_k}, k = 0, \ldots, M-1\}.$$

Die Menge $\mathcal{V}$ ist nicht leer dann und nur dann, wenn die Bedingungen (1.2) *und* (1.3) *erfüllt sind. In diesem Fall gilt*

$$\Phi(\underline{x}) = \sum_{j=0}^{M-1} \lambda_j \mathfrak{A}^{\underline{y}}(Z_{i_j})\phi(\underline{x}-\underline{y}) + \sum_{j=0}^{Q-1} \beta_j p_k(\underline{x}) \in \mathcal{V}$$

und für alle $u \in \mathcal{V}$ gilt

$$|u|^2_{C_\phi(\mathbf{R}^2;\mathbf{R})} = |\Phi|^2_{C_\phi(\mathbf{R}^2;\mathbf{R})} + |u-\Phi|^2_{C_\phi(\mathbf{R}^2;\mathbf{R})}. \tag{2.8}$$

Beweis: Es sei

$$P_p := \{(\mathfrak{A}(Z_{i_0})p, \ldots, \mathfrak{A}(Z_{i_{M-1}})p) \in \mathbf{R}^M \mid p \in \Pi_{Q-1}(\mathbf{R}^2;\mathbf{R})\}$$

und $D_M \subset \mathbf{R}^M$ derart gewählt, daß

$$\underline{d} \cdot \underline{y} = 0 \tag{2.9}$$

für $\underline{y} \in P_p$ und $\underline{d} \in D_M$ gilt. Damit ist $\mathbf{R}^M = D_M \oplus P_p$. Für $\underline{\lambda} \in \mathbf{R}^M$ sei

$$\lambda = \sum_{j=0}^{M-1} \lambda_j \mathfrak{A}(Z_{i_j}).$$

Nehmen wir an, $\mathcal{V}$ ist nicht leer. Wähle $v_0 \in \mathcal{V}$ und definiere

$$\mathcal{W} := \{\lambda * \phi \mid \underline{\lambda} \in D_M\}.$$

Wähle ein Maß μ so, daß $\mu * \phi$ gerade die orthogonale Projektion von v_0 auf $\mathcal{W}$ ist, d.h.

$$\forall w \in \mathcal{W}: \quad [w|v_0]_{C_\phi(\mathbf{R}^2;\mathbf{R})} = [w|\mu * \phi]_{C_\phi(\mathbf{R}^2;\mathbf{R})},$$

also $[w|v_0 - \mu*\phi]_{C_\phi(\mathbf{R}^2;\mathbf{R})} = 0$ für alle $w \in \mathcal{W}$. Offensichtlich dazu äquivalent ist

$$\forall \underline{\lambda} \in D_M: \quad [\lambda * \phi | g_0]_{C_\phi(\mathbf{R}^2;\mathbf{R})} = 0$$

mit $g_0 := v_0 - \mu * \phi$ wegen der Definition von $\mathcal{W}$. Nach der dritten Aussage von Satz 6.1 gilt dann

$$[\lambda * \phi | g_0]_{C_\phi(\mathbf{R}^2;\mathbf{R})} = \lambda(g_0) = \sum_{j=0}^{M-1} \lambda_j \mathfrak{A}(Z_{i_j}) g_0 = 0.$$

Wegen $P_p = D_M^\perp$ existiert ein $q \in \Pi_{Q-1}(\mathbf{R}^2;\mathbf{R})$ mit

$$\mathfrak{A}(Z_{i_j}) g_0 = \mathfrak{A}(Z_{i_j}) q \quad , j = 0, \ldots, M-1,$$

denn

$$0 = \sum_{j=0}^{M-1} \lambda_j \mathfrak{A}(Z_{i_j}) g_0 = \underline{\lambda} \cdot \begin{bmatrix} \mathfrak{A}(Z_{i_0}) g_0 \\ \vdots \\ \mathfrak{A}(Z_{i_{M-1}}) g_0 \end{bmatrix},$$

was genau der Orthogonalitätsbedingung (2.9) entspricht. Also erfüllt die Funktion

$$\Phi := \mu * \phi + q$$

die Bedingungen

$$\mathfrak{A}(Z_{i_j}) \Phi = \mathfrak{A}(Z_{i_j}) v_0 = \overline{u}_{i_j} \quad , j = 0, \ldots, M-1,$$

da g_0 als $g_0 = v_0 - \mu * \phi$ definiert war. Damit werden aber auch die Bedingungen (1.2) und (1.3) erfüllt.

Nehmen wir umgekehrt an, das Problem (1.2) und (1.3) besitze eine Lösung. Dann ist $\mathcal{V} \neq \emptyset$, da die Funktion Φ des Satzes aus $\mathcal{V}$ stammt.

Wir zeigen noch

$$[\Phi | u - \Phi]_{C_\phi(\mathbf{R}^2;\mathbf{R})} = 0 \qquad \left(\Rightarrow [\Phi | u]_{C_\phi(\mathbf{R}^2;\mathbf{R})} = |\Phi|^2_{C_\phi(\mathbf{R}^2;\mathbf{R})} \right),$$

was wegen

$$\begin{aligned} |u - \Phi|^2_{C_\phi(\mathbf{R}^2;\mathbf{R})} &= [u - \Phi | u - \Phi]_{C_\phi(\mathbf{R}^2;\mathbf{R})} \\ &= [u | u - \Phi]_{C_\phi(\mathbf{R}^2;\mathbf{R})} - [\Phi | u - \Phi]_{C_\phi(\mathbf{R}^2;\mathbf{R})} \\ &= |u|^2_{C_\phi(\mathbf{R}^2;\mathbf{R})} - [u | \Phi]_{C_\phi(\mathbf{R}^2;\mathbf{R})} \\ &= |u|^2_{C_\phi(\mathbf{R}^2;\mathbf{R})} - |\Phi|^2_{C_\phi(\mathbf{R}^2;\mathbf{R})} \end{aligned}$$

die Beziehung (2.8) zeigt. Dazu gehen wir in den Beweis des Lemmas 6.5 zurück, aus dem wir

$$\Phi = \lambda * \phi + p$$

mit $\lambda \in \Pi_{Q-1}^{\perp}(\mathbf{R}^2;\mathbf{R})$ und $p \in \Pi_{Q-1}(\mathbf{R}^2;\mathbf{R})$ entnehmen. Nach Satz 6.1 gilt nun

$$[\Phi|u]_{C_\phi(\mathbf{R}^2;\mathbf{R})} = [\lambda * \phi|u]_{C_\phi(\mathbf{R}^2;\mathbf{R})} = \lambda(u)$$

und

$$[\Phi|\Phi]_{C_\phi(\mathbf{R}^2;\mathbf{R})} = [\lambda * \phi|\Phi]_{C_\phi(\mathbf{R}^2;\mathbf{R})} = \lambda(\Phi).$$

Wegen $\mathfrak{A}(Z_{i_j})u = \mathfrak{A}(Z_{i_j})\Phi$ für alle $j = 0,\ldots,M-1$, gilt aber $\lambda(u) = \lambda(\Phi)$, was $[\Phi|u-\Phi]_{C_\phi(\mathbf{R}^2;\mathbf{R})} = 0$ beweist. □

Nach diesem letzten Resultat ist mit den Funktionen $\Phi = \mu * \phi + p$ die Familie der Splines im Semi-Hilbert-Raum $C_\phi(\mathbf{R}^2;\mathbf{R})$ gefunden worden, denn sie erfüllen wegen (2.8) die Minimum-Seminorm-Eigenschaft.
Es wäre wünschenswert, genauere Informationen über die Räume C_ϕ zu erlangen, und Madych und Nelson haben in [90] diese Räume für das Interpolationsproblem über Fouriertransformationen von Distributionen charakterisiert. In neuester Zeit existiert jedoch ein sehr allgemeiner Zugang von Weinrich [157], den wir auf unser Rekonstruktionsproblem übertragen können.

6.3 Die Charakterisierung der Räume C_ϕ

Einer der Schritte zur Verallgemeinerung der Ideen von Madych und Nelson besteht in Weinrichs [157] Analysis darin, im Gegensatz zum gesamten $\mathbf{R}^2$ nur Funktionen auf beschränkten Teilmengen $\Sigma \subset \mathbf{R}^2$ zu betrachten. In unserem Fall ist $\Sigma := K(Z_i)$ eine Knotenmenge des Kontrollvolumens Z_i. Dieser Schritt verallgemeinert die Analysis; man hat es aber nach wie vor mit globalen Funktionen zu tun, da auch die radialen Rekonstruktionen auf Σ natürlich keinen kompakten Träger besitzen. Wir betrachten daher weiter Funktionen auf dem $\mathbf{R}^2$. Wir setzen wieder voraus, daß unsere Knotenmenge über eine $\mathfrak{A}(Z)$-unisolvente Teilmenge der Kardinalität $Q = \dim \Pi_{m-1}(\mathbf{R}^2;\mathbf{R})$ verfügt. O.B.d.A. sei diese Teilmenge wieder $\{Z_{i_0},\ldots,Z_{i_{Q-1}}\}$. Die Knotenmenge sei wieder $K(Z_i) = \{Z_{i_0},\ldots,Z_{i_{M-1}}\}, i_0 := i, M \geq Q$. Wir machen zu Anfang die Definition 6.5 etwas expliziter.

Definition 6.7 [1] Der Maßraum $\Pi^{\perp}_{m-1}(\mathbf{R}^2;\mathbf{R}) \subset \mathcal{M}_0(\mathbf{R}^2;\mathbf{R})$ sei definiert als

$$\Pi^{\perp}_{m-1}(\mathbf{R}^2;\mathbf{R}) := \{\lambda := \sum_{j=0}^{N_\lambda} \lambda_j \mathfrak{A}(Z_{i_j}) \mid \lambda_j \in \mathbf{R}, 0 < N_\lambda < M \wedge$$
$$\forall p \in \Pi_{m-1}(\mathbf{R}^2;\mathbf{R}) : \lambda(p) = 0\}.$$

Zur Konstruktion der Räume $C_\phi(\mathbf{R}^2;\mathbf{R})$ wird der Raum $\Pi^{\perp}_{m-1}(\mathbf{R}^2;\mathbf{R})$ benötigt. Dazu zeigen wir

Satz 6.3 *Versehen mit dem Skalarprodukt*

$$(\nu|\mu)_{\Pi^{\perp}_{m-1},\phi} := \sum_{j=0}^{M-1}\sum_{k=0}^{M-1} \nu_j \mu_k \mathfrak{A}^{\underline{y}}(Z_{i_k})\mathfrak{A}^{\underline{x}}(Z_{i_j})\phi(\underline{x}-\underline{y}),$$

$\phi \in \mathrm{BPD}^q(\mathbf{R}^2;\mathbf{R})$, *für* $\nu,\mu \in \Pi^{\perp}_{m-1}(\mathbf{R}^2;\mathbf{R})$ *ist* $\Pi^{\perp}_{m-1}(\mathbf{R}^2;\mathbf{R})$ *ein Prä-Hilbert-Raum.*

Beweis: Die Linearität ist offensichtlich. Positivität und Definitheit folgen aus $\phi \in \mathrm{BPD}^q(\mathbf{R}^2;\mathbf{R})$. Aus der Symmetrie von ϕ folgt die Symmetrie von $(\cdot|\cdot)_{\Pi^{\perp}_{m-1},\phi}$. □

Wir vervollständigen den Raum $\Pi^{\perp}_{m-1}(\mathbf{R}^2;\mathbf{R})$ jetzt bezüglich der Norm $\|\cdot\|^2_{\Pi^{\perp}_{m-1},\phi} := (\cdot|\cdot)_{\Pi^{\perp}_{m-1},\phi}$ und bezeichnen die Vervollständigung mit $\overline{\Pi^{\perp}_{m-1}(\mathbf{R}^2;\mathbf{R})}$. Bekanntermaßen gilt

Lemma 6.6 $\Pi^{\perp}_{m-1}(\mathbf{R}^2;\mathbf{R})$ *ist dicht in* $\overline{\Pi^{\perp}_{m-1}(\mathbf{R}^2;\mathbf{R})}$.

[1] Tatsächlich sind wir nur an solchen Maßen interessiert. Weinrich definiert entsprechend $\lambda = \sum_j \lambda_j \delta_{\underline{x}_j}$ für sein Interpolationsproblem. Nach Übertragung dieser Definition auf unseren Rekonstruktionsfall geht die gesamte Arbeit von Weinrich unverändert auf den Rekonstruktionsfall über.

Definition 6.8 Das durch Vervollständigung auf $\overline{\Pi_{m-1}^\perp}(\mathbf{R}^2;\mathbf{R})$ durch $(\cdot|\cdot)_{\Pi_{m-1}^\perp,\phi}$ induzierte Skalarprodukt sei mit

$$(\cdot|\cdot)_{\overline{\Pi_{m-1}^\perp},\phi}$$

bezeichnet. Es sei

$$\Pi_{m-1}^\perp(\mathbf{R}^2;\mathbf{R}) \ni \nu \overset{I}{\longmapsto} I\nu \in \overline{\Pi_{m-1}^\perp}(\mathbf{R}^2;\mathbf{R})$$

die kanonische Injektion.

Bemerkung 6.1 Es gilt

$$\forall \nu, \mu \in \Pi_{m-1}^\perp(\mathbf{R}^2;\mathbf{R}): \quad (I\nu|I\mu)_{\overline{\Pi_{m-1}^\perp},\phi} = (\nu|\mu)_{\Pi_{m-1}^\perp,\phi}.$$

Die kanonische Injektion I ist offenbar linear und stetig.

Bemerkung 6.2 Im folgenden und in diesem gesamten Abschnitt bezeichnen oben gestrichene Größen **nicht** Zellmittel, sondern beziehen sich auf die Vervollständigung!

Wir sind bereits jetzt in der Lage, die uns interessierenden Räume C_ϕ zu definieren.

Definition 6.9 Es sei

$$\begin{aligned} C_\phi(\mathbf{R}^2;\mathbf{R}) := \Big\{ g \in C(\mathbf{R}^2;\mathbf{R}) \mid \exists C_g \geq 0 : \\ |\nu(g)| \leq C_g \|\nu\|_{\Pi_{m-1}^\perp,\phi} \forall \nu \in \Pi_{m-1}^\perp(\mathbf{R}^2;\mathbf{R}) \Big\}. \end{aligned} \tag{3.10}$$

Bemerkung 6.3 Wegen $\nu|_{\Pi_{m-1}(\mathbf{R}^2;\mathbf{R})} \equiv 0$ für alle $\nu \in \Pi_{m-1}^\perp(\mathbf{R}^2;\mathbf{R})$ folgt

$$\Pi_{m-1}(\mathbf{R}^2;\mathbf{R}) \subset C_\phi(\mathbf{R}^2;\mathbf{R}).$$

Wir wollen jetzt lineare Funktionale auf $\Pi_{m-1}^\perp(\mathbf{R}^2;\mathbf{R})$ untersuchen. Dazu definieren wir die Abbildung

$$\Pi_{m-1}^\perp(\mathbf{R}^2;\mathbf{R}) \ni \nu \overset{\varphi_g}{\longmapsto} \varphi_g(\nu) := \nu(g) \in \mathbf{R} \tag{3.11}$$

für $g \in C_\phi(\mathbf{R}^2;\mathbf{R})$. Direkt aus Definition (3.10) folgt

Lemma 6.7 *Die Abbildung φ_g ist für jedes $g \in C_\phi(\mathbf{R}^2;\mathbf{R})$ ein lineares, stetiges Funktional auf $\Pi_{m-1}^\perp(\mathbf{R}^2;\mathbf{R})$, d.h. es gilt*

$$\varphi_g \in {\Pi_{m-1}^\perp}'(\mathbf{R}^2;\mathbf{R}).$$

Durch die Vervollständigung von $\Pi_{m-1}^\perp(\mathbf{R}^2;\mathbf{R})$ erhalten wir jetzt

Lemma 6.8 *Zu φ_g existiert eine Fortsetzung*

$$\overline{\varphi_g} \in \overline{\Pi_{m-1}^\perp}'(\mathbf{R}^2;\mathbf{R})$$

mit

$$\overline{\varphi_g}(I\nu) = \varphi_g(\nu) \quad \forall \nu \in \Pi_{m-1}^\perp(\mathbf{R}^2;\mathbf{R}) \tag{3.12}$$

$$|||\overline{\varphi_g}|||_{\overline{\Pi_{m-1}^\perp},\phi\to\mathbf{R}} := \sup_{\substack{\overline{\nu}\in\overline{\Pi_{m-1}^\perp}(\mathbf{R}^2;\mathbf{R})\\ \|\overline{\nu}\|_{\overline{\Pi_{m-1}^\perp},\phi}\le 1}} |\overline{\varphi_g}(\overline{\nu})|$$

$$= |||\varphi_g|||_{\overline{\Pi_{m-1}^\perp},\phi\to\mathbf{R}}, \tag{3.13}$$

wobei $|||\cdot|||_{\overline{\Pi_{m-1}^\perp},\phi\to\mathbf{R}}$ die Operatornorm bezeichnet. Diese Fortsetzung ist eindeutig bestimmt.

Beweis: Die Existenz der Fortsetzung folgt aus der Vervollständigung. Die Eindeutigkeit folgt aus Lemma 6.6. □

Lemma 6.9 *Zu jedem $g \in C_\phi(\mathbf{R}^2;\mathbf{R})$ bzw. $\overline{\varphi_g} \in \overline{\Pi_{m-1}^\perp}'(\mathbf{R}^2;\mathbf{R})$ existiert genau ein $\overline{\nu_g} \in \overline{\Pi_{m-1}^\perp}(\mathbf{R}^2;\mathbf{R})$, so daß*

$$\overline{\varphi_g}(\overline{\nu}) = (\overline{\nu_g}|\overline{\nu})_{\overline{\Pi_{m-1}^\perp},\phi} \quad \forall \overline{\nu} \in \overline{\Pi_{m-1}^\perp}(\mathbf{R}^2;\mathbf{R}) \tag{3.14}$$

$$|||\overline{\varphi_g}|||_{\overline{\Pi_{m-1}^\perp},\phi\to\mathbf{R}} = \|\overline{\nu_g}\|_{\overline{\Pi_{m-1}^\perp},\phi} \tag{3.15}$$

gilt.

Beweis: Rieszscher Darstellungssatz. □

Wegen

$$|\varphi_g(\nu)| = |\nu(g)| \le C_g \|\nu\|_{\Pi_{m-1}^\perp,\phi}$$

und

$$|||\varphi_g|||_{\overline{\Pi_{m-1}^\perp},\phi\to\mathbf{R}} = \sup_{\substack{\nu\in\Pi_{m-1}^\perp(\mathbf{R}^2;\mathbf{R}) \\ \|\nu\|_{\Pi_{m-1}^\perp,\phi}\le 1}} |\nu(g)| \le C_g$$

folgt aus (3.13) und (3.15)

$$|||\overline{\varphi_g}|||_{\overline{\Pi_{m-1}^\perp},\phi\to\mathbf{R}} = \|\overline{\nu_g}\|_{\overline{\Pi_{m-1}^\perp},\phi} = |||\varphi_g|||_{\overline{\Pi_{m-1}^\perp},\phi\to\mathbf{R}} \le C_g,$$

also

$$|\overline{\varphi_g}(\overline{\nu})| = |(\overline{\nu_g}|\overline{\nu})_{\overline{\Pi_{m-1}^\perp},\phi}| \le \|\overline{\nu_g}\|_{\overline{\Pi_{m-1}^\perp},\phi} \cdot \|\overline{\nu}\|_{\overline{\Pi_{m-1}^\perp},\phi} \le C_g \|\overline{\nu}\|_{\overline{\Pi_{m-1}^\perp},\phi}$$

für alle $\overline{\nu} \in \overline{\Pi_{m-1}^\perp}(\mathbf{R}^2;\mathbf{R})$.

Satz 6.4 *Durch* (3.14), (3.15) *ist eine lineare Abbildung*

$$C_\phi(\mathbf{R}^2;\mathbf{R}) \ni g \overset{L}{\longmapsto} Lg := \overline{\nu_g} \in \overline{\Pi_{m-1}^\perp}(\mathbf{R}^2;\mathbf{R}) \tag{3.16}$$

erklärt.

Beweis: Wegen der Eindeutigkeit des Elementes $\overline{\nu_g}$ in (3.14) bzw. (3.15) ist L wohldefiniert. Für $g, h \in C_\phi(\mathbf{R}^2;\mathbf{R})$ gilt

$$\begin{aligned}
(L(g+h)|I\nu)_{\overline{\Pi_{m-1}^\perp},\phi} &\overset{(3.14)}{=} \overline{\varphi_{g+h}}(I\nu) = \varphi_{g+h}(\nu) \\
&\overset{(3.11)}{=} \nu(g+h) = \nu(g) + \nu(h) \\
&\overset{(3.11)}{=} \varphi_g(\nu) + \varphi_h(\nu) \\
&\overset{(3.12)}{=} \overline{\varphi_g}(I\nu) + \overline{\varphi_h}(I\nu) = (Lg|I\nu)_{\overline{\Pi_{m-1}^\perp},\phi} + (Lh|I\nu)_{\overline{\Pi_{m-1}^\perp},\phi} \\
&= (Lg + Lh|I\nu)_{\overline{\Pi_{m-1}^\perp},\phi},
\end{aligned}$$

was die Linearität von L beweist. □

Bereits im letzten Beweis haben wir den Inhalt des folgenden Lemmas bewiesen.

Lemma 6.10 *Für alle* $\nu \in \Pi_{m-1}^{\perp}(\mathbf{R}^2;\mathbf{R})$ *und alle* $g \in C_\phi(\mathbf{R}^2;\mathbf{R}^2)$ *gilt*

$$\nu(g) = (Lg|I\nu)_{\overline{\Pi_{m-1}^{\perp}},\phi}. \tag{3.17}$$

Beweis:

$$\nu(g) \overset{(3.11)}{=} \varphi_g(\nu) \overset{(3.12)}{=} \overline{\varphi_g}(I\nu) \overset{(3.14)}{=} (\overline{\nu_g}|I\nu)_{\overline{\Pi_{m-1}^{\perp}},\phi} \overset{(3.16)}{=} (Lg|I\nu)_{\overline{\Pi_{m-1}^{\perp}},\phi}.$$

□

Durch die Abbildung L gelingt es nun, auf $C_\phi(\mathbf{R}^2;\mathbf{R})$ ein semi-inneres Produkt einzuführen.

Lemma 6.11 *Durch*

$$\forall g,h \in C_\phi(\mathbf{R}^2;\mathbf{R}): \quad [g|h]_{C_\phi(\mathbf{R}^2;\mathbf{R})} := (Lg|Lh)_{\overline{\Pi_{m-1}^{\perp}},\phi}$$

ist auf $C_\phi(\mathbf{R}^2;\mathbf{R})$ *eine symmetrische Bilinearform eingeführt.*

Beweis: Das semi-innere Produkt ist wohldefiniert, da L wohldefiniert und linear ist. Die Bilinearität und Symmetrie folgen aus der Linearität von L und daher, daß $(\cdot|\cdot)_{\overline{\Pi_{m-1}^{\perp}},\phi}$ ein Skalarprodukt ist. □

Wie uns bereits durch den Satz 6.1 bekannt, aber bisher noch nicht bewiesen ist, liegen die Polynome $\Pi_{m-1}(\mathbf{R}^2;\mathbf{R})$ im Kern der Seminorm $|\cdot|_{C_\phi(\mathbf{R}^2;\mathbf{R})}$. Vermöge der Abbildung L läßt sich dieser Zusammenhang sehr einfach und elegant beschreiben.

Satz 6.5 *Es gilt*

$$\ker L = \Pi_{m-1}(\mathbf{R}^2;\mathbf{R}). \tag{3.18}$$

Beweis: Die Knotenmenge $K(Z_i)$ enthält nach Voraussetzung eine $\mathfrak{A}(Z)$-unisolvente Teilmenge $\{Z_{i_0},\dots,Z_{i_{M-1}}\}$. Daher existieren Q Polynome $p_k \in \Pi_{m-1}(\mathbf{R}^2;\mathbf{R}), k=0,\dots,Q-1$, mit

$$\mathfrak{A}(Z_{i_j})p_k = \delta_k^j, \quad j,k=0,\dots,Q-1,$$

die gerade die Basis von $\Pi_{m-1}(\mathbf{R}^2;\mathbf{R})$ bilden. Damit hat jedes Polynom $p \in \Pi_{m-1}(\mathbf{R}^2;\mathbf{R})$ die eindeutige Darstellung

$$p(\underline{x}) = \sum_{j=0}^{Q-1} \mathfrak{A}(Z_{i_j})p \cdot p_j(\underline{x})$$

und damit verschwindet das Funktional

$$\nu_{\underline{x}} := \delta_{\underline{x}} - \sum_{j=0}^{Q-1} p_j(\underline{x})\mathfrak{A}(Z_{i_j})$$

auf $\Pi_{m-1}(\mathbf{R}^2;\mathbf{R})$, denn es gilt für $p \in \Pi_{m-1}(\mathbf{R}^2;\mathbf{R})$

$$\begin{aligned}\nu_{\underline{x}}(p) &= \sum_{j=0}^{Q-1} \mathfrak{A}(Z_{i_j})p \cdot p_j(\underline{x}) - \sum_{j=0}^{Q-1} p_j(\underline{x}) \sum_{k=0}^{Q-1} \mathfrak{A}(Z_{i_k})p \cdot \underbrace{\mathfrak{A}(Z_{i_j})p_k}_{\delta_k^j} \\ &= \sum_{j=0}^{Q-1} \mathfrak{A}(Z_{i_j})p \cdot p_j(\underline{x}) - \sum_{j=0}^{Q-1} p_j(\underline{x}) \cdot \mathfrak{A}(Z_{i_j})p = 0.\end{aligned}$$

Da wir stetige Funktionen betrachten, gilt nach dem Mittelwertsatz der Integralrechnung für ein Gebiet $G \subset \mathbf{R}^2$ und $u \in C(\mathbf{R}^2;\mathbf{R})$

$$\int_G u \, d\underline{x} = u(\underline{\xi})$$

mit einem $\underline{\xi} \in \overline{G}$. Demnach finden wir für stetiges u ein Gebiet G so, daß für $\underline{x} \in \overline{G}$

$$|G|\langle \delta_{\underline{x}}, u\rangle = \mathfrak{A}(G)u$$

gilt. Also kann man das Funktional $\nu_{\underline{x}}$ als Linearkombination von Zellmittelungsoperatoren schreiben und es folgt $\nu_{\underline{x}} \in \Pi_{m-1}^{\perp}(\mathbf{R}^2;\mathbf{R})$.

Ist nun $g \in C_\phi(\mathbf{R}^2;\mathbf{R})$ mit $Lg = \overline{\nu_g} = 0$, dann ist

$$0 = (Lg|I\nu)_{\overline{\Pi_{m-1}^{\perp}},\phi} = \overline{\varphi_g}(I\nu) = \varphi_g(\nu) = \nu(g)$$

für alle $\nu \in \Pi_{m-1}^{\perp}(\mathbf{R}^2;\mathbf{R})$. Speziell gilt $\nu_{\underline{x}}(g) = 0$, also

$$g(\underline{x}) = \sum_{j=0}^{Q-1} \mathfrak{A}(Z_{i_j})g \cdot p_j(\underline{x})$$

und somit ist $g \in \Pi_{m-1}(\mathbf{R}^2;\mathbf{R})$. □

Wir sind nun bereits bei der vollständigen Charakterisierung des Raumes C_ϕ/Π_{m-1} angekommen, den wir bereits aus Satz 6.1 kennen. Wir wollen analog zu Weinrich diesen Raum mit

$$\tilde{C}_\phi(\mathbf{R}^2;\mathbf{R}) := C_\phi(\mathbf{R}^2;\mathbf{R})/\Pi_{m-1}(\mathbf{R}^2;\mathbf{R})$$

bezeichnen. Sind $g, h \in C_\phi(\mathbf{R}^2;\mathbf{R})$, $\tilde{g} := g + \Pi_{m-1}$, $\tilde{h} := h + \Pi_{m-1}$, dann ist durch

$$(\tilde{g}|\tilde{h})_{\tilde{C}_\phi(\mathbf{R}^2;\mathbf{R})} := (g|h)_{C_\phi(\mathbf{R}^2;\mathbf{R})} = (Lg|Lh)_{\overline{\Pi_{m-1}^{\perp}},\phi} \tag{3.19}$$

ein Skalarprodukt auf $\tilde{C}_\phi$ definiert. Setzt man für jedes $\tilde{g} = g + \Pi_{m-1} \in \tilde{C}_\phi(\mathbf{R}^2;\mathbf{R})$ mit $g \in C_\phi(\mathbf{R}^2;\mathbf{R})$

$$\tilde{L}\tilde{g} := Lg,$$

dann ist $\tilde{L}$ die Fortsetzung von L auf $\tilde{C}_\phi$. $\tilde{L}$ ist wohldefiniert, weil aus $\tilde{g} = \tilde{h}$, $\tilde{g} := g + \Pi_{m-1}$, $\tilde{h} := h + \Pi_{m-1}$, die Beziehung $g - h \in \Pi_{m-1}(\mathbf{R}^2;\mathbf{R})$ folgt und damit $L(g-h) = 0$ gilt. Also gilt $\tilde{L}\tilde{g} = \tilde{L}\tilde{h}$ für $\tilde{g} = \tilde{h}$.
Das Skalarprodukt (3.19) kann daher auch durch $\tilde{L}$ vermöge

$$(\tilde{g}|\tilde{h})_{\tilde{C}_\phi(\mathbf{R}^2;\mathbf{R})} = (\tilde{L}\tilde{g}|\tilde{L}\tilde{h})_{\overline{\Pi_{m-1}^{\perp}},\phi}$$

definiert werden.

Definition 6.10 Zu $\nu \in \Pi_{m-1}^{\perp}(\mathbf{R}^2;\mathbf{R})$ sei $\mathbf{R}^2 \ni \underline{x} \overset{g_\nu}{\longmapsto} g_\nu(\underline{x}) \in \mathbf{R}$ durch

$$g_\nu(\underline{x}) := \sum_{j=0}^{Q-1} \nu_j \mathfrak{A}^{\underline{y}}(Z_{i_j})\phi(\underline{x} - \underline{y})$$

gegeben.

Bemerkung 6.4 Ein Blick auf Definition 6.6 zeigt, daß in g_ν ein Faltungsprodukt beschrieben wird, daß wir bereits an anderer Stelle verwendet haben.

Lemma 6.12 *Für $\nu, \mu \in \Pi_{m-1}^\perp(\mathbf{R}^2;\mathbf{R})$ gilt*

$$\begin{aligned} &g_\nu \in C_\phi(\mathbf{R}^2;\mathbf{R}) \\ &\nu(g_\nu) = (\mu|\nu)_{\Pi_{m-1}^\perp,\phi} = \varphi_{g_\mu}(\nu) = \varphi_{g_\nu}(\mu) = \nu(g_\mu). \end{aligned} \tag{3.20}$$

Beweis: Ist $\mu \in \Pi_{m-1}^\perp(\mathbf{R}^2;\mathbf{R})$, dann folgt

$$\begin{aligned} |\mu(g_\nu)| &= \left| \sum_{k=0}^{Q-1} \mu_k \sum_{j=0}^{Q-1} \mathfrak{A}^{\underline{x}}(Z_{i_k})\mathfrak{A}^{\underline{y}}(Z_{i_j})\phi(\underline{x}-\underline{y}) \right| \\ &= \left| (\nu|\mu)_{\Pi_{m-1}^\perp,\phi} \right| \le \|\mu\|_{\Pi_{m-1}^\perp,\phi} \|\mu\|_{\Pi_{m-1}^\perp,\phi}. \end{aligned}$$

Damit ist $g_\nu \in C_\phi(\mathbf{R}^2;\mathbf{R})$. Die Beziehung (3.20) folgt aus der Definition von φ_g. □

Satz 6.6 *Für jedes $\mu \in \Pi_{m-1}^\perp(\mathbf{R}^2;\mathbf{R})$ ist*

$$Lg_\mu = I\mu \in \overline{\Pi_{m-1}^\perp}(\mathbf{R}^2;\mathbf{R}).$$

Beweis: Nach (3.16) ist $Lg_\mu = \overline{\nu_{g_\mu}}$. Es gilt

$$\begin{aligned} (\overline{\nu_{g_\mu}}|I\nu)_{\overline{\Pi_{m-1}^\perp},\phi} &= (Lg_\mu|I\nu)_{\overline{\Pi_{m-1}^\perp},\phi} \overset{(3.17)}{=} \nu(g_\mu) \\ &= (\mu|\nu)_{\Pi_{m-1}^\perp,\phi} = (I\mu|I\nu)_{\overline{\Pi_{m-1}^\perp},\phi} \end{aligned}$$

für $\nu \in \Pi_{m-1}^\perp(\mathbf{R}^2;\mathbf{R})$. Da $\Pi_{m-1}^\perp(\mathbf{R}^2;\mathbf{R})$ dicht in $\overline{\Pi_{m-1}^\perp}(\mathbf{R}^2;\mathbf{R})$ liegt, gilt demnach

$$\forall \overline{\nu} \in \overline{\Pi_{m-1}^\perp}(\mathbf{R}^2;\mathbf{R}): \quad (\overline{\nu_{g_\mu}}|\overline{\nu})_{\overline{\Pi_{m-1}^\perp},\phi} = (I\mu|\overline{\nu})_{\overline{\Pi_{m-1}^\perp},\phi},$$

was den Satz beweist. □

Da nach (3.18) aus $g_\nu \in \Pi_{m-1}(\mathbf{R}^2;\mathbf{R})$ stets $Lg_\mu = 0 = I\nu$, also $\nu = 0$ folgt, gilt insbesondere

$$\left\{ g_\nu \,\middle|\, g_\nu = \sum_{j=0}^{Q-1} \nu_j \mathfrak{A}^{\underline{y}}(Z_{i_j})\phi(\underline{x}-\underline{y}), \nu \in \Pi_{m-1}^\perp(\mathbf{R}^2;\mathbf{R}) \right\} \bigcap \Pi_{m-1}(\mathbf{R}^2;\mathbf{R}) = \{0\}.$$

Damit folgt

Lemma 6.13 *Der Raum $C_\phi(\mathbf{R}^2;\mathbf{R})$ enthält die direkte Summe*

$$\left\{ g_\nu \,\middle|\, g_\nu = \sum_{j=0}^{Q-1} \nu_j \mathfrak{A}^{\underline{y}}(Z_{i_j})\phi(\underline{x}-\underline{y}), \nu \in \Pi_{m-1}^\perp(\mathbf{R}^2;\mathbf{R}) \right\} \bigoplus \Pi_{m-1}(\mathbf{R}^2;\mathbf{R}).$$

Lemma 6.14 *Wie im Beweis von Satz 6.5 sei*

$$\nu_{\underline{x}} := \delta_{\underline{x}} - \sum_{j=0}^{Q-1} p_j(\underline{x})\mathfrak{A}(Z_{i_j})p,$$

wobei $p_j \in \Pi_{m-1}(\mathbf{R}^2;\mathbf{R})$ die durch $\mathfrak{A}(Z_{i_j})p_k = \delta_k^j, j,k = 0,\ldots,Q-1$, definierten Basisfunktionen sind. Weiterhin sei $\overline{\mu} \in \overline{\Pi_{m-1}^\perp}(\mathbf{R}^2;\mathbf{R})$. Dann gilt

$$\text{Die Funktion } \mathbf{R}^2 \ni \underline{x} \overset{f_{\overline{\mu}}}{\longmapsto} f_{\overline{\mu}}(\underline{x}) := (I\nu_{\underline{x}}|\overline{\mu})_{\overline{\Pi_{m-1}^\perp},\phi} \text{ ist stetig} \tag{3.21}$$

$$\text{und } \forall \nu \in \Pi_{m-1}^\perp(\mathbf{R}^2;\mathbf{R}): \quad \nu(f_{\overline{\mu}}) = (I\nu|\overline{\mu})_{\overline{\Pi_{m-1}^\perp},\phi}. \tag{3.22}$$

Beweis: Direkte Übertragung aus [89]. □

Mit dem bisher zusammengetragenen Material läßt sich eines der wichtigsten Resultate der Weinrichschen Arbeit auf das Rekonstruktionsproblem übertragen. Mit dem Beweis der Isomorphie zwischen $\overline{\Pi_{m-1}^\perp}(\mathbf{R}^2;\mathbf{R})$ und $\tilde{C}_\phi$ ist die Charakterisierung des Raumes $\tilde{C}_\phi$ vollständig.

Satz 6.7 *Die Abbildung*

$$\overline{\Pi_{m-1}^\perp}(\mathbf{R}^2;\mathbf{R}) \ni \overline{\mu} \stackrel{A}{\longmapsto} A\overline{\mu} := f_{\overline{\mu}} + \Pi_{m-1} \in \tilde{C}_\phi(\mathbf{R}^2;\mathbf{R})$$

ist ein isometrischer Isomorphismus. Insbesondere ist $\tilde{C}_\phi(\mathbf{R}^2;\mathbf{R})$ mit dem Skalarprodukt $(\cdot|\cdot)_{\tilde{C}_\phi(\mathbf{R}^2;\mathbf{R})}$ ein Hilbertraum.
Weiterhin gilt die Reproduktionseigenschaft

$$f_{\overline{\mu}}(\underline{x}) = (f_\mu + \Pi_{m-1}|f_{I\nu_{\underline{x}}} + \Pi_{m-1})_{\tilde{C}_\phi(\mathbf{R}^2;\mathbf{R})} = (\tilde{f}_{\overline{\mu}}|\tilde{f}_{I\nu_{\underline{x}}})_{\tilde{C}_\phi(\mathbf{R}^2;\mathbf{R})}$$

für alle $\underline{x} \in \mathbf{R}^2$.

Beweis: Die Abbildung A ist wohldefiniert, was aus den Eigenschaften des Skalarproduktes $(\cdot|\cdot)_{\overline{\Pi_{m-1}^\perp},\phi}$ folgt. Mit Lemma 6.14, (3.21), folgt für $\overline{\mu} \in \overline{\Pi_{m-1}^\perp}(\mathbf{R}^2;\mathbf{R})$:

$$|\nu(f_{\overline{\mu}})| \leq \|\overline{\mu}\|_{\overline{\Pi_{m-1}^\perp},\phi} \cdot \|\nu\|_{\Pi_{m-1}^\perp,\phi}$$

für jedes $\nu \in \Pi_{m-1}^\perp(\mathbf{R}^2;\mathbf{R})$. Damit ist $A\overline{\mu} = f_{\overline{\mu}} + \Pi_{m-1} \in \tilde{C}_\phi(\mathbf{R}^2;\mathbf{R})$. Sei jetzt $f_{\overline{\mu}} \in \Pi_{m-1}(\mathbf{R}^2;\mathbf{R})$, d.h. $A\overline{\mu} = \Pi_{m-1}(\mathbf{R}^2;\mathbf{R})$. Für jedes $\nu \in \Pi_{m-1}^\perp(\mathbf{R}^2;\mathbf{R})$ ist dann $0 = \nu(f_{\overline{\mu}}) = (I\nu|\overline{\mu})_{\overline{\Pi_{m-1}^\perp},\phi}$, also $\overline{\mu} = 0$ und damit ist A injektiv. Die Surjektivität sieht man wie folgt: Sei $\tilde{g} = g + \Pi_{m-1} \in \tilde{C}_\phi(\mathbf{R}^2;\mathbf{R})$. Mit $\tilde{L}\tilde{g} = Lg = \overline{\nu_g} \in \overline{\Pi_{m-1}^\perp}(\mathbf{R}^2;\mathbf{R})$ und $A\overline{\nu_g} = f_{\overline{\nu_g}} + \Pi_{m-1}$ erhält man nach (3.16)

$$\begin{aligned} f_{\overline{\nu_g}}(\underline{x}) &= (\overline{\nu_g}|I\nu_{\underline{x}})_{\overline{\Pi_{m-1}^\perp},\phi} = (Lg|I\overline{\nu}_{\underline{x}})_{\overline{\Pi_{m-1}^\perp},\phi} \stackrel{(3.17)}{=} \nu_{\underline{x}}(g) \\ &= g(\underline{x}) - \sum_{j=0}^{Q-1} p_j(\underline{x})\mathfrak{A}(Z_{i_j})g, \end{aligned}$$

also gilt $f_{\overline{\nu_g}} - g \in \Pi_{m-1}(\mathbf{R}^2;\mathbf{R})$ und damit

$$A\overline{\nu_g} = f_{\overline{\nu_g}} + \Pi_{m-1} = g + \Pi_{m-1}.$$

Danach ist A surjektiv. Insbesondere ist wegen $\tilde{L}\tilde{g} = \overline{\nu_{\tilde{g}}}$

$$A\tilde{L}\tilde{g} = A\overline{\nu_{\tilde{g}}} = \tilde{g}.$$

Per definitionem gilt

$$\begin{aligned}\forall \tilde{g} \in \tilde{C}_\phi(\mathbf{R}^2;\mathbf{R}) : \quad \|\tilde{g}\|_{\tilde{C}_\phi(\mathbf{R}^2;\mathbf{R})} &= (\tilde{L}\tilde{g}|\tilde{L}\tilde{g})_{\overline{\Pi_{m-1}^\perp},\phi} = \|\tilde{L}\tilde{g}\|_{\overline{\Pi_{m-1}^\perp},\phi} \\ &= \|\overline{\nu_g}\|_{\overline{\Pi_{m-1}^\perp},\phi}.\end{aligned}$$

Damit folgt aus $A\overline{\nu_{\tilde{g}}} = \tilde{g}$ die Isometrie.

Wegen (3.16) und Lemma 6.14, (3.22), gilt

$$\begin{aligned}(\tilde{L}A\overline{\mu}|I\nu)_{\overline{\Pi_{m-1}^\perp},\phi} &= (\tilde{L}(f_{\overline{\mu}} + \Pi_{m-1})|I\nu)_{\overline{\Pi_{m-1}^\perp},\phi} \\ &\overset{(3.18)}{=} (Lf_{\overline{\mu}}|I\nu)_{\overline{\Pi_{m-1}^\perp},\phi} \overset{(3.17)}{=} \nu(f_{\overline{\mu}}) \\ &\overset{(3.22)}{=} (\overline{\mu}|I\nu)_{\overline{\Pi_{m-1}^\perp},\phi}\end{aligned}$$

für alle $\nu \in \Pi_{m-1}^\perp(\mathbf{R}^2;\mathbf{R})$ und somit folgt $\tilde{L}A\overline{\mu} = \tilde{L}(f_{\overline{\mu}} + \Pi_{m-1}) = \overline{\mu}$, also

$$\tilde{L}A = \mathrm{i}_{\overline{\Pi_{m-1}^\perp(\mathbf{R}^2;\mathbf{R})}}.$$

Damit ist aber für beliebiges $f_{\overline{\mu}} \in C_\phi(\mathbf{R}^2;\mathbf{R})$

$$\begin{aligned}f_{\overline{\mu}}(\underline{x}) &= (\overline{\mu}|I\nu_{\underline{x}})_{\overline{\Pi_{m-1}^\perp},\phi} = (\tilde{L}A\overline{\mu}|\tilde{L}AI\nu_{\underline{x}})_{\overline{\Pi_{m-1}^\perp},\phi} \\ &= (A\overline{\mu}|AI\nu_{\underline{x}})_{\tilde{C}_\phi(\mathbf{R}^2;\mathbf{R})} = (f_{\overline{\mu}} + \Pi_{m-1}|f_{I\nu_{\underline{x}}} + \Pi_{m-1})_{\tilde{C}_\phi(\mathbf{R}^2;\mathbf{R})} \\ &= (\tilde{f}_{\overline{\mu}}|\tilde{f}_{I\nu_{\underline{x}}})_{\tilde{C}_\phi(\mathbf{R}^2;\mathbf{R})},\end{aligned}$$

was die behauptete Reproduktionseigenschaft beweist. □

6.4 Die Optimalität radialer Rekonstruktionen

Mit der Übertragung der Weinrichschen Resultate auf den Rekonstruktionsfall gelingt uns jetzt der einfache Beweis für die Optimalität der radialen Rekonstruktionen. Damit beweisen wir den fundamentalen Satz 6.2 unabhängig von Satz 6.1 noch einmal neu.

Satz 6.8 *Es sei* $\Phi \in C_\phi(\mathbf{R}^2;\mathbf{R})$ *eine radiale Rekonstruktion mit* $\phi \in \mathrm{BPD}^q(\mathbf{R}^2;\mathbf{R})$. *Dann gilt*

$$|u|^2_{C_\phi(\mathbf{R}^2;\mathbf{R})} = |\Phi|^2_{C_\phi(\mathbf{R}^2;\mathbf{R})} + |u-\Phi|^2_{C_\phi(\mathbf{R}^2;\mathbf{R})},$$

d.h. Φ *ist ein Spline in* $C_\phi(\mathbf{R}^2;\mathbf{R})$, *und damit ist die optimale Rekonstruktion von Funktionswerten gegeben durch*

$$\mathfrak{R}_i(\underline{x})\mathfrak{I}_i u = \langle \delta_{\underline{x}}, \Phi \rangle.$$

Beweis: Wir schreiben Φ wieder in der Form

$$\Phi(\underline{x}) = \sum_{j=0}^{M-1} \lambda_j \mathfrak{A}^{\underline{y}} \phi(\underline{x}-\underline{y}) + \sum_{k=0}^{Q-1} \beta_k p_k(\underline{x}) =: g_\lambda(\underline{x}) + p(\underline{x}).$$

Es gilt

$$\begin{aligned}
[u|\Phi]_{C_\phi(\mathbf{R}^2;\mathbf{R})} &= [u|g_\lambda]_{C_\phi(\mathbf{R}^2;\mathbf{R})} = (Lh|Lg_\lambda)_{\overline{\Pi^\perp_{m-1}},\phi} = \lambda(u) = \lambda(\Phi) \\
&= (L\Phi|Lg_\lambda)_{\overline{\Pi^\perp_{m-1}},\phi} = [\Phi|\Phi]_{C_\phi(\mathbf{R}^2;\mathbf{R})},
\end{aligned}$$

wonach $[u-\Phi|\Phi]_{C_\phi(\mathbf{R}^2;\mathbf{R})}$ verschwindet. □

Jede radiale Rekonstruktion ist damit Lösung des Variationsproblems

$$|\Phi|_{C_\phi(\mathbf{R}^2;\mathbf{R})} = \min_{\substack{u \in C_\phi(\mathbf{R}^2;\mathbf{R}) \\ \mathfrak{A}(Z_{i_j})\Phi = \mathfrak{A}(Z_{i_j})u,\, j=0,\ldots,M-1}} |u|_{C_\phi(\mathbf{R}^2;\mathbf{R})},$$

das einen interpolierenden (in unserem Fall besser: rekonstruierenden) Spline kennzeichnet. Wir haben uns bisher immer nur bemüht, Aussagen über die Optimalität von Rekonstruktionsfunktionen zu treffen, aber nie explizite Fehlerabschätzungen angegeben. Solche Fehlerabschätzungen sind bei Verwendung radialer Interpolationsfunktionen möglich, siehe etwa die Arbeit [163] von Wu und Schaback. Wir wollen hier keine Fehlertheorie der Rekonstruktionsfunktionen entwickeln (das würde eine neue Arbeit gleichen Umfangs erfordern), aber den Grundgedanken der Fehlerabschätzung erläutern, da sich dahinter ein weiteres, von Wu und Schaback [163] sowie von Handscomb [48] entwickeltes Optimalitätsmerkmal verbirgt.

Bevor wir darauf näher eingehen, soll noch ein numerisches Beispiel die Machbarkeit der radialen Rekonstruktion mit einer anderen Funktion als dem Plattenspline dokumentieren.

6.5 Numerische Ergebnisse mit dem Gaußschen Spline

Wir verwenden zur Rekonstruktion Gaußsche Glocken

$$\phi(\underline{x}) = \exp(-\alpha|\underline{x}|^2),$$

die bereits in Definition 6.4 vorgestellt wurde. Dabei ist $\alpha > 0$ ein reeller Parameter. Als Knotenmengen verwenden wir wieder die bereits benutzten jeweils vier Dreiecke der Moore-Nachbarschaft. Wie beim Plattenspline ergeben sich für jedes Dreieck T_i die drei upwind-Knotenmengen

$$K_k(T_i) := T_i \cup T_{i_k} \cup T_{i_{k_1}} \cup T_{i_{k_2}}, \quad k = 1, 2, 3,$$

sowie die zentrale Knotenmenge

$$K_4(T_i) := T_i \cup T_{i_1} \cup T_{i_2} \cup T_{i_3},$$

wobei in den Bezeichnungen die Abbildung 3.13 aus Abschnitt 3.3.3 des Kapitels 3 zugrunde liegt. Ausgewählt wird wieder derjenige Spline, dessen BV-Norm am kleinsten ist.

Wir beginnen wieder mit dem linearen Problem des rotierenden Kegels. In Abbildung 6.1 sind die numerischen Resultate zur Zeit $t = \pi$ für einen Parameterwert von $\alpha = 1.0$ auf den beiden Triangulierungen $\mathcal{T}_{h^1}$ und $\mathcal{T}_{h^2}$ gezeigt.

Die Kegelhöhe ist jetzt[2]

$$\begin{aligned} \mathcal{T}_{h^1}: &\quad -0.00025 \leq \max_{T \in \mathcal{T}_{h^1}} \mathfrak{A}(T)u \leq 0.3224 \\ \mathcal{T}_{h^2}: &\quad -0.0 \leq \max_{T \in \mathcal{T}_{h^2}} \mathfrak{A}(T)u \leq 0.7253, \end{aligned}$$

was zwar vergleichbar mit linearen Rekonstruktionen, nicht jedoch mit dem guten Abschneiden des Plattensplines ist. Parametervariation zeigt, daß der Gaußsche Exponentialspline in diesem Fall resistent gegen Änderungen von α ist. Die Rechnungen für $\alpha = 0.1$ zeigt Abbildung 6.2. Die Kegelhöhe entspricht in diesem Fall bis zur vierten Dezimale der Kegelhöhe im Fall $\alpha = 1$. Bild 6.3 zeigt die Ergebnisse für einen Parameterwert von $\alpha = 10$.

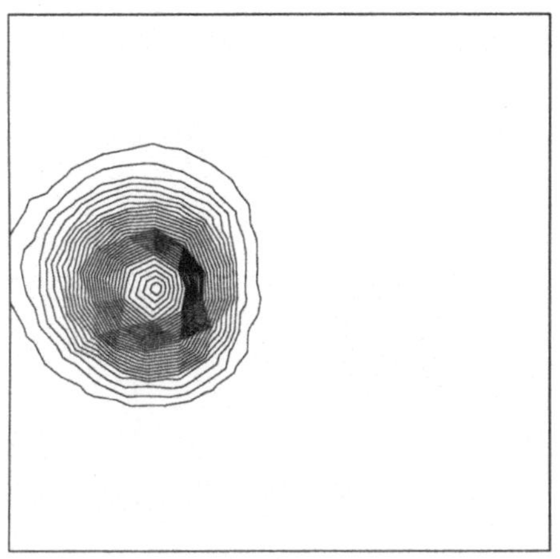
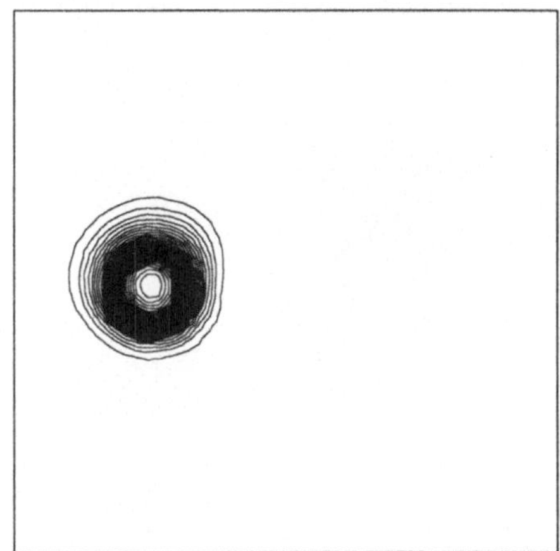

Abb. 6.1 Lösungen der Primärnetzmethode mit Rekonstruktion durch Exponentialsplines auf der Triangulierung $\mathcal{T}_{h^1}$ (links) und $\mathcal{T}_{h^2}$, $\alpha = 1$.

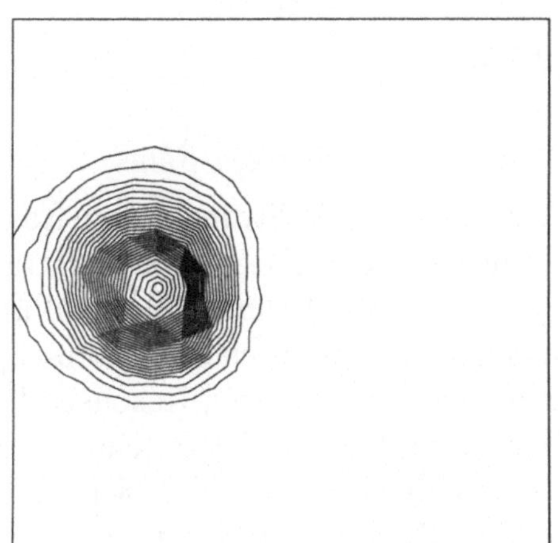
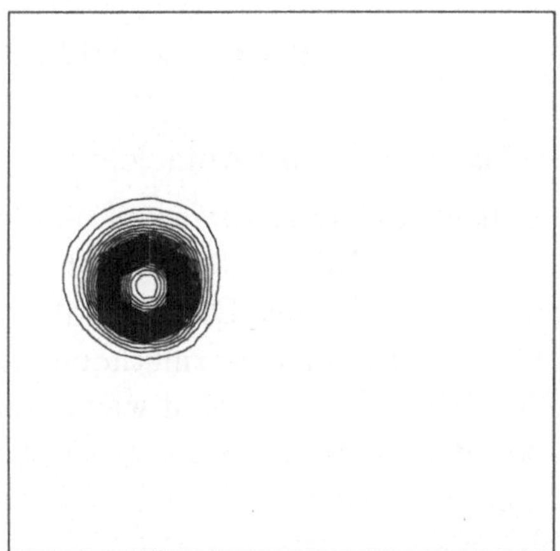

Abb. 6.2 Lösungen der Primärnetzmethode mit Rekonstruktion durch Exponentialsplines auf der Triangulierung $\mathcal{T}_{h^1}$ (links) und $\mathcal{T}_{h^2}$, $\alpha = 0.1$.

Man erhält die Kegelhöhen

$$\mathcal{T}_{h^1}: \quad -0.000251 \leq \max_{T \in \mathcal{T}_{h^1}} \mathfrak{A}(T)u \leq 0.3223$$

[2]Da in diesem Abschnitt oben gestrichene Größen immer Größen der Vervollständigung ausdrücken sollten (vgl. Bemerkung 6.2), schreiben wir das hier vielleicht ungewohnte $\mathfrak{A}(T)u$ an Stelle von $\overline{u}$.

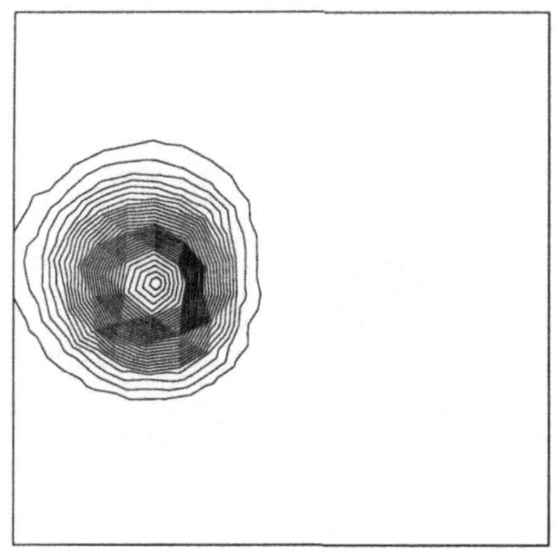
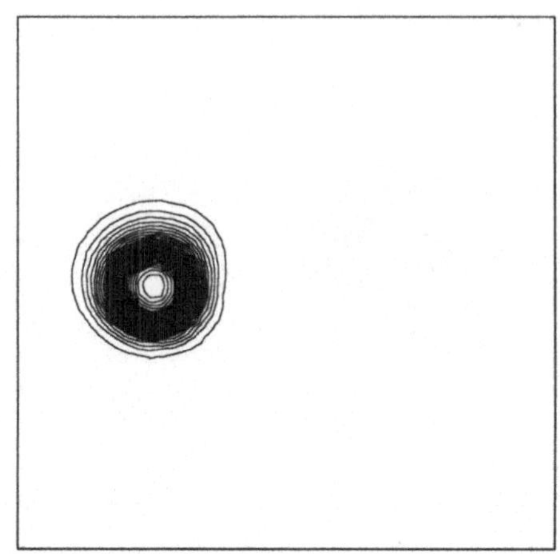

Abb. 6.3 Lösungen der Primärnetzmethode mit Rekonstruktion durch Exponentialsplines auf der Triangulierung $\mathcal{T}_{h^1}$ (links) und $\mathcal{T}_{h^2}$, $\alpha = 10$.

$$\mathcal{T}_{h^2}: \quad -0.0 \leq \max_{T \in \mathcal{T}_{h^2}} \mathfrak{A}(T)u \leq 0.7252,$$

also bis zur dritten Dezimale die Kegelhöhen der vorherigen Fälle.

Wie nicht anders zu erwarten, ergibt sich auch für die Strömung im Kanal mit Stufe ein Bild, daß sich nicht wesentlich von den linearen Rekonstruktionen unterscheidet. Die Abbildung 6.4 zeigt Druck, Dichte, Machzahl und Entropie der Primärnetzmethode mit Rekonstruktion durch den Gaußschen Spline. Zum Vergleich sind wieder die Ergebnisse der linearen Rekonstruktion auf der Moore-Nachbarschaft daneben dargestellt. Auf dem feinen Netz für die Strömung im Kanal mit Stufe (Abbildung 3.27) ergibt sich die in Abbildung 6.5 gezeigte Machzahlverteilung. Zum Vergleich ist die Machzahlverteilung der Methode mit linearer Rekonstruktion ebenfalls gezeigt.

6.6 Wu-Schaback-Optimalität

6.6.1 Punktweise Optimalität radialer Rekonstruktionen

Wir betrachten radiale Rekonstruktionen der Form

$$\Phi(\underline{x}) = \sum_{j=0}^{M-1} \lambda_j \mathfrak{A}^{\underline{y}}(Z_{i_j})\phi(\underline{x} - \underline{y}) + \sum_{k=0}^{Q-1} \beta_k p_k(\underline{x})$$

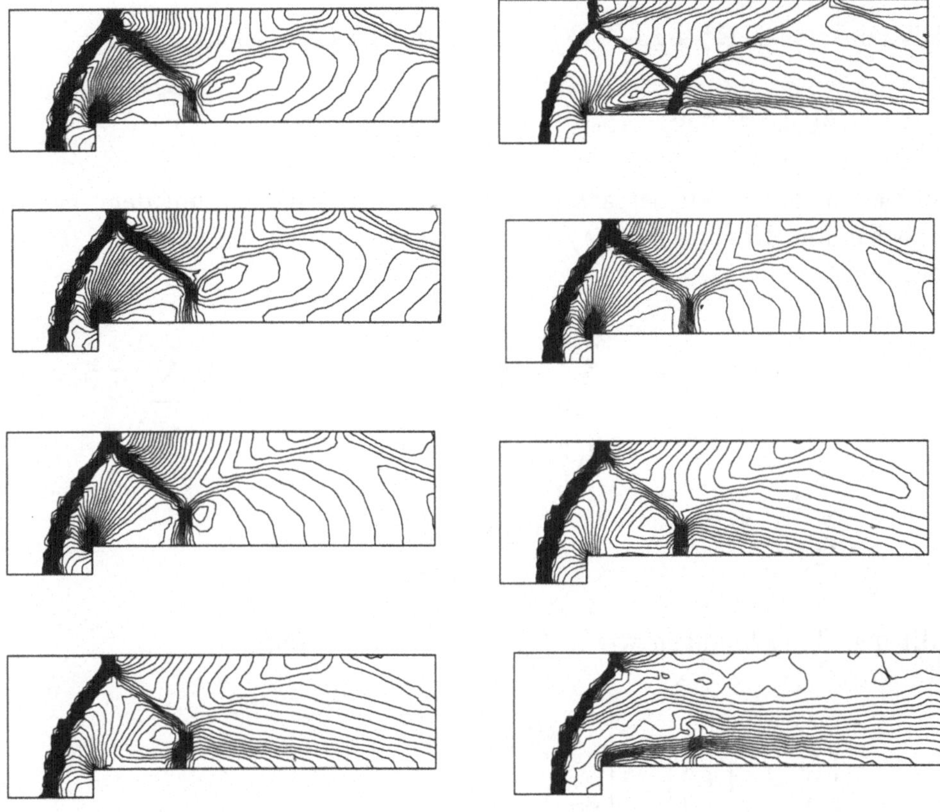

Abb. 6.4 Lösungen der Primärnetzmethode mit linearer Rekonstruktion (links) und Rekonstruktion durch Gaußsche Splines. Von oben: Dichte, Druck, Machzahl, Entropie. CFL=0.9.

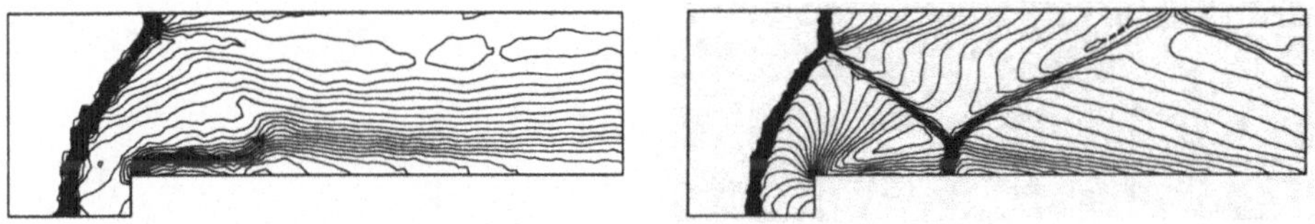

Abb. 6.5 Machzahlverteilung als Lösung der Primärnetzmethode mit Rekonstruktion durch lineare Polynome (links) und durch den Gaußschen Spline.

und fragen nach einer Lagrange-ähnlichen Darstellung

$$\Phi(\underline{x}) = \sum_{j=0}^{M-1} \Psi_j(\underline{x}) \cdot \mathfrak{A}(Z_{i_j})u$$

mit Funktionen $\mathbf{R}^2 \ni \underline{x} \overset{\Psi_j}{\longmapsto} \Psi_j(\underline{x}) \in \mathbf{R}$, die die Eigenschaft

$$\mathfrak{A}(Z_{i_k})\Psi_j = \delta_j^k \quad , j, k = 0, \ldots, M-1$$

aufweisen sollen. Wir betrachten dazu wieder das System, mit dem man die unbekannten Koeffizienten λ_j, $j = 0, \ldots, M-1$, und β_k, $k = 0, \ldots, Q-1$, bestimmt:

$$\begin{aligned}
\mathfrak{A}(Z_{i_k})\Phi &= \sum_{j=0}^{M-1} \lambda_j \mathfrak{A}^{\underline{x}}(Z_{i_k})\mathfrak{A}^{\underline{y}}(Z_{i_j})\phi(\underline{x}-\underline{y}) + \sum_{j=0}^{Q-1} \beta_j \mathfrak{A}(Z_{i_k})p_j \\
&= \mathfrak{A}(Z_{i_k})u \quad , 0 \leq k \leq M-1 \\
\sum_{j=0}^{M-1} \lambda_j \mathfrak{A}(Z_{i_j})p_k &= 0 \quad , 0 \leq k \leq Q-1.
\end{aligned}$$

Mit den Bezeichnungen wie in (1.4) schreiben wir dafür

$$\begin{bmatrix} \underline{\underline{M}} & \underline{\underline{N}}^T \\ \underline{\underline{N}} & \underline{\underline{0}} \end{bmatrix} \begin{bmatrix} \underline{\lambda} \\ \underline{\beta} \end{bmatrix} = \begin{bmatrix} \mathfrak{A}(Z_{i_0})u \\ \vdots \\ \mathfrak{A}(Z_{i_{M-1}})u \\ \underline{0} \end{bmatrix} \tag{6.23}$$

mit $\underline{\underline{M}} \in \mathbf{R}^{M \times M}$, $\underline{\underline{N}} \in \mathbf{R}^{Q \times Q}$.

Definition 6.11 Es sei

$$\mathbf{R}^2 \ni \underline{x} \overset{\underline{\mathcal{R}}}{\longmapsto} \underline{\mathcal{R}}(\underline{x}) := \begin{bmatrix} \mathfrak{A}^{\underline{y}}(Z_{i_0})\phi(\underline{x}-\underline{y}) \\ \vdots \\ \mathfrak{A}^{\underline{y}}(Z_{i_{M-1}})\phi(\underline{x}-\underline{y}) \end{bmatrix}$$

und

$$\mathbf{R}^2 \ni \underline{x} \overset{\underline{\mathcal{S}}}{\longmapsto} \underline{\mathcal{S}}(\underline{x}) := \begin{bmatrix} p_0(\underline{x}) \\ \vdots \\ p_{Q-1}(\underline{x}) \end{bmatrix}.$$

Ist nun ϕ bedingt positiv $\mathfrak{A}$-definit und enthält die Knotenmenge $K(Z_i) \equiv K(Z_{i_0})$ eine $\mathfrak{A}(Z)$-unisolvente Teilmenge der Mächtigkeit Q, dann ist die Matrix $\begin{bmatrix} \underline{\underline{M}} & \underline{\underline{N}}^T \\ \underline{\underline{N}} & \underline{\underline{0}} \end{bmatrix}$ regulär und das System

$$\begin{bmatrix} \underline{\underline{M}} & \underline{\underline{N}}^T \\ \underline{\underline{N}} & \underline{\underline{0}} \end{bmatrix} \begin{bmatrix} \underline{\Psi}(\underline{x}) \\ \underline{\Theta}(\underline{x}) \end{bmatrix} = \begin{bmatrix} \underline{\mathcal{R}}(\underline{x}) \\ \underline{\mathcal{S}}(\underline{x}) \end{bmatrix}$$

besitzt demnach für jedes $\underline{x} \in \mathbf{R}^2$ eine eindeutige Lösung $(\underline{\Psi}(\underline{x}), \underline{\Theta}(\underline{x})) \in \mathbf{R}^{M+Q}$.
Mit Hilfe der Vektoren $\underline{\mathcal{R}}(\underline{x})$ und $\underline{\mathcal{S}}(\underline{x})$ läßt sich die radiale Rekonstruktion offenbar in der Form

$$\begin{aligned} \Phi(\underline{x}) &= \underline{\lambda} \cdot \underline{\mathcal{R}}(\underline{x}) + \underline{\beta} \cdot \underline{\mathcal{S}}(\underline{x}) = \begin{bmatrix} \underline{\lambda} \\ \underline{\beta} \end{bmatrix} \cdot \begin{bmatrix} \underline{\underline{M}} & \underline{\underline{N}}^T \\ \underline{\underline{N}} & \underline{\underline{0}} \end{bmatrix} \begin{bmatrix} \underline{\Psi}(\underline{x}) \\ \underline{\Theta}(\underline{x}) \end{bmatrix} \\ &= \left(\underline{\lambda} \cdot \underline{\underline{M}} + \underline{\beta} \cdot \underline{\underline{N}}\right) \underline{\Psi}(\underline{x}) + \underline{\lambda} \cdot \underline{\underline{N}}^T \underline{\Theta}(\underline{x}) \end{aligned}$$

schreiben. Nach (6.23) und wegen der Symmetrie von $\underline{\underline{M}}$ gilt aber gerade

$$\underline{\underline{M}}\,\underline{\lambda} + \underline{\underline{N}}^T \underline{\beta} = \underline{\lambda} \cdot \underline{\underline{M}} + \underline{\beta} \cdot \underline{\underline{N}} = \begin{bmatrix} \mathfrak{A}(Z_{i_0})u \\ \vdots \\ \mathfrak{A}(Z_{i_{M-1}})u \end{bmatrix}$$

und

$$\underline{\underline{N}}\,\underline{\lambda} = \underline{\lambda} \cdot \underline{\underline{N}}^T = \underline{0},$$

also folgt

$$\Phi(\underline{x}) = \begin{bmatrix} \mathfrak{A}(Z_{i_0})u \\ \vdots \\ \mathfrak{A}(Z_{i_{M-1}})u \end{bmatrix} \cdot \underline{\Psi}(\underline{x}) = \sum_{j=0}^{M-1} \Psi_j(\underline{x}) \cdot \mathfrak{A}(Z_{i_j})u.$$

Damit ist der folgende Satz bewiesen.

Satz 6.9 *Jede radiale Rekonstruktion besitzt eine Lagrange-Darstellung*

$$\Phi(\underline{x}) = \sum_{j=0}^{M-1} \Psi_j(\underline{x}) \cdot \mathfrak{A}(Z_{i_j})u$$

mit Basisfunktionen, die die Bedingung

$$\mathfrak{A}(Z_{i_k})\Psi_j = \delta_j^k \quad , j, k = 0, \ldots, M-1,$$

erfüllen. Die Basisfunktionen sind Lösungen des linearen Systems

$$\begin{bmatrix} \underline{\underline{M}} & \underline{\underline{N}}^T \\ \underline{\underline{N}} & \underline{\underline{0}} \end{bmatrix} \begin{bmatrix} \underline{\Psi}(\underline{x}) \\ \underline{\Theta}(\underline{x}) \end{bmatrix} = \begin{bmatrix} \underline{\mathcal{R}}(\underline{x}) \\ \underline{\mathcal{S}}(\underline{x}) \end{bmatrix}. \tag{6.24}$$

Für das Interpolationsproblem $\Phi(\underline{x}_j) = u(\underline{x}_j)$ bewiesen Wu und Schaback in [163] eine erstaunliche Eigenschaft der Lagrangeschen Basisfunktionen. Sie sind nämlich Lösungen eines punktweisen Optimierungsproblems. Diese Tatsache war bereits Handscomb bekannt (siehe [48]), ist aber von ihm nicht veröffentlicht worden ([50]). Es fällt nun nicht schwer, dieses Resultat auch für die radialen Rekonstruktionen zu beweisen.

Satz 6.10 *Die Werte der Lagrangeschen Basisfunktionen* $\underline{\Psi} = (\Psi_0, \ldots, \Psi_{M-1})$ *einer radialen Rekonstruktion an einem Punkt* $\underline{x} \in \mathbf{R}^2$ *sind Lösungen des bedingten Minimierungsproblems*

$$\underline{\Psi}(\underline{x}) = \min_{\substack{\underline{\Upsilon} \in \mathbf{R}^M \\ \underline{\underline{N}}\,\underline{\Upsilon} = \underline{\mathcal{S}}(\underline{x})}} \left\{ \underline{\Upsilon} \cdot \underline{\underline{M}}\,\underline{\Upsilon} - 2\underline{\Upsilon} \cdot \underline{\mathcal{R}}(\underline{x}) + \phi(\underline{0}) \right\}.$$

Beweis: Wir definieren

$$f(\underline{\Upsilon}) := \underline{\Upsilon} \cdot \underline{\underline{M}}\,\underline{\Upsilon} - 2\underline{\Upsilon} \cdot \underline{\mathcal{R}}(\underline{x}) + \phi(0)$$

und die Nebenbedingungen

$$\underline{g}(\underline{\Upsilon}) := \underline{\underline{N}}\,\underline{\Upsilon} - \underline{\mathcal{S}}(\underline{x}) = \underline{0}.$$

Einführung von Lagrange-Multiplikatoren $l_j, j = 0, \ldots, Q-1$, und Betrachten der Gleichungen

$$\nabla_{\underline{\Upsilon}} f(\underline{\Upsilon}) = 2\underline{\underline{M}}\,\underline{\Upsilon} - 2\underline{\mathcal{R}}(\underline{x})$$

sowie

$$\nabla_{\underline{\Upsilon}}\underline{g} = \underline{\underline{N}}$$

führt auf das Gleichungssystem

$$\begin{bmatrix} \underline{\underline{M}} & \underline{\underline{N}}^T \\ \underline{\underline{N}} & \underline{\underline{0}} \end{bmatrix} \begin{bmatrix} \underline{\Upsilon}(\underline{x}) \\ \underline{l} \end{bmatrix} = \begin{bmatrix} \underline{\mathcal{R}}(\underline{x}) \\ \underline{\mathcal{S}}(\underline{x}) \end{bmatrix}.$$

Ein Vergleich mit (6.24) zeigt jedoch, daß wegen der Eindeutigkeit der Lösungen dieses Gleichungssystems $\underline{\Upsilon} = \underline{\Psi}(\underline{x})$ und $\underline{l} = \underline{\Theta}(\underline{x})$ gelten muß. □

Definition 6.12 Funktionen in Lagrange-Darstellung, deren Basisfunktionen Lösungen des obigen Minimierungsproblems sind, heißen Wu-Schaback-optimal.

In Anlehnung an die bei der Interpolationstheorie gebräuchlichen Begriffe geben wir die

Definition 6.13 Die quadratische Form

$$\kappa_{\underline{\Upsilon}}(\underline{x}) := \sqrt{\underline{\Upsilon} \cdot \underline{\underline{M}}\,\underline{\Upsilon} - 2\underline{\Upsilon} \cdot \underline{\mathcal{R}}(\underline{x}) + \phi(0)}$$

heißt Kriging-Funktion.

6.6.2 Fehlerabschätzungen

Für $\underline{\Upsilon} = \underline{\Psi}(\underline{x})$ nimmt die Kriging-Funktion offenbar ihr Minimum an. Dann gilt

$$\begin{aligned}\kappa^2_{\underline{\Psi}(\underline{x})}(\underline{x}) = &\sum_{j=0}^{M-1}\sum_{k=0}^{M-1} \Psi_j(\underline{x})\Psi_k(\underline{x})\mathfrak{A}^{\underline{x}}(Z_{i_k})\mathfrak{A}^{\underline{y}}(Z_{i_j})\phi(\underline{x}-\underline{y}) \\ &-2\sum_{j=0}^{M-1} \Psi_j(\underline{x})\mathfrak{A}^{\underline{y}}(Z_{i_j})\phi(\underline{x}-\underline{y}) + \phi(\underline{0}).\end{aligned}$$

Ein Blick zurück auf die Darstellung des reproduzierenden Kerns des Beppo-Levi-Raumes in Satz 5.4 von Abschnitt 5.1 zeigt die Verwandschaft der

Kriging-Funktion mit diesem Kern. Tatsächlich ist die Kriging-Funktion selbst der Fréchet-Riesz-Repräsentator eines Funktionals, nämlich des Fehlerfunktionals bei der Rekonstruktion! Nach Definition 4.2 erzeugt der Rekonstruktionsalgorithmus $\mathfrak{R}_i(\underline{x})$ den Fehler

$$E_{\mathfrak{R}_i(\underline{x})}(\delta_{\underline{x}}, \mathfrak{I}_i, U) = \sup_{u\in U} \left|\langle\delta_{\underline{x}}, u\rangle - \mathfrak{R}_i(\underline{x})\mathfrak{I}_i u\right|.$$

In unserem Fall ist daher der Fehler für ein spezielles $u \in C_\phi(\mathbf{R}^2;\mathbf{R})$ durch

$$\left|\langle\delta_{\underline{x}}, u\rangle - \langle\delta_{\underline{x}}, \Phi\rangle\right|$$

gegeben. Mit der Lagrange-Darstellung für Φ ist

$$E_{\underline{x}} := \langle\delta_{\underline{x}}, \cdot\rangle - \sum_{j=0}^{M-1} \Psi_j(\underline{x})\mathfrak{A}(Z_{i_j})$$

ein lineares Funktional auf $C_\phi(\mathbf{R}^2;\mathbf{R})$. Nach dem Satz von Fréchet-Riesz existiert ein Repräsentator $R_E \in C_\phi(\mathbf{R}^2;\mathbf{R})$, so daß

$$E_{\underline{x}}u = [R_E|u]_{C_\phi(\mathbf{R}^2;\mathbf{R})}$$

gilt. Damit läßt sich das Fehlerfunktional durch

$$\left|E_{\underline{x}}u\right| \leq |R_E|_{C_\phi(\mathbf{R}^2;\mathbf{R})}\,|u|_{C_\phi(\mathbf{R}^2;\mathbf{R})}$$

abschätzen. Für den uns interessierenden Teil $|R_E|_{C_\phi(\mathbf{R}^2;\mathbf{R})}$ gilt nun

$$\begin{aligned} |R_E|_{C_\phi(\mathbf{R}^2;\mathbf{R})} &= [R_E|R_E]_{C_\phi(\mathbf{R}^2;\mathbf{R})} \\ &\overset{\text{Fréchet-Riesz}}{=} E_{\underline{x}}R_E = \langle\delta_{\underline{x}}, R_E\rangle - \sum_{j=0}^{M-1} \Psi_j(\underline{x})\mathfrak{A}(Z_{i_j})R_E, \end{aligned}$$

so daß – falls der Fréchet-Riesz-Repräsentator R_E bekannt ist – sich Möglichkeiten zur Fehlerabschätzung der radialen Rekonstruktionen bieten. Wir wollen nicht den allgemeinsten Fall verfolgen (siehe dazu etwa [163] und [157]), sondern Funktionen $u \in C_\phi(\mathbf{R}^2;\mathbf{R})$ betrachten, für die die Fourierdarstellung

$$u(\underline{x}) = (2\pi)^{-2} \int_{\mathbf{R}^2} \exp(i\underline{x}\cdot\underline{\xi})\hat{u}(\underline{\xi})\,d\underline{\xi}$$

($\mathrm{i} = \sqrt{-1}$), mit der Fouriertransformierten $\hat{u}$ im klassischen Sinne existiert. Weiterhin nehmen wir an, daß diese Fourier-Transformierte solche Eigenschaften besitzt, daß alle folgenden Operationen möglich sein mögen. Diese Voraussetzungen sind natürlich sehr ungenau und für eine tiefere Analysis nicht brauchbar. Tatsächlich existieren die Fourier-Transformierten der interessanten radialen Rekonstruktionen nur im distributionellen Sinn. Eine rigorose Analysis für das Interpolationsproblem findet sich in den Dissertationen von Weinrich [157] und Iske [71], die man leicht auf den Fall der Rekonstruktion aus Zellmitteln übertragen kann.

Unter den erwähnten Voraussetzungen gilt

Lemma 6.15 *Die Kriging-Funktion besitzt die Darstellung*

$$\kappa^2_{\underline{\Psi}(\underline{x})}(\underline{x}) =$$
$$\min_{\substack{\Upsilon \in \mathbf{R}^M \\ \underline{\underline{N}}\,\Upsilon = \underline{S}(\underline{x})}} (2\pi)^{-2} \int_{\mathbf{R}^2} \left| \sum_{j=0}^{M-1} \Upsilon_j \mathfrak{A}^{\underline{x}}(Z_{i_j}) \exp(\mathrm{i}\underline{x} \cdot \underline{\xi}) - \exp(\mathrm{i}\underline{x} \cdot \underline{\xi}) \right|^2 \hat{\phi}(\underline{\xi})\, d\underline{\xi}.$$

Beweis: Es ist

$$(2\pi)^{-2} \int_{\mathbf{R}^2} \left| \sum_{j=0}^{M-1} \Upsilon_j \mathfrak{A}^{\underline{x}}(Z_{i_j}) \exp(\mathrm{i}\underline{x} \cdot \underline{\xi}) - \exp(\mathrm{i}\underline{x} \cdot \underline{\xi}) \right|^2 \hat{\phi}(\underline{\xi})\, d\underline{\xi}$$
$$= (2\pi)^{-2} \int_{\mathbf{R}^2} \left(\sum_{j=0}^{M-1} \Upsilon_j \mathfrak{A}^{\underline{x}}(Z_{i_j}) \exp(\mathrm{i}\underline{x} \cdot \underline{\xi}) - \exp(\mathrm{i}\underline{x} \cdot \underline{\xi}) \right)$$
$$\left(\sum_{k=0}^{M-1} \Upsilon_k \mathfrak{A}^{\underline{y}}(Z_{i_k}) \exp(-\mathrm{i}\underline{y} \cdot \underline{\xi}) - \exp(-\mathrm{i}\underline{y} \cdot \underline{\xi}) \right) \hat{\phi}(\underline{\xi})\, d\underline{\xi}$$
$$= (2\pi)^{-2} \int_{\mathbf{R}^2} \left(\sum_{j=0}^{M-1} \sum_{k=0}^{M-1} \Upsilon_j \Upsilon_k \mathfrak{A}^{\underline{x}}(Z_{i_j}) \mathfrak{A}^{\underline{y}}(Z_{i_k}) \exp(\mathrm{i}(\underline{x} - \underline{y}) \cdot \underline{\xi}) \right.$$
$$\left. -2 \sum_{j=0}^{M-1} \Upsilon_j \mathfrak{A}^{\underline{y}}(Z_{i_j}) \exp(\mathrm{i}(\underline{x} - \underline{y}) \cdot \underline{\xi}) + 1 \right) \hat{\phi}(\underline{\xi})\, d\underline{\xi}$$

Wegen

$$\sum_{j=0}^{M-1}\sum_{k=0}^{M-1} \Upsilon_j \Upsilon_k \mathfrak{A}^{\underline{x}}(Z_{i_k})\mathfrak{A}^{\underline{y}}(Z_{i_j})\phi(\underline{x}-\underline{y})$$

$$= (2\pi)^{-2}\int_{\mathbf{R}^2} \hat{\phi}(\underline{\xi}) \sum_{j=0}^{M-1}\sum_{k=0}^{M-1} \Upsilon_j \Upsilon_k \mathfrak{A}^{\underline{x}}(Z_{i_k})\mathfrak{A}^{\underline{y}}(Z_{i_j}) \exp(\mathrm{i}(\underline{x}-\underline{y})\cdot\underline{\xi})\, d\underline{\xi},$$

$$\sum_{j=0}^{M-1} \Upsilon_j \mathfrak{A}^{\underline{y}}(Z_{i_j})\phi(\underline{x}-\underline{y}) =$$

$$(2\pi)^{-2}\int_{\mathbf{R}^2} \hat{\phi}(\underline{\xi}) \sum_{j=0}^{M-1} \Upsilon_j \mathfrak{A}^{\underline{y}}(Z_{i_j}) \exp(\mathrm{i}(\underline{x}-\underline{y})\cdot\underline{\xi})\, d\underline{\xi}$$

und

$$\phi(\underline{x}) = (2\pi)^{-2}\int_{\mathbf{R}^2} \hat{\phi}(\underline{\xi}) \exp(\mathrm{i}\underline{x}\cdot\underline{\xi})\, d\underline{\xi}$$

$$\Rightarrow \quad \phi(\underline{0}) = (2\pi)^{-2}\int_{\mathbf{R}^2} \hat{\phi}(\underline{\xi})\, d\underline{\xi}$$

folgt das behauptete Lemma. □

Den Zusammenhang zwischen der Kriging-Funktion und dem Approximationsfehler stellt man über folgende Bedingung her.

Definition 6.14 Es sei $\mathcal{F}_\phi(\mathbf{R}^2;\mathbf{R})$ der Raum derjenigen Funktionen, deren Fourier-Transformierte in $L^1(\mathbf{R}^2;\mathbf{R})$ liegt und für die

$$|u|^2_{\mathcal{F}_\phi(\mathbf{R}^2;\mathbf{R})} := (2\pi)^{-2}\int_{\mathbf{R}^2} |\hat{u}(\underline{\xi})|^2 \hat{\phi}^{-1}(\underline{\xi})\, d\underline{\xi} < \infty$$

gilt.

Bemerkung 6.5 Verwendet man den Distributionenkalkül und interpretiert alle Fourier-Transformationen im schwachen Sinn, dann ist der so entstehende Raum $\mathcal{F}_\phi$ tatsächlich mit dem Raum C_ϕ identisch. Diese Identität ist im wesentlichen der Gegenstand der Arbeit von Weinrich [157].

Damit können wir den folgenden Satz beweisen.

Satz 6.11 *Für jedes $u \in \mathcal{F}_\phi(\mathbf{R}^2; \mathbf{R})$ gilt*

$$\left|\langle\delta_{\underline{x}}, u\rangle - \langle\delta_{\underline{x}}, \Phi\rangle\right|^2 \leq \kappa^2_{\underline{\Psi}(\underline{x})}(\underline{x})|u|^2_{\mathcal{F}_\phi}.$$

Beweis: Es gilt die Darstellung

$$\left|\langle\delta_{\underline{x}}, u\rangle - \langle\delta_{\underline{x}}, \Phi\rangle\right|^2 = \left|\langle\delta_{\underline{x}}, \Phi\rangle - \langle\delta_{\underline{x}}, u\rangle\right|^2 =$$
$$\left|(2\pi)^{-2}\int_{\mathbf{R}^2}\left(\sum_{j=0}^{M-1}\Psi_j(\underline{x})\mathfrak{A}^{\underline{x}}(Z_{i_j})\exp(\mathrm{i}\underline{x}\cdot\underline{\xi}) - \exp(\mathrm{i}\underline{x}\cdot\underline{\xi})\right)\hat{u}(\underline{\xi})\,d\underline{\xi}\right|^2.$$

Schreibt man

$$\left|\langle\delta_{\underline{x}}, u\rangle - \langle\delta_{\underline{x}}, \Phi\rangle\right|^2 =$$
$$(2\pi)^{-4}\left|\int_{\mathbf{R}^2}\left[\left(\sum_{j=0}^{M-1}\Psi_j(\underline{x})\mathfrak{A}^{\underline{x}}(Z_{i_j})\exp(\mathrm{i}\underline{x}\cdot\underline{\xi}) - \exp(\mathrm{i}\underline{x}\cdot\underline{\xi})\right)\sqrt{\hat{\phi}(\underline{\xi})}\right]\cdot\right.$$
$$\left.\left[\hat{u}(\underline{\xi})\frac{1}{\sqrt{\hat{\phi}(\underline{\xi})}}\right]d\underline{\xi}\right|^2,$$

so folgt mit Hilfe der Cauchy-Schwarz-Ungleichung

$$\begin{aligned}\left|\langle\delta_{\underline{x}}, u\rangle - \langle\delta_{\underline{x}}, \Phi\rangle\right|^2 \leq\\ (2\pi)^{-2}\int_{\mathbf{R}^2}\left|\sum_{j=0}^{M-1}\Psi_j(\underline{x})\mathfrak{A}^{\underline{x}}(Z_{i_j})\exp(\mathrm{i}\underline{x}\cdot\underline{\xi}) - \exp(\mathrm{i}\underline{x}\cdot\underline{\xi})\right|^2\hat{\phi}(\underline{\xi})\,d\underline{\xi}(2\pi)^{-2}\cdot\\ \int_{\mathbf{R}^2}|\hat{u}(\underline{\xi})|^2\hat{\phi}^{-1}(\underline{\xi})\,d\underline{\xi}\\ = \kappa^2_{\underline{\Psi}(\underline{x})}(\underline{x})|u|^2_{\mathcal{F}_\phi(\mathbf{R}^2;\mathbf{R})}.\end{aligned}$$

□

Mit dieser - hier nur andeutungsweise vorgestellten – Technik gelang es Wu und Schaback in [163], für radiale Interpolationsfunktionen Fehlerabschätzungen zu gewinnen. Obwohl sich diese Abschätzungen mühelos auf den Rekonstruktionsfall übertragen lassen, wollen wir weiterhin nur an dem Optimalitätsbegriff und nicht an Ordnungsabschätzungen arbeiten.

6.7 Die Äquivalenz der Optimalitätsbegriffe

Die punktweise Wu-Schaback-Optimalität ergibt sich aus einem endlichdimensionalen Optimierungsproblem im $\mathbf{R}^M$, während die Optimalität der Splines sich auf ein Variationsprinzip in Räumen unendlicher Dimension ($C_\phi(\mathbf{R}^2;\mathbf{R})$) bezieht. Es ist *a priori* nicht klar, welcher Zusammenhang zwischen beiden Optimalitätsbegriffen besteht. Man kann nun zeigen (eigentlich haben wir eine Richtung bereits gezeigt!), daß beide Begriffe in der Tat äquivalent sind. Für den vollständigen Beweis verweisen wir auf Laurent [79].

Satz 6.12 *Die Wu-Schaback-Optimalität ist Optimalität im Sinne von Micchelli und Rivlin.*

Beweis: (Aus der Wu-Schaback-Optimalität folgt die Optimalität im Sinne von Micchelli und Rivlin) Wir betrachten Rekonstruktionen in der Lagrange-Darstellung

$$\Phi(\underline{x}) = \sum_{j=0}^{M-1} \Upsilon_j(\underline{x})\mathfrak{A}(Z_{i_j})u$$

mit Funktionen Υ_j, für die

$$\mathfrak{A}(Z_{i_j})\Upsilon_k = \delta_j^k, \quad j,k = 0,\ldots,M-1,$$

gilt. Dann folgt die Darstellung des punktweisen Fehlers nach dem Beweis von Satz 6.11 zu

$$\begin{aligned}&\left|\langle\delta_{\underline{x}},u\rangle - \langle\delta_{\underline{x}},\Phi\rangle\right|^2 = \\ &\left|(2\pi)^{-2}\int_{\mathbf{R}^2}\left(\sum_{j=0}^{M-1}\Upsilon_j(\underline{x})\mathfrak{A}^{\underline{x}}(Z_{i_j})\exp(i\underline{x}\cdot\underline{\xi}) - \exp(i\underline{x}\cdot\underline{\xi})\right)\hat{u}(\underline{\xi})\,d\underline{\xi}\right|^2 \\ &\leq \kappa^2_{\Upsilon(\underline{x})}(\underline{x})|u|^2_{\mathcal{F}_\phi(\mathbf{R}^2;\mathbf{R})}.\end{aligned}$$

Damit gilt also

$$\sup_{u\in\mathcal{F}_\phi(\mathbf{R}^2;\mathbf{R})}\left|\langle\delta_{\underline{x}},u\rangle - \langle\delta_{\underline{x}},\Phi\rangle\right| \leq \kappa_{\underline{\Upsilon}(\underline{x})}(\underline{x})|u|_{\mathcal{F}_\phi(\mathbf{R}^2;\mathbf{R})}.$$

Bildung des Infimums liefert schließlich

$$\inf_{\underline{\Upsilon}(\underline{x})} \sup_{u \in \mathcal{F}_\phi(\mathbf{R}^2;\mathbf{R})} \left|\langle \delta_{\underline{x}}, u\rangle - \langle \delta_{\underline{x}}, \Phi\rangle\right| \leq \kappa_{\underline{\Psi}(\underline{x})}(\underline{x}) |u|_{\mathcal{F}_\phi(\mathbf{R}^2;\mathbf{R})},$$

was dem eigentlichen Fehler $\inf_{\mathfrak{R}_i(\underline{x})} \sup_{u \in \mathcal{F}_\phi(\mathbf{R}^2;\mathbf{R})} \left|\langle \delta_{\underline{x}}, u\rangle - \mathfrak{R}_i(\underline{x})\mathfrak{I}_i u\right|$ entspricht. □

7 Lokale radiale Funktionen

Mit der Klasse der bedingt positiv $\mathfrak{A}$-definiten Funktionen haben wir im letzten Kapitel optimale Rekonstruktionen in gewissen Semi-Hilbert-Räumen C_ϕ identifiziert. Während die Theorie für die Rekonstruktion von (im Sinne von $u : \mathbf{R}^2 \to \mathbf{R}$) global definierten Funktionen außerordentlich attraktiv ist, treten in der Praxis der Rekonstruktion doch Probleme auf. In den uns interessierenden Fällen suchen wir Rekonstruktionen, die durch extrem lokale Daten (Zellmittel auf wenigen Kontrollvolumina) definiert sind. Daraus erhalten wir mit den globalen radialen Funktionen Rekonstruktionen auf dem gesamten $\mathbf{R}^2$, die dann (künstlich) auf eine Zelle eingeschränkt werden. Folge dieser Prozedur sind heftig oszillierende Rekonstruktionen (wie im Fall des Plattensplines) oder unbefriedigende lokale Approximationseigenschaften. Es wäre daher gerade für den Rekonstruktionsfall wichtig, über Rekonstruktionsfunktionen mit kompaktem Träger zu verfügen. Für die Interpolation gelang Wendland und Schaback ([156], [123]) nach Vorarbeiten von Iske [71] der Durchbruch in Form der Konstruktion des Euklidischen Hutes. Wir adoptieren den Hut für unser Rekonstruktionsproblem und zeigen seine Optimalität.

7.1 Der Euklidische Hut

7.1.1 Die Konstruktionsidee

Für $x \in \mathbf{R}$ und $A \subset \mathbf{R}$ sei χ_A die charakteristische Funktion auf A. Die Funktion

$$\mathbf{R} \ni x \overset{B_1}{\longmapsto} B_1(x) := \frac{1}{2}\left(\chi_{[-1/2,1/2]}(x) + \chi_{(-1/2,1/2)}(x)\right) \in \mathbf{R}$$

ist bekanntermaßen der B-Spline der Ordnung eins. B-Splines der Ordnung $\mathbf{N} \ni n > 1$ sind rekursiv durch die Faltung

$$B_n(x) = B_{n-1} * B_1(x) = \int_{-1/2}^{1/2} B_{n-1}(x-y)\, dy$$

definiert (siehe etwa [25]). Zentrale Idee der Übertragung ins Mehrdimensionale ist die Betrachtung der Faltung zweier charakteristischer Funktionen auf speziellen Mengen, nämlich Kugeln.

Definition 7.1 Die Menge

$$B(\underline{x}; r) := \{\underline{y} \in \mathbf{R}^2 \mid |\underline{y} - \underline{x}| \leq r\}$$

heißt Euklidische Kugel des Radius r um den Punkt $\underline{x}$.

Damit sind wir bereits in der Lage, den Gegenstand unseres Interesses zu definieren.

Definition 7.2 Die Funktion

$$\mathbf{R}^2 \ni \underline{x} \stackrel{\mathfrak{X}_r}{\longmapsto} \mathfrak{X}_r(\underline{x}) := \chi_{B(\underline{0};r)} * \chi_{B(\underline{0};r)} \in \mathbf{R}$$

heißt Euklidischer Hut oder Schaback-Wendland-Funktion.

Offenbar gilt *per definitionem*

$$\begin{aligned}\mathfrak{X}_r(\underline{x}) &= \int_{\mathbf{R}^2} \chi_{B(\underline{0};r)}(\underline{y})\chi_{B(\underline{0};r)}(\underline{x} - \underline{y})\, d\underline{y} = \int_{B(\underline{x};r)} \chi_{B(\underline{0};r)}(\underline{y})\, d\underline{y} \\ &= |B(\underline{0}; r) \cap B(\underline{x}; r)|,\end{aligned}$$

wonach der Wert der Schaback-Wendland-Funktion an der Stelle $\underline{x} \in \mathbf{R}^2$ gerade dem Volumen des Schnittes zweier Kugeln entspricht, wobei die eine in $\underline{0}$, die andere in $\underline{x}$ ihren Mittelpunkt besitzt, wie in Abbildung 7.1 verdeutlicht ist. In der Arbeit von Wendland [156] finden sich zwei Alternativen, um die Schaback-Wendland-Funktion explizit zu berechnen. Ein sehr kurzer, von Schaback stammender Beweis [122], findet sich in der Arbeit [123]. Nützlich ist dazu

Lemma 7.1 *Es gilt*

$$\mathfrak{X}_r(\underline{x}) = r^2 \mathfrak{X}_1\left(\frac{\underline{x}}{\beta}\right).$$

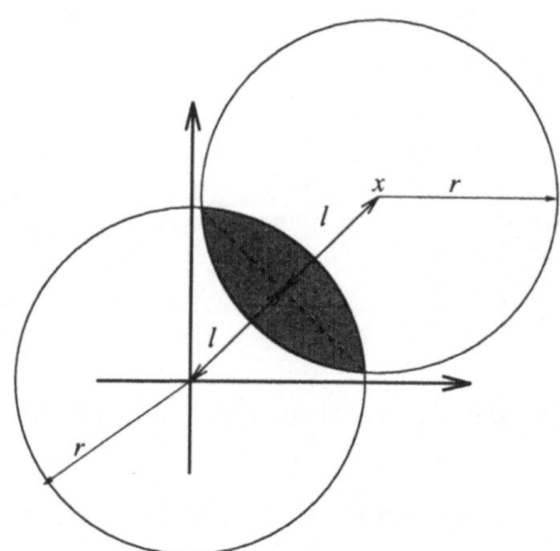

Abb. 7.1 Wert der Schaback-Wendland-Funktion als Volumen eines Kreisschnittes.

Beweis: Für die charakteristische Funktion $\chi_{B(0;r)}$ gilt $\chi_{B(0;r)}(\underline{x}) = \chi_{B(0;1)}(\underline{x}/r)$. Damit folgt

$$\begin{aligned}\mathfrak{X}_r(\underline{x}) &= \int_{\mathbf{R}^2} \chi_{B(0;1)}(\underline{x}/r)\chi_{B(0;1)}((\underline{x}-\underline{y})/r)\,d\underline{y}\\ &= r^2 \int_{\mathbf{R}^2} \chi_{B(0;1)}(\underline{y})\chi_{B(0;1)}(\frac{\underline{x}}{r}-\underline{y})\,d\underline{y}\\ &= r^2\mathfrak{X}_1\left(\frac{\underline{x}}{r}\right).\end{aligned}$$

□

Bemerkung 7.1 In n Raumdimensionen gilt analog $\mathfrak{X}_r(\underline{x}) = r^n\mathfrak{X}_1(\underline{x}/r)$.

Lemma 7.2 *Die Schaback-Wendland-Funktion ist im* $\mathbf{R}^2$ *durch*

$$\mathbf{R}^2 \ni \underline{x} \overset{\mathfrak{X}_r}{\longmapsto} \mathfrak{X}_r(\underline{x}) := X_r(|\underline{x}|) := \begin{cases} 2r^2 \arccos\left(\frac{|\underline{x}|}{2r}\right) - \frac{1}{2}|\underline{x}|\sqrt{4r^2-|\underline{x}|^2} & ; |\underline{x}| \le 2r \\ 0 & ; |\underline{x}| > 2r \end{cases}$$

gegeben.

Beweis: Die Berechnung des Volumens der Schnittmenge zweier euklidischer Kugeln ist offenbar äquivalent zur Berechnung des zweifachen Volumens des Schnittes einer Hyperebene mit einer der beiden Kugeln (siehe Abbildung 7.1). Bezeichnet l den Abstand der Hyperebene vom Mittelpunkt der Kugeln, dann ist $|\underline{x}| = 2l$ und somit

$$X_r(2l) = 2 \cdot 2r \int_l^r \sqrt{1-s^2}\, ds.$$

Wir setzen vorerst $r = 1$. Die Substitution $l = \cos\psi$, $s = \cos\varphi$ führt auf

$$\begin{aligned} X_1(2\cos\psi) &= 4 \int_{\cos\psi}^1 \sqrt{1-\cos^2\varphi}\, d(\cos\varphi) \\ &= -4 \int_\psi^0 \sqrt{\sin^2\varphi} \sin\varphi\, d\varphi \\ &= 4 \int_0^\psi \sin^2\varphi\, d\varphi \end{aligned}$$

für $0 \le \psi \le \pi/2$. Partielle Integration liefert

$$\int_0^\psi \sin^2\varphi\, d\varphi = \int_0^\psi (1-\sin^2\varphi)\, d\varphi - \cos\psi \sin\psi,$$

also

$$2\int_0^\psi \sin^2\varphi\, d\varphi = \psi - \cos\psi\sin\psi.$$

Rücktransformation liefert

$$X_1(2l) = 2\arccos l - 2l \sin\arccos l$$

und wegen $\arccos l = \arcsin\sqrt{1-l^2}$ folgt daraus

$$\begin{aligned} X_1(2l) &= 2\arccos l - 2l\sqrt{1-l^2} = 2\arccos\frac{|\underline{x}|}{2} - 2\frac{|\underline{x}|}{2}\sqrt{1-\frac{|\underline{x}|^2}{4}} \\ &= X_1(|\underline{x}|). \end{aligned}$$

Für beliebige Radien r gilt nach Lemma 7.1 $X_r(|\underline{x}|) = r^2 X_1(|\underline{x}|/r)$, also

$$\begin{aligned} X_r(|\underline{x}|) &= 2r^2 \arccos \frac{|\underline{x}|}{2r} - 2r^2 \frac{|\underline{x}|}{2r}\sqrt{1 - \frac{|\underline{x}|^2}{4r^2}} \\ &= 2r^2 \arccos \frac{|\underline{x}|}{2r} - \frac{|\underline{x}|}{2}\sqrt{4r^2 - |\underline{x}|^2}. \end{aligned}$$

□

Bemerkung 7.2 Mit der gleichen Beweisidee gelangt man zur Darstellung der Schaback-Wendland-Funktion in beliebigen Raumdimensionen. Bezeichnet ω_n das Volumen der n-dimensionalen Einheitskugel, dann ist $X_1(2l) = 2\omega_{n-1} \int_l^1 \sqrt{(1-s^2)^{n-1}}$. Man gelangt so zu einer rekursiven Relation, mit deren Hilfe sich die Euklidischen Hüte in jeder beliebigen Raumdimension ermitteln lassen, siehe [123]. Für die praktisch noch relevanten Fälle $n = 1$ und $n = 3$ ergibt sich

$$\mathbf{R} \ni x \overset{\mathfrak{X}_r}{\longmapsto} \mathfrak{X}_r(x) = \begin{cases} 2r - |x| & ; |x| \leq 2r \\ 0 & ; |x| > 2r \end{cases}$$

bzw.

$$\mathbf{R}^3 \ni \underline{x} \overset{\mathfrak{X}_r}{\longmapsto} \mathfrak{X}_r(\underline{x}) = \begin{cases} \pi\left(\frac{|\underline{x}|^3}{12} - r^2|\underline{x}| + \frac{4r^3}{3}\right) & ; \frac{|\underline{x}|^3}{12} - r^2|\underline{x}| + \frac{4r^3}{3} \geq 0 \\ 0 & ; \frac{|\underline{x}|^3}{12} - r^2|\underline{x}| + \frac{4r^3}{3} < 0 \end{cases}.$$

7.1.2 Eigenschaften des Euklidischen Hutes

In diesem Abschnitt sollen in einer Folge von Definitionen und Ergebnissen einige wichtige Eigenschaften der Schaback-Wendland-Funktion nachgewiesen werden. Dazu sind bekannte Resultate aus der Theorie der Fouriertransformation notwendig, die wir jeweils im n-dimensionalen Kontext bringen. Anwendungen auf die Theorie der Schaback-Wendland-Funktion werden dann wieder nur für den räumlich zweidimensionalen Fall geliefert.

Definition 7.3 Die Funktionen

$$\mathbf{C}\backslash\{0\} \ni z \overset{\mathcal{J}_\nu}{\longmapsto} \mathcal{J}_\nu(z) := \left(\frac{1}{2}z\right)^\nu \sum_{k=0}^{\infty} \frac{\left(\frac{1}{4}z^2\right)^k}{k!\Gamma(\nu+k+1)} \in \mathbf{C}$$

heißen Bessel-Funktionen der Ordnung $\nu \in \mathbf{R}$ der ersten Art.

Bemerkung 7.3 Jede der Funktionen $\mathcal{J}_\nu$ ist holomorph auf der entlang der negativen reellen Achse geschlitzten komplexen Ebene. Weitere Eigenschaften entnimmt man z.B. [7].

Satz 7.1 *Es sei* $n \geq 2$ *und* $\mathbf{R}^n \ni \underline{x} \stackrel{\phi}{\longmapsto} \phi(\underline{x}) \in \mathbf{R}$ *radial mit* $\phi(\underline{x}) = \psi(|\underline{x}|)$ *und* $\phi \in L^1(\mathbf{R}^n; \mathbf{R})$. *Dann ist die Fouriertransformation von* ϕ *gegeben durch*

$$\mathbf{R}^n \ni \underline{\xi} \stackrel{\hat{\phi}}{\longmapsto} \hat{\phi}(\underline{\xi}) = \frac{(2\pi)^{n/2}}{|\underline{\xi}|^{(n-2)/2}} \int_{\mathbf{R}+} \psi(r) r^{n/2} \mathcal{J}_{(n-2)/2}(r|\underline{\xi}|)\, dr.$$

Insbesondere ist also die Fourier-Transformierte einer radialen Funktionen wieder radial.

Beweis: [124]. Man beachte allerdings die unterschiedlichen Konstanten, die durch eine unterschiedliche Definition der Fourier-Transformation bedingt werden. Wir definieren

$$\hat{\phi}(\underline{\xi}) = \int_{\mathbf{R}^n} \phi(\underline{x}) \exp(-\mathrm{i}\underline{x} \cdot \underline{\xi})\, d\underline{x},$$

und daher

$$\phi(x) = (2\pi)^{-n} \int_{\mathbf{R}^n} \hat{\phi}(\underline{\xi}) \exp(\mathrm{i}\underline{x} \cdot \underline{\xi})\, d\underline{\xi}.$$

□

Satz 7.2 *Gilt* $f, g \in L^2(\mathbf{R}^n; \mathbf{R})$, *dann ist die Fouriertransformation der Faltung* $f * g$ *durch*

$$\widehat{f * g}(\underline{\xi}) = \hat{f}(\underline{\xi})\hat{g}(\underline{\xi})$$

gegeben.

Beweis: [40]. □

Mit diesen Hilfsmitteln läßt sich nun die Fourier-Transormierte der Schaback-Wendland-Funktion angeben.

Lemma 7.3 *Es gilt* $\hat{\mathfrak{X}}_r \in L^1(\mathbf{R}^n;\mathbf{R})$ *und*

$$\mathbf{R}^n \ni \underline{\xi} \overset{\hat{\mathfrak{X}}_r}{\longmapsto} \hat{\mathfrak{X}}_r(\underline{\xi}) = (2\pi r)^n |\underline{\xi}|^{-n} \mathcal{J}^2_{n/2}(r|\underline{\xi}|),$$

speziell also $\hat{\mathfrak{X}}_r(\underline{\xi}) = 4\pi^2 r^2 |\underline{\xi}|^{-2} \mathcal{J}_1^2(r|\underline{\xi}|)$ *in* $n = 2$ *Raumdimensionen.*

Beweis: Da nach Definition $\mathfrak{X}_r(\underline{x}) = \chi_{B(\underline{0};r)} * \chi_{B(\underline{0};r)}(\underline{x})$ ist, folgt aus Satz 7.2, daß $\hat{\mathfrak{X}}_r(\underline{\xi}) = \hat{\chi}^2_{B(\underline{0};r)}(\underline{\xi})$ gilt. Mit Hilfe von Satz 7.1 und der Darstellung der Bessel-Funktionen in Definition 7.3 rechnet man $\hat{\chi}^2_{B(\underline{0};r)}(\underline{\xi}) = (2\pi r)^{n/2} |\underline{\xi}|^{-n/2} \mathcal{J}_{n/2}(r|\underline{\xi}|)$ nach (vgl. [156]). □

Für die später noch zu zeigende eindeutige Lösbarkeit des Rekonstruktionsproblems ist eine Aussage über den Wertebereich der Fourier-Transformation des Euklidischen Hutes wichtig.

Lemma 7.4 *Es gilt*

$$\hat{\mathfrak{X}}_r(\underline{\xi}) > 0$$

für fast alle $\underline{\xi} \in \mathbf{R}^n$.

Beweis: Wegen Lemma 7.3 liegt das Vorzeichenverhalten von $\hat{\mathfrak{X}}_r$ nur an der Nullstellenmenge von $\mathcal{J}^2_{n/2}$. Da alle $\mathcal{J}_\nu$ holomorph sind (Bemerkung 7.3), muß die Nullstellenmenge von $\mathcal{J}_{n/2}$ diskret sein, da anderenfalls nach dem Identitätssatz ([39]) $\mathcal{J}_{n/2}$ identisch verschwinden müßte. □

Die folgende Aussage bezüglich des Trägers der Schaback-Wendland-Funktion ist nahezu trivial.

Lemma 7.5 *Es gilt*

$$\mathrm{supp}\mathfrak{X}_r = \{\underline{x} \in \mathbf{R}^n \mid |\underline{x}| \leq 2r\}.$$

Beweis: Es gilt $\mathrm{supp}(\chi_{B(\underline{0};r)} * \chi_{B(\underline{0};r)}) = 2\mathrm{supp}\chi_{B(\underline{0};r)}$. □

Wir können jetzt die Rekonstruktionen einführen, die auf dem Euklidischen Hut basieren.

7.1.3 Lokale radiale Rekonstruktion

Zur Rekonstruktion auf einer gegebenen Knotenmenge $K(Z_i) = \{Z_{i_0}, \ldots, Z_{i_{M-1}}\}$ benötigen wir eine Rekonstruktionsfunktion, die auf dem Euklidischen Hut aufbaut.

Definition 7.4 Die Funktion

$$\Phi_r^{EH}(\underline{x}) := \sum_{j=0}^{M-1} \lambda_j \mathfrak{A}^{\underline{y}}(Z_{i_j})\mathfrak{X}_r(\underline{x}-\underline{y}) = \sum_{j=0}^{M-1} \lambda_j \mathfrak{A}^{\underline{y}}(Z_{i_j})X_r(|\underline{x}-\underline{y}|)$$

heißt lokale radiale Rekonstruktion mit dem Euklidischen Hut auf Z_i, wenn die Rekonstruktionsbedingungen

$$\mathfrak{A}(Z_{i_j})\Phi_r^{EH} = \mathfrak{A}(Z_{i_j})u \quad , j = 0, \ldots, M-1,$$

mit gegebenen Zellmitteln $\mathfrak{A}(Z_{i_j})u$ erfüllt sind.

Bereits bei den globalen radialen Rekonstruktionen

$$\Phi(\underline{x}) = \sum_{j=0}^{M-1} \lambda_j \mathfrak{A}^{\underline{y}}(Z_{i_j})\phi(\underline{x}-\underline{y}) + v, \quad v \in \Pi_{m-1}(\mathbf{R}^2;\mathbf{R})$$

hatten wir gezeigt, daß die eindeutige Lösbarkeit des Systems $\mathfrak{A}(Z_{i_j})\Phi = \mathfrak{A}(Z_{i_j})u, j = 0, \ldots, M-1$, durch die bedingte positive $\mathfrak{A}$-Definitheit der Funktionen ϕ gesichert war. In unserem Fall der lokalen radialen Rekonstruktion degeneriert dieser Begriff zur unbedingten postiven $\mathfrak{A}$-Definitheit, da der Euklidische Hut nicht mit Polynomen augmentiert zu werden braucht.

Definition 7.5 Eine radiale Funktion $\mathbf{R}^2 \ni \underline{x} \stackrel{\phi}{\longmapsto} \phi(\underline{x}) \in \mathbf{R}$ heißt (unbedingt) postiv $\mathfrak{A}$-definit, falls

$$\sum_{j=0}^{M-1}\sum_{k=0}^{M-1} \lambda_j\lambda_k \mathfrak{A}^{\underline{y}}(Z_{i_k})\mathfrak{A}^{\underline{x}}(Z_{i_j})\phi(\underline{x}-\underline{y}) \geq 0$$

für alle $\underline{\lambda} \in \mathbf{R}^M$ mit $\sum_{j=0}^{M-1} \lambda_j = 0$ und weiterhin

$$\sum_{j=0}^{M-1}\sum_{k=0}^{M-1} \lambda_j\lambda_k \mathfrak{A}^{\underline{y}}(Z_{i_k})\mathfrak{A}^{\underline{x}}(Z_{i_j})\phi(\underline{x}-\underline{y}) = 0 \quad \Rightarrow \underline{\lambda} = \underline{0}$$

gilt.

Wie man sofort sieht, ist die positive $\mathfrak{A}$-Definitheit der Garant für die eindeutige Lösbarkeit des Rekonstruktionsproblems.
Zur Vorbereitung des Beweises der positiven $\mathfrak{A}$-Definitheit der Schaback-Wendland-Funktion beweisen wir das folgende

Lemma 7.6 *Es sei* $\mathbf{R}^2 \ni \underline{x} \overset{\phi}{\longmapsto} \phi(\underline{x}) \in \mathbf{R}$, $\phi \in L^1(\mathbf{R}^2;\mathbf{R})$. *Dann gilt*

$$\sum_{j=0}^{M-1}\sum_{k=0}^{M-1} \lambda_j\lambda_k \mathfrak{A}^{\underline{y}}(Z_{i_k})\mathfrak{A}^{\underline{x}}(Z_{i_j})\phi(\underline{x}-\underline{y}) =$$

$$\frac{1}{(2\pi)^2}\int_{\mathbf{R}^2} \hat{\phi}(\underline{\xi}) \left| \sum_{j=0}^{M-1} \lambda_j \mathfrak{A}^{\underline{x}}(Z_{i_j}) \exp(\mathrm{i}\underline{x}\cdot\underline{\xi})\right|^2 d\underline{\xi}.$$

Beweis: Es ist $\phi(\underline{x}) = (2\pi)^{-2}\int_{\mathbf{R}^2}\hat{\phi}(\underline{\xi})\exp(\mathrm{i}\underline{x}\cdot\underline{\xi})\,d\underline{\xi}$, also

$$\begin{aligned} I &:= \sum_{j=0}^{M-1}\sum_{k=0}^{M-1} \lambda_j\lambda_k \mathfrak{A}^{\underline{y}}(Z_{i_k})\mathfrak{A}^{\underline{x}}(Z_{i_j})\phi(\underline{x}-\underline{y}) \\ &= (2\pi)^{-2}\int_{\mathbf{R}^2}\hat{\phi}(\underline{\xi})\sum_{j=0}^{M-1}\sum_{k=0}^{M-1} \lambda_j\lambda_k \mathfrak{A}^{\underline{y}}(Z_{i_k})\mathfrak{A}^{\underline{x}}(Z_{i_j})\exp(\mathrm{i}(\underline{x}-\underline{y})\cdot\underline{\xi})\,d\underline{\xi}. \end{aligned}$$

Der Einsatz eines Additionstheorems für Argumentdifferenzen in den Funktionen sin und cos liefert dann

$$\begin{aligned} I &= (2\pi)^{-2}\int_{\mathbf{R}^2}\hat{\phi}(\underline{\xi})\sum_{j=0}^{M-1}\sum_{k=0}^{M-1} \mathfrak{A}^{\underline{y}}(Z_{i_k})\mathfrak{A}^{\underline{x}}(Z_{i_j})\left\{\cos((\underline{x}-\underline{y})\cdot\underline{\xi}) + \mathrm{i}\sin((\underline{x}-\underline{y})\cdot\underline{\xi})\right\} d\underline{\xi} \\ &= (2\pi)^{-2}\int_{\mathbf{R}^2}\hat{\phi}(\underline{\xi})\sum_{j=0}^{M-1}\sum_{k=0}^{M-1} \mathfrak{A}^{\underline{y}}(Z_{i_k})\mathfrak{A}^{\underline{x}}(Z_{i_j})\left\{\cos(\underline{x}\cdot\underline{\xi})\cos(\underline{y}\cdot\underline{\xi}) + \sin(\underline{x}\cdot\underline{\xi})\sin(\underline{y}\cdot\underline{\xi})\right) \\ &\quad +\mathrm{i}(\sin(\underline{x}\cdot\underline{\xi})\cos(\underline{y}\cdot\underline{\xi}) - \cos(\underline{x}\cdot\underline{\xi})\sin(\underline{y}\cdot\underline{\xi})\right\} d\underline{\xi}. \end{aligned}$$

Wegen der Trivialität $\mathfrak{A}^{\underline{y}}(Z_{i_j})\sin(\underline{y}\cdot\underline{\xi}) = \mathfrak{A}^{\underline{x}}(Z_{i_j})\sin(\underline{x}\cdot\underline{\xi})$ und $\mathfrak{A}^{\underline{y}}(Z_{i_j})\cos(\underline{y}\cdot\underline{\xi}) = \mathfrak{A}^{\underline{x}}(Z_{i_j})\cos(\underline{x}\cdot\underline{\xi})$ verschwindet der imaginäre Summand. Es folgt

$$I = (2\pi)^{-2}\int_{\mathbf{R}^2}\hat{\phi}(\underline{\xi})\left\{\left(\sum_{k=0}^{M-1}\lambda_k\mathfrak{A}^{\underline{y}}(Z_{i_k})\cos(\underline{y}\cdot\underline{\xi})\right)\left(\sum_{j=0}^{M-1}\lambda_j\mathfrak{A}^{\underline{x}}(Z_{i_j})\cos(\underline{x}\cdot\underline{\xi})\right)\right.$$

$$+\left(\sum_{k=0}^{M-1}\lambda_k\mathfrak{A}^{\underline{y}}(Z_{i_k})\sin(\underline{y}\cdot\underline{\xi})\right)\left(\sum_{j=0}^{M-1}\lambda_j\mathfrak{A}^{\underline{x}}(Z_{i_j})\sin(\underline{x}\cdot\underline{\xi})\right)\Bigg\}\,d\underline{\xi}$$

$$=(2\pi)^{-2}\int_{\mathbf{R}^2}\hat{\phi}(\underline{\xi})\left\{\left(\sum_{j=0}^{M-1}\lambda_j\mathfrak{A}^{\underline{x}}(Z_{i_j})\cos(\underline{x}\cdot\underline{\xi})\right)^2\left(\sum_{j=0}^{M-1}\lambda_j\mathfrak{A}^{\underline{x}}(Z_{i_j})\sin(\underline{x}\cdot\underline{\xi})\right)^2\right\}d\underline{\xi}$$

$$=(2\pi)^{-2}\int_{\mathbf{R}^2}\hat{\phi}(\underline{\xi})\left|\sum_{j=0}^{M-1}\lambda_j\mathfrak{A}^{\underline{x}}(Z_{i_j})\left\{\cos(\underline{x}\cdot\underline{\xi})+\mathrm{i}\sin(\underline{x}\cdot\underline{\xi})\right\}\right|^2 d\underline{\xi}$$

$$=(2\pi)^{-2}\int_{\mathbf{R}^2}\hat{\phi}(\underline{\xi})\left|\sum_{j=0}^{M-1}\lambda_j\mathfrak{A}^{\underline{x}}(Z_{i_j})\exp(\mathrm{i}\underline{x}\cdot\underline{\xi})\right|^2 d\underline{\xi}.$$

□

En passant notieren wir noch eine äquivalente Charakterisierung der positiven $\mathfrak{A}$-Definitheit über die Fourier-Transformation, die man sofort aus dem vorhergehenden Lemma schließt.

Lemma 7.7 *Eine radiale Funktion ist positiv $\mathfrak{A}$-definit genau dann, wenn ihre Fourier-Transformierte nicht negativ auf dem gesamten Raum und positiv in einer offenen Teilmenge des Raumes ist.*

Wir können jetzt die positive $\mathfrak{A}$-Definitheit der Schaback-Wendland-Funktion beweisen.

Satz 7.3 *Die Schaback-Wendland-Funktion $\mathfrak{X}_r$ ist positiv $\mathfrak{A}$-definit.*

Beweis: Wegen Lemma 7.4 und Lemma 7.6 gilt

$$\sum_{j=0}^{M-1}\sum_{k=0}^{M-1}\lambda_j\lambda_k\mathfrak{A}^{\underline{y}}(Z_{i_k})\mathfrak{A}^{\underline{x}}(Z_{i_j})\mathfrak{X}_r(\underline{x}-\underline{y})=$$

$$\frac{1}{(2\pi)^2}\int_{\mathbf{R}^2}\hat{\mathfrak{X}}_r(\underline{\xi})\left|\sum_{j=0}^{M-1}\lambda_j\mathfrak{A}^{\underline{x}}(Z_{i_j})\exp(\mathrm{i}\underline{x}\cdot\underline{\xi})\right|^2 d\underline{\xi}\geq 0.$$

Sei jetzt $\sum_{j=0}^{M-1}\sum_{k=0}^{M-1}\lambda_j\lambda_k\mathfrak{A}^{\underline{y}}(Z_{i_k})\mathfrak{A}^{\underline{x}}(Z_{i_j})\mathfrak{X}_r(\underline{x}-\underline{y}) = 0$. Wegen Lemma 7.4 muß dann bereits

$$\sum_{j=0}^{M-1}\lambda_j\mathfrak{A}^{\underline{x}}(Z_{i_j})\exp(\mathrm{i}\underline{x}\cdot\underline{\xi}) = 0$$

fast überall gelten. Wenn die Funktionen $\mathfrak{A}^{\underline{x}}(Z_{i_j})\exp(\mathrm{i}\underline{x}\cdot\underline{\xi})$ linear unabhängig auf dem $\mathbf{R}^M$ wären, würde daraus sofort $\lambda_j = 0, j = 0,\ldots,M-1$, folgen.

Die lineare Unabhängigkeit sieht man folgendermaßen (vgl. [113]). Wähle $\epsilon > 0$ und sei $k \in \{0,\ldots,M-1\}$ so gewählt, daß $|\lambda_k| = \max_{j=0,\ldots,M-1}\{|\lambda_j|\}$ gilt. Definiere

$$g(\underline{\xi}) := \sum_{j=0}^{M-1}\lambda_j\mathfrak{A}^{\underline{x}}(Z_{i_j})\exp(2i\underline{x}\cdot\underline{\xi})$$

und betrachte das Integral

$$\begin{aligned} I &:= \int_{\mathbf{R}^2}\exp(-\epsilon^2|\underline{\xi}|^2)g(\underline{\xi})\mathfrak{A}^{\underline{x}}(Z_{i_k})\exp(-2\mathrm{i}\underline{x}\cdot\underline{\xi})\,d\underline{\xi} \\ &\overset{\epsilon\underline{\xi}=:\underline{z}}{=} \frac{1}{\epsilon^2}\int_{\mathbf{R}^2}\exp(-|\underline{z}|^2)g(\underline{z}/\epsilon)\mathfrak{A}^{\underline{x}}(Z_{i_k})\exp(-2\mathrm{i}\underline{x}\cdot\underline{z}/\epsilon)\,d\underline{z}. \end{aligned}$$

Offenbar gilt $I \equiv 0$, da ja $g \equiv 0$ gelten soll. Einsetzen von g liefert

$$\begin{aligned} I &= \frac{1}{\epsilon^2}\sum_{j=0}^{M-1}\lambda_j\int_{\mathbf{R}^2}\exp(-|\underline{z}|^2)\left\{\mathfrak{A}^{\underline{x}}(Z_{i_j})\exp(2\mathrm{i}\underline{x}\cdot\underline{z}/\epsilon)\right\}\left\{\mathfrak{A}^{\underline{x}}(Z_{i_k})\exp(-2\mathrm{i}\underline{x}\cdot\underline{z}/\epsilon)\right\}\,d\underline{z} \\ &= \frac{1}{\epsilon^2}\sum_{j=0}^{M-1}\lambda_j\int_{\mathbf{R}^2}\exp(-|\underline{z}|^2)\mathfrak{A}^{\underline{x}}(Z_{i_j})\mathfrak{A}^{\underline{y}}(Z_{i_k})\exp(2\mathrm{i}(\underline{x}-\underline{y})\cdot\underline{z}/\epsilon)\,d\underline{z} \\ &= \frac{1}{\epsilon^2}\sum_{j=0}^{M-1}\lambda_j\mathfrak{A}^{\underline{x}}(Z_{i_j})\mathfrak{A}^{\underline{y}}(Z_{i_k})\int_{\mathbf{R}^2}\exp(-|\underline{z}|^2)\exp(2\mathrm{i}(\underline{x}-\underline{y})\cdot\underline{z}/\epsilon)\,d\underline{z}. \end{aligned}$$

Aus der Funktionentheorie folgt

$$\int_{\mathbf{R}^2}\mathfrak{A}^{\underline{x}}(Z_{i_j})\mathfrak{A}^{\underline{y}}(Z_{i_k})\exp(-(\underline{\xi}-\mathrm{i}(\underline{x}-\underline{y}))^2)\,d\underline{\xi} = \pi,$$

siehe [113]. Damit gilt

$$\mathfrak{A}^{\underline{x}}(Z_{i_j})\mathfrak{A}^{\underline{y}}(Z_{i_k}) \int_{\mathbf{R}^2} \exp(-|\underline{\xi}|^2) \exp(2i\underline{\xi} \cdot (\underline{x} - \underline{y})) \exp(-|\underline{x} - \underline{y}|^2) \, d\underline{\xi} = \pi$$

und nach einer Umskalierung durch $\underline{\tilde{x}} := \epsilon \underline{x}, \underline{\tilde{y}} := \epsilon \underline{y}$, folgt

$$\mathfrak{A}^{\underline{\tilde{x}}}(Z_{i_j})\mathfrak{A}^{\underline{\tilde{y}}}(Z_{i_k}) \int_{\mathbf{R}^2} \exp(-|\underline{\xi}|^2) \exp(2i\underline{\xi} \cdot (\underline{\tilde{x}} - \underline{\tilde{y}})) \exp(-|\underline{\tilde{x}} - \underline{\tilde{y}}|^2/\epsilon) \, d\underline{\xi} = \pi.$$

Damit erhalten wir schließlich

$$I = \frac{1}{\epsilon^2} \sum_{j=0}^{M-1} \lambda_j \pi \mathfrak{A}^{\underline{\tilde{x}}}(Z_{i_j})\mathfrak{A}^{\underline{\tilde{y}}}(Z_{i_k}) \exp(-|\underline{\tilde{x}} - \underline{\tilde{y}}|^2/\epsilon) = 0.$$

Die Exponentialfunktion hat den Wert 1 an der Stelle $j = k$. Für beliebig kleine Werte von ϵ kann daher $I = 0$ nur gelten, falls sämtliche λ_j verschwinden. □

7.1.4 Die Optimalität der Schaback-Wendland-Funktion

Die Wu-Schaback-Optimalität und damit die Micchelli-Rivlin-Optimalität des Euklidischen Hutes ist nun leicht zu zeigen. Wir verfahren dazu wie bei den globalen radialen Rekonstruktionen.

Es sei

$$\Phi_r^{EH}(\underline{x}) = \sum_{j=0}^{M-1} \lambda_j \mathfrak{A}^{\underline{y}}(Z_{i_j})\mathfrak{X}_r(\underline{x} - \underline{y})$$

die lokale radiale Rekonstruktion mit dem Euklidischen Hut, d.h. es gilt

$$\mathfrak{A}(Z_{i_j})\Phi_r^{EH} = \mathfrak{A}(Z_{i_j})u, \quad j = 0, \ldots, M-1, \tag{1.1}$$

mit gegebenen Zellmitteln $\mathfrak{A}(Z_{i_j})u$. Wir betrachten eine Lagrange-Darstellung

$$\Phi_r^{EH}(\underline{x}) = \sum_{j=0}^{M-1} \Psi_{r,j}(\underline{x})\mathfrak{A}(Z_{i_j})u$$

mit Funktionen $\mathbf{R}^2 \ni \underline{x} \overset{\Psi_{r,j}}{\longmapsto} \Psi_{r,j}(\underline{x}) \in \mathbf{R}$, für die

$$\mathfrak{A}(Z_{i_k})\Psi_{r,j} = \delta_j^k, \quad j,k = 0,\dots,M-1,$$

gilt. Die Rekonstruktionsbedingung (1.1) schreibt sich nun in der Form

$$\underline{\underline{M}}\,\underline{\lambda} = \begin{bmatrix} \mathfrak{A}(Z_{i_0})u \\ \vdots \\ \mathfrak{A}(Z_{i_{M-1}})u \end{bmatrix}$$

mit

$$\underline{\underline{M}} := \begin{bmatrix} \mathfrak{A}^{\underline{x}}(Z_{i_0})\mathfrak{A}^{\underline{y}}(Z_{i_0})\mathfrak{X}_r(\underline{x}-\underline{y}) & \cdots & \mathfrak{A}^{\underline{x}}(Z_{i_0})\mathfrak{A}^{\underline{y}}(Z_{i_{M-1}})\mathfrak{X}_r(\underline{x}-\underline{y}) \\ \vdots & \ddots & \vdots \\ \mathfrak{A}^{\underline{x}}(Z_{i_{M-1}})\mathfrak{A}^{\underline{y}}(Z_{i_0})\mathfrak{X}_r(\underline{x}-\underline{y}) & \cdots & \mathfrak{A}^{\underline{x}}(Z_{i_{M-1}})\mathfrak{A}^{\underline{y}}(Z_{i_{M-1}})\mathfrak{X}_r(\underline{x}-\underline{y}) \end{bmatrix}.$$

Bezeichnet $\underline{\mathcal{R}}$ die Abbildung

$$\mathbf{R}^2 \ni \underline{x} \overset{\underline{\mathcal{R}}}{\longmapsto} \underline{\mathcal{R}}(\underline{x}) := \begin{bmatrix} \mathfrak{A}^{\underline{y}}(Z_{i_0})\mathfrak{X}_r(\underline{x}-\underline{y}) \\ \vdots \\ \mathfrak{A}^{\underline{y}}(Z_{i_{M-1}})\mathfrak{X}_r(\underline{x}-\underline{y}) \end{bmatrix},$$

dann besitzt das lineare System

$$\underline{\underline{M}}\,\underline{\Psi}_r(\underline{x}) = \underline{\mathcal{R}}(\underline{x})$$

für jedes $\underline{x} \in \mathbf{R}^2$ eine eindeutig bestimmte Lösung $\underline{\Psi}(\underline{x}) \in \mathbf{R}^M$, was aus der positiven $\mathfrak{A}$-Definitheit des Euklidischen Hutes folgt. Die radiale Rekonstruktion läßt sich damit in der Form

$$\Phi_r^{EH}(\underline{x}) = \underline{\lambda} \cdot \underline{\mathcal{R}}(\underline{x})$$

darstellen. Das ist aber gerade nichts anderes als

$$\Phi_r^{EH}(\underline{x}) = \underline{\lambda} \cdot \underline{\underline{M}}\,\underline{\Psi}_r(\underline{x})$$

und wegen der Symmetrie von $\underline{\underline{M}}$ folgt

$$\Phi_r^{EH}(\underline{x}) = \underline{\underline{M}}\,\underline{\lambda} \cdot \underline{\Psi}_r(\underline{x}) = \begin{bmatrix} \mathfrak{A}(Z_{i_0})u \\ \vdots \\ \mathfrak{A}(Z_{i_{M-1}})u \end{bmatrix} \cdot \underline{\Psi}_r(\underline{x}) = \sum_{j=0}^{M-1} \Psi_{r,j}(\underline{x}) \cdot \mathfrak{A}(Z_{i_j})u.$$

Damit haben wir den folgenden Satz bewiesen.

Satz 7.4 *Die lokale Rekonstruktion mit dem Euklidischen Hut* Φ_r^{EH} *besitzt die Lagrange-Darstellung*

$$\Phi_r^{EH}(\underline{x}) = \sum_{j=0}^{M-1} \Psi_{r,j}(\underline{x})\mathfrak{A}(Z_{i_j})u$$

mit Basisfunktionen $\Psi_{r,j}$, *die die Rekonstruktionsbedingung*

$$\mathfrak{A}(Z_{i_k})\Psi_{r,j} = \delta_j^k, \quad j,k = 0,\ldots,M-1,$$

erfüllen. Die Basisfunktionen sind Lösungen des Systems

$$\underline{\underline{M}}\,\underline{\Psi}_r(\underline{x}) = \underline{\mathcal{R}}(\underline{x}).$$

Der folgende Satz zeigt die Optimalität der lokalen radialen Rekonstruktion in dem ihr zugeordneten Raum $\mathcal{F}_{\mathfrak{X}_r}$, vgl. Definition 6.14.

Satz 7.5 *Die lokale radiale Rekonstruktion mit dem Euklidischen Hut ist Wu-Schaback-optimal, d.h. die Werte der Lagrangeschen Basisfunktionen* $\underline{\Psi}_r = (\Psi_{r,0},\ldots,\Psi_{r,M-1})$ *in der Darstellung*

$$\Phi_r^{EH}(\underline{x}) = \sum_{j=0}^{M-1} \Psi_{r,j}(\underline{x})\mathfrak{A}(Z_{i_j})u$$

sind Lösungen des unbedingten Minimierungsproblems

$$\underline{\Psi}_r(\underline{x}) = \min_{\underline{\Upsilon}\in\mathbf{R}^M}\{\underline{\Upsilon}\cdot\underline{\underline{M}}\,\underline{\Upsilon} - 2\underline{\Upsilon}\cdot\underline{\mathcal{R}}(\underline{x}) + \mathfrak{X}_r(\underline{0})\}.$$

Beweis: Die Matrix $\underline{\underline{M}}$ ist symmetrisch und positiv definit, also besitzt das obige Minimierungsproblem, das wir auch in der Form

$$\underline{\Psi}_r(\underline{x}) = \min_{\underline{\Upsilon}\in\mathbf{R}^M} \kappa_{\underline{\Upsilon}}^2(\underline{x})$$

schreiben können, genau eine Lösung, die durch

$$\nabla_{\underline{\Upsilon}}\kappa_{\underline{\Upsilon}}^2(\underline{x}) = 2\underline{\underline{M}}\,\underline{\Upsilon} - 2\underline{\mathcal{R}}(\underline{x}) = \underline{0}$$

gekennzeichnet ist. Eindeutige Lösung des Systems

$$\underline{\underline{M}}\,\underline{\Upsilon} = \underline{\mathcal{R}}(\underline{x})$$

ist aber nach Satz 7.4 gerade $\underline{\Psi}_r(\underline{x})$. □

7.1.5 Numerische Experimente

Zum numerischen Test der Schaback-Wendland-Funktion kehren wir zu unserem linearen Modellproblem des rotierenden Kegels zurück. Abbildung 7.2 zeigt die Lösung der Primärnetzmethode mit lokaler radialer Rekonstruktion auf den Triangulierungen $\mathcal{T}_{h^1}$ und $\mathcal{T}_{h^2}$ für einen Wert von $r = 0.1$. Die

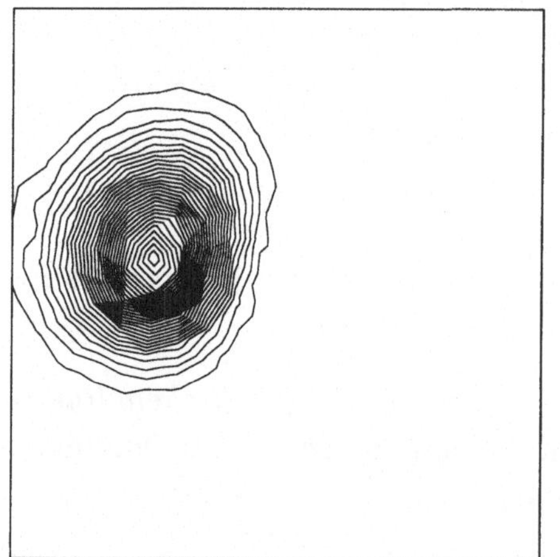
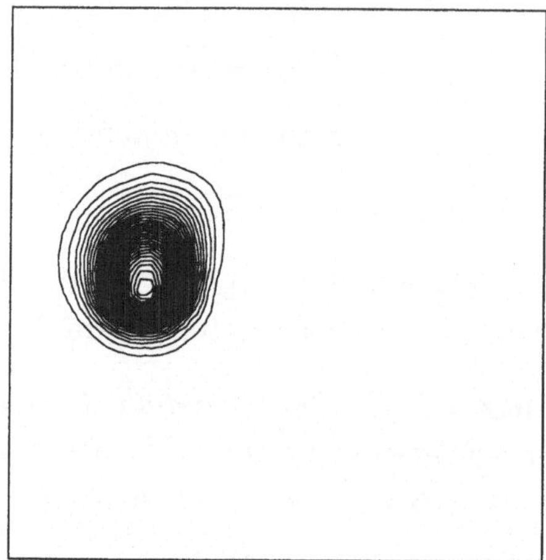

Abb. 7.2 Lösungen der Primärnetzmethode mit Rekonstruktion durch die Schaback-Wendland-Funktion auf der Triangulierung $\mathcal{T}_{h^1}$ (links) und $\mathcal{T}_{h^2}$, $r = 0.1$.

Ergebnisse für den Fall $r = 1.0$ sind in Abbildung 7.3 zu sehen. Offenbar

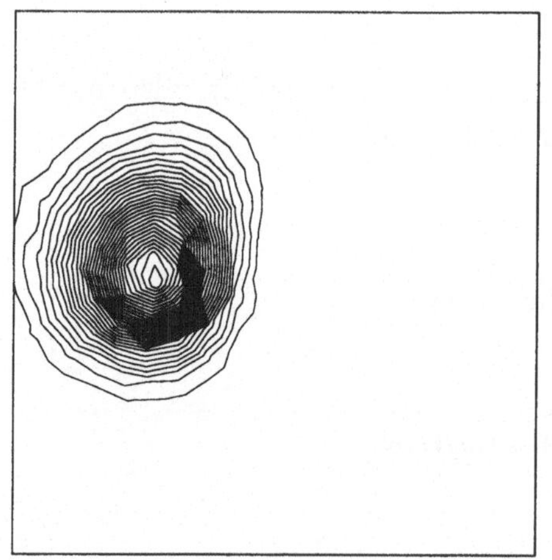
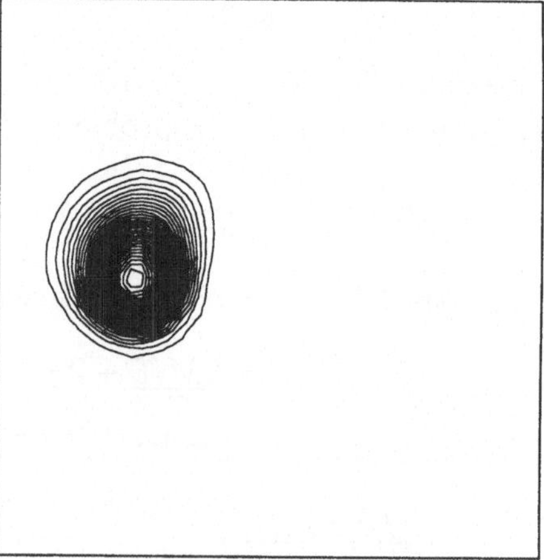

Abb. 7.3 Lösungen der Primärnetzmethode mit Rekonstruktion durch die Schaback-Wendland-Funktion auf der Triangulierung $\mathcal{T}_{h^1}$ (links) und $\mathcal{T}_{h^2}$, $r = 1.0$.

ist die radiale Rekonstruktion in diesem Fall nur wenig empfindlich gegen Änderungen des Parameters r. Die resultierenden Kegelhöhen sind in der folgenden Tabelle angegeben.

Triangulierung	Min. Wert $r = 0.1/r = 1$	Kegelhöhe $r = 0.1/r = 1$
$\mathcal{T}_{h^1}$	-0.00023 / -0.00017	0.275 / 0.276
$\mathcal{T}_{h^2}$	0 / 0	0.605 / 0.59

7.2 Wu-Funktionen

7.2.1 Die Problematik positiv $\mathfrak{A}$-definiter Funktionen mit kompaktem Träger

Nach der Schaback-Wendland-Funktion wäre es wünschenswert, glattere radiale Funktionen mit kompaktem Träger zu konstruieren. Damit wäre es möglich, höhere Approximationsordnungen und damit genauere Rekonstruktionen zu erzielen. Leider ist die Konstruktion solcher Funktionen keinesfalls selbstverständlich, wie wir kurz darlegen wollen.

In der Interpolationstheorie definiert man eine radiale Funktion $\mathbf{R}^n \ni \underline{x} \overset{\phi}{\longmapsto} \phi(\underline{x}) \in \mathbf{R}$ als positiv definit, fals für $X = \{\underline{x}_0, \ldots, \underline{x}_{M-1}\}$ mit paarweise verschiedenen Elementen die Ungleichung

$$\sum_{j=0}^{M-1} \sum_{k=0}^{M-1} \lambda_j \lambda_k \phi(\underline{x}_j - \underline{x}_k) \geq 0$$

für alle $\underline{\lambda} \in \mathbf{R}^M$ mit $\sum_{j=0}^{M-1} = 0$ gilt. Vergleicht man diese Definition mit unserer Definition 7.5 der positiven $\mathfrak{A}$-Definitheit, dann stellt man für stetige ϕ die Äquivalenz beider Begriffe fest. Von Schoenberg ([126], [127]) stammt nun der folgende

Satz 7.6 *Funktionen* $\mathbf{R}^n \ni \underline{x} \overset{\phi}{\longmapsto} \phi(\underline{x}) \in \mathbf{R}$ *mit* $\phi(\underline{x}) = \psi(|\underline{x}|^2)$ *und* $\psi \not\equiv 0$ *sind genau dann positiv definit auf* $\mathbf{R}^n$ *für alle* $n \in \mathbf{N}$, *wenn* $\psi \in C([0,\infty);\mathbf{R})$ *gilt und* ψ *vollständig monoton auf* $(0,\infty)$ *ist, d.h. wenn* $\psi \in C^\infty((0,\infty);\mathbf{R})$ *und*

$$\forall k = 0,1,2,\ldots : \quad (-1)^k \frac{d^k \psi}{dr^k}(r) \geq 0$$

gilt.

Wie man der Definition der vollständigen Monotonie entnehmen kann, können solche Funktionen nirgends verschwinden. Insbesondere gibt es daher keine Funktionen mit kompaktem Träger, die für alle $n \in \mathbf{N}$ positiv definit (in unserem Fall: positiv $\mathfrak{A}$-definit) im $\mathbf{R}^n$ sind. Allerdings bleibt die Hoffnung, solche Funktionen für gewisse $n \in \mathbf{N}$ finden zu können und wir verdanken Wu [161] ihre tatsächliche Konstruktion.

Wir wollen folgende Bezeichnungen einführen.

Definition 7.6 Ist eine radiale Funktion $\mathbf{R}^n \ni \underline{x} \stackrel{\phi}{\longmapsto} \phi(\underline{x}) \in \mathbf{R}$ positiv $\mathfrak{A}$-definit, dann schreiben wir

$$\phi \in P\mathfrak{A}D(\mathbf{R}^n;\mathbf{R}).$$

Besitzt ϕ kompakten Träger, dann wollen wir

$$\phi \in CS(\mathbf{R}^n;\mathbf{R})$$

schreiben.

Wie aus Lemma 7.7 folgt, ist die Fourier-Transformierte einer positiv $\mathfrak{A}$-definiten Funktion nicht negativ auf dem $\mathbf{R}^n$ und positiv auf einer offenen Teilmenge. Dafür soll

$$\hat{\phi}(\underline{\xi}) = \int_{\mathbf{R}^n} \phi(\underline{x}) \exp(-\mathrm{i}\underline{x} \cdot \underline{\xi})\, d\underline{x} \mathrel{\substack{>\\ \not\equiv}} 0$$

geschrieben werden.

Da man den $\mathbf{R}^k$ für $k < n$ als Teilraum des $\mathbf{R}^n$ auffassen kann, gilt das nützliche

Lemma 7.8 *Ist $\phi \in P\mathfrak{A}D(\mathbf{R}^n;\mathbf{R})$ dann gilt $\phi \in P\mathfrak{A}D(\mathbf{R}^k;\mathbf{R})$ für $k < n$.*

Danach lassen sich alle für große n gefundenen positiv $\mathfrak{A}$-definiten Funktionen mit kompaktem Träger als Rekonstruktionsfunktionen in kleineren Dimensionen anwenden.

7.2.2 Eigenschaften positiv $\mathfrak{A}$-definiter Funktionen

Eine triviale Folgerung aus der Definition ist

Lemma 7.9 *Eine radiale Funktion* $\mathbf{R} \ni x \overset{\psi}{\longmapsto} \psi(x) \in \mathbf{R}$ *ist positiv* $\mathfrak{A}$-*definit genau dann, wenn*

$$\int_0^\infty \psi(x)\cos(x\xi)\,dx \overset{\geq}{\not\equiv} 0$$

für alle $\xi \in \mathbf{R}$ *gilt.*

Beweis: Die Funktion ψ ist nach Voraussetzung gerade und damit gilt $\hat{\psi}(\xi) = \int_0^\infty \psi(x)\cos(x\xi)\,dx$. Das Lemma folgt dann aus Lemma 7.7. □

Eine weitere Folgerung ist das folgende Lemma, daß die Beschränktheit von positiv $\mathfrak{A}$-definiten Funktionen garantiert.

Lemma 7.10 *Eine positiv* $\mathfrak{A}$-*definite radiale Funktion* $\mathbf{R}^n \ni \underline{x} \overset{\phi}{\longmapsto} \phi(\underline{x}) \in \mathbf{R}$, $\phi \not\equiv 0$, *besitzt die Eigenschaften*

$$\phi(\underline{0}) > 0$$

und

$$\forall \underline{x} \in \mathbf{R}^n: \quad |\phi(\underline{x})| \leq \phi(\underline{0}).$$

Beweis: Es gilt die Darstellung $\phi(\underline{x}) = (2\pi)^{-n}\int_{\mathbf{R}^n}\hat{\phi}(\underline{\xi})\exp(\mathrm{i}\underline{x}\cdot\underline{\xi})\,d\underline{\xi}$, also

$$\phi(\underline{0}) = (2\pi)^{-n}\int_{\mathbf{R}^n}\hat{\phi}(\underline{\xi})\,d\underline{\xi}.$$

Wegen $\hat{\phi} \overset{\geq}{\not\equiv} 0$ muß $\phi(\underline{0})$ positiv sein. Andererseits gilt

$$\begin{aligned}|\phi(\underline{x})| &\leq (2\pi)^{-n}\int_{\mathbf{R}^n}|\hat{\phi}(\underline{\xi})|\,|\exp(\mathrm{i}\underline{x}\cdot\underline{\xi})|\,d\underline{\xi} \leq (2\pi)^{-n}\int_{\mathbf{R}^n}|\hat{\phi}(\underline{\xi})|\,d\underline{\xi} \\ &= (2\pi)^{-n}\int_{\mathbf{R}^n}\hat{\phi}(\underline{\xi})\,d\underline{\xi} = \phi(\underline{0}).\end{aligned}$$

□

Die folgenden Lemmata beschreiben Möglichkeiten zur Erzeugung positiv $\mathfrak{A}$-definiter Funktionen aus bereits bekannten. Wir beginnen mit

Lemma 7.11 *Sind* $\phi_1, \phi_2 \in CS \cap P\mathfrak{A}D(\mathbf{R}^n; \mathbf{R})$, *dann gilt*

$$\phi := \phi_1 \cdot \phi_2 \in CS \cap P\mathfrak{A}D(\mathbf{R}^n; \mathbf{R}).$$

Beweis: Es gilt $\widehat{\phi_1\phi_2} = \hat{\phi}_1 * \hat{\phi}_2$. Wegen $\hat{\phi}_i \overset{\geq}{\not\equiv} 0$ gilt dies auch für $\widehat{\phi_1\phi_2}$ und damit ist $\phi_1\phi_2 \in P\mathfrak{A}D(\mathbf{R}^n; \mathbf{R})$. Der Träger ist trivialerweise kompakt. □

Wir folgen weiter Wu [161] und treffen folgende vereinfachende Vereinbarung.

Definition 7.7 Für jede Funktion $\mathbf{R} \ni x \overset{\phi}{\longmapsto} \phi(x) \in \mathbf{R}$ mit $\phi(-x) = \phi(x)$ und $\phi \in CS(\mathbf{R}; \mathbf{R})$ gelte

$$\text{supp}\phi \subset [-1, 1].$$

Bemerkung 7.4 Radiale Funktionen ψ mit Träger $\text{supp}\psi \subset [-a, a], a \in \mathbf{R}$, lassen sich durch

$$\psi(x) = \phi\left(\frac{x}{a}\right)$$

erzeugen.

Damit läßt sich eine weitere Erzeugungsmöglichkeit von Funktionen aus $CS \cap P\mathfrak{A}D(\mathbf{R}^n; \mathbf{R})$ angeben – die Skalierung.

Lemma 7.12 *Ist* $\phi \in CS \cap P\mathfrak{A}D(\mathbf{R}^n; \mathbf{R})$, *dann gilt für*

$$\varphi(\underline{x}) := \phi\left(\frac{\underline{x}}{\lambda}\right)$$

ebenfalls $\varphi \in CS \cap P\mathfrak{A}D(\mathbf{R}^n; \mathbf{R})$ *für* $0 < \lambda < 1$.

Beweis: Klar! Natürlich ist $\varphi \in CS \cap P\mathfrak{A}D(\mathbf{R}^n; \mathbf{R})$ auch für $\lambda \geq 1$, aber dann wäre die Voraussetzung $\text{supp}\tilde{\varphi} \subset [-1, 1]$, $\tilde{\varphi}(|\underline{x}|) := \varphi(\underline{x})$, verletzt. □

Lemma 7.13 *Ist* $\phi \in CS \cap P\mathfrak{A}D(\mathbf{R}^n; \mathbf{R})$ *und* $(0, 1] \ni \lambda \overset{g}{\longmapsto} g(\lambda) > 0$, *dann ist*

$$\varphi(\underline{x}) := \int_0^1 \phi\left(\frac{\underline{x}}{\lambda}\right) g(\lambda)\, d\lambda$$

ebenfalls aus $CS \cap P\mathfrak{A}D(\mathbf{R}^n; \mathbf{R})$.

Beweis: Klar! □

7.2.3 Die Konstruktion der Wu-Funktionen

Es wäre eine große Vereinfachung, wenn es gelänge, das mehrdimensionale Problem der Charakterisierung positiv $\mathfrak{A}$-definiter Funktionen mit kompaktem Träger auf ein eindimensionales Problem zurückzuführen. Dieses gelang Wu in [161].

Satz 7.7 (Reduktionssatz von Wu) *Es sei* $\mathbf{R}^n \ni \underline{x} \stackrel{\phi}{\longmapsto} \phi(\underline{x}) \in \mathbf{R}$ *mit* $\phi(\underline{x}) = \psi(|\underline{x}|^2)$ *gegeben. Es gilt* $\phi \in P\mathfrak{A}D(\mathbf{R}^n; \mathbf{R})$ *genau dann, wenn die Funktion*

$$\mathbf{R} \ni x \stackrel{P}{\longmapsto} P(x) := \int_0^\infty \psi(x^2 + y^2) y^{n-2}\, dy$$

aus $P\mathfrak{A}D(\mathbf{R}; \mathbf{R})$ *stammt.*
Besitzt ψ *kompakten Träger mit* $\operatorname{supp}\psi \subset [-1, 1]$, *dann ist* $\phi \in CS \cap P\mathfrak{A}D(\mathbf{R}^n; \mathbf{R})$ *genau dann, wenn*

$$\int_0^1 \psi(x^2 + y^2) y^{n-2}\, dy \in CS \cap P\mathfrak{A}D(\mathbf{R}; \mathbf{R})$$

bzw.

$$\int_0^1 \int_0^1 \psi(x^2 + y^2) y^{n-2} \cos(x|\underline{\xi}|)\, dy\, dx \underset{\not\equiv}{\geq} 0$$

gilt.

Beweis: Es gilt

$$\hat{\phi}(\underline{\xi}) = \int_{\mathbf{R}^n} \psi(|\underline{x}|^2) \exp(-\mathrm{i}\underline{x} \cdot \underline{\xi})\, d\underline{x}.$$

Die Fourier-Transformierte einer radialen Funktion ist wieder radial und es gibt daher eine Funktion $\hat{F}$ mit $\hat{F}(|\underline{\xi}|) = \hat{\phi}(\underline{\xi})$. Dann gilt

$$\hat{F}(|\underline{\xi}|) = \hat{\phi}(|\underline{\xi}|, \underbrace{0, \ldots, 0}_{n-1}) = \int_{\mathbf{R}^n} \psi(|\underline{x}|^2) \exp(-\mathrm{i}x_1|\underline{\xi}|)\, d\underline{x}.$$

Wir führen eine Transformation auf Polarkoordinaten

$$\begin{aligned} x_1 &= r\cos\Theta_1 \\ x_2 &= r\sin\Theta_1\,\cos\Theta_2 \\ \vdots\ &\ \ \vdots \\ x_{n-1} &= r\sin\Theta_1\,\sin\Theta_2\cdots\sin\Theta_{n-2}\,\cos\Theta_{n-1} \\ x_{n-1} &= r\sin\Theta_1\,\sin\Theta_2\cdots\sin\Theta_{n-2}\,\sin\Theta_{n-1} \end{aligned}$$

mit $r \in [0,\infty), 0 \le \Theta_i \le \pi, i = 1,\dots,n-2, 0 \le \Theta_{n-1} \le 2\pi$, durch. Es folgt

$$\hat{F}(|\underline{\xi}|) = \int_0^\infty \int_0^\pi \left\{ \int_0^{2\pi} \underbrace{\int_0^\pi \cdots \int_0^\pi}_{n-2} \sin^{n-3}\Theta_2\cdots\sin\Theta_{n-2}\,d\Theta_2\cdots d\Theta_{n-2}\,d\Theta_{n-1} \right\}$$
$$\cdot r^{n-1}\sin^{n-2}\Theta_1\psi(r^2)\exp(-\mathrm{i}r|\underline{\xi}|\cos\Theta_1)\,d\Theta_1\,dr.$$

Der Inhalt der geschweiften Klammer ist eine uninteressante Konstante, die wir mit C bezeichnen. Damit gilt

$$\hat{F}(|\underline{\xi}|) = C\int_0^\infty \int_0^\pi \psi(r^2)\exp(-\mathrm{i}r|\underline{\xi}|\cos\Theta_1)r^{n-1}\sin^{n-2}\Theta_1\,d\Theta_1\,dr.$$

Damit ist die Fourier-Transformierte von ϕ nur noch durch zwei polare Parameter r und Θ_1 charakterisiert. Führen wir die Variablen x und y vermöge

$$\begin{aligned} x &= r\cos\Theta_1 \\ y &= r\sin\Theta_1 \end{aligned}$$

ein, so folgt

$$\begin{aligned} \hat{F}(|\underline{\xi}|) &= C\int_{-\infty}^\infty \int_0^\infty \psi(x^2+y^2)\exp(-\mathrm{i}|\underline{\xi}|x)y^{n-2}r\frac{1}{r}\,dy\,dx \\ &= C\int_0^\infty \left\{ \int_{-\infty}^\infty \psi(x^2+y^2)\exp(-\mathrm{i}|\underline{\xi}|x)\,dx \right\} y^{n-2}\,dy. \end{aligned}$$

Nun ist $\int_{-\infty}^\infty \psi(x^2+y^2)\exp(-\mathrm{i}|\underline{\xi}|x)\,dx$ gerade die Fourier-Transformation von $\psi(|(x,y)|)$ und wegen $\psi(|-(x,y)|) = \psi(|(x,y)|)$ gilt

$$\int_{-\infty}^\infty \psi(x^2+y^2)\exp(-\mathrm{i}|\underline{\xi}|x)\,dx = \int_0^\infty \psi(x^2+y^2)\cos(|\underline{\xi}|x)\,dx.$$

Damit folgt

$$\begin{aligned}\hat{F}(|\underline{\xi}|) &= C\int_0^\infty \int_0^\infty \psi(x^2+y^2)\cos(|\underline{\xi}|x)\,dx\,y^{n-2}\,dy\\ &= C\int_0^\infty \int_0^\infty \psi(x^2+y^2)y^{n-2}\,dy\,\cos(|\underline{\xi}|x)\,dx\\ &= C\int_0^\infty P(x)\cos(|\underline{\xi}|x)\,dx,\end{aligned}$$

was den Reduktionssatz beweist. □

Diesen wichtigen Satz benutzte Wu in [161], um weitere Kriterien für positiv definite Funktionen herzuleiten. Wir können ohne Mühe seinem Weg folgen, um positiv $\mathfrak{A}$-definite Funktionen zu charakterisieren.

Satz 7.8 *Es sei $n \geq 1$ und*

$$I_n(a,\tau) := \int_0^{\sqrt{a}} \frac{\cos(\tau\sqrt{a-y^2})}{\sqrt{a-y^2}} y^{n-2}\,dy.$$

Eine radiale Funktion $\phi(\underline{x}) = \psi(|\underline{x}|^2)$ ist in $CS \cap P\mathfrak{A}D(\mathbf{R}^n;\mathbf{R})$ genau dann, wenn

$$\int_0^1 \psi(a) I_n(a,|\underline{\xi}|)\,da \underset{\not\equiv}{\geq} 0$$

gilt.

Beweis: Es sei $\mathbf{R} \ni a \overset{G}{\longmapsto} G(a) \in \mathbf{R}$ so, daß

$$\psi(r) = \int_r^1 G(a)\,da = \int_0^1 \chi_{[0,1]}\left(\frac{r}{a}\right) G(a)\,da$$

mit $\psi(1) = 0$ gilt. Ist $\psi \in C^1(\mathbf{R};\mathbf{R})$, dann ist $G = -\frac{d}{dr}\psi$ eine solche Funktion.
Es gilt

$$\psi(x^2+y^2) = \int_0^1 \chi_{[0,1]}\left(\frac{x^2+y^2}{a}\right) G(a)\,da$$

und damit

$$\begin{aligned}
J &:= \int_0^1 \int_0^1 \psi(x^2+y^2) y^{n-2} \cos(x|\underline{\xi}|)\, dy\, dx \\
&= \int_0^1 \int_0^1 \int_0^1 \chi_{[0,1]}\left(\frac{x^2+y^2}{a}\right) G(a) y^{n-2} \cos(x|\underline{\xi}|)\, da\, dy\, dx \\
&= \int_0^1 \int_0^1 \int_0^1 \chi_{[0,1]}\left(\frac{x^2+y^2}{a}\right) G(a) y^{n-2} \cos(x|\underline{\xi}|)\, dx\, da\, dy \\
&= \int_0^1 \int_0^1 \int_0^1 \chi_{[0,1]}\left(\frac{x^2+y^2}{a}\right) \cos(x|\underline{\xi}|)\, dx\, G(a) y^{n-2}\, da\, dy.
\end{aligned}$$

Nun ist $\chi_{[0,1]}((x^2+y^2)/a) = 0$ für $x^2+y^2 > a$, also läuft x nur von 0 bis $\sqrt{a-y^2}$. Demnach gilt

$$\begin{aligned}
J &= \int_0^1 \int_{y^2}^1 \int_0^{\sqrt{a-y^2}} \cos(x|\underline{\xi}|)\, dx\, G(a) y^{n-2}\, da\, dy \\
&= \int_0^1 \int_{y^2}^1 \frac{\sin(|\underline{\xi}|\sqrt{a-y^2})}{|\underline{\xi}|} G(a) y^{n-2}\, da\, dy.
\end{aligned}$$

Partielle Integration liefert

$$\begin{aligned}
&\frac{1}{|\underline{\xi}|} \int_{y^2}^1 \sin(|\underline{\xi}|\sqrt{a-y^2}) G(a)\, da \\
&= \frac{1}{|\underline{\xi}|} \left\{ \psi(a) \sin(|\underline{\xi}|\sqrt{a-y^2}) \right\}\Big|_{a=y^2}^1 - \frac{1}{|\underline{\xi}|} \int_{y^2}^1 \psi(a) \cos(|\underline{\xi}|\sqrt{a-y^2}) \frac{da}{2\sqrt{a-y^2}} \\
&= -\frac{1}{2|\underline{\xi}|} \int_{y^2}^1 \frac{\cos(|\underline{\xi}|\sqrt{a-y^2})}{\sqrt{a-y^2}} \psi(a)\, da.
\end{aligned}$$

Damit ergibt sich

$$\begin{aligned}
J &= C \int_0^1 \int_{y^2}^1 \frac{\cos(|\underline{\xi}|\sqrt{a-y^2})}{\sqrt{a-y^2}} \psi(a) y^{n-2}\, da\, dy \\
&= C \int_0^1 \int_0^{\sqrt{a}} \frac{\cos(|\underline{\xi}|\sqrt{a-y^2})}{\sqrt{a-y^2}} \psi(a) y^{n-2}\, dy\, da = C \int_0^1 I_n(a, |\underline{\xi}|) \psi(a)\, da,
\end{aligned}$$

wobei wiederum eine uninteressante positive Konstante mit C bezeichnet wurde. Der Satz folgt nun sofort mit Hilfe des Wuschen Reduktionssatzes. □

Der soeben bewiesene Satz ist ein wichtiges Hilfsmittel auf unserem weiteren Weg zur Konstruktion positiv $\mathfrak{A}$-definiter Funktionen mit kompaktem Träger. Eine ganz konkrete Folge des Satzes ist

Satz 7.9 *Eine Funktion* $\Phi(\underline{x}) = \varphi(|\underline{x}|) = \psi(|\underline{x}|^2)$ *ist in* $CS \cap P\mathfrak{A}D(\mathbf{R}^n;\mathbf{R})$ *für* $n \geq 3$ *genau dann, wenn es eine Abbildung* $G \in C^1([0,\infty);\mathbf{R})$ *mit*

$$-\frac{d}{ds}G(s) = \psi(s)$$

gibt, so daß die durch $G(s)$ *erzeugte Funktion* $\Gamma(\underline{x}) = \tilde{G}(|\underline{x}|) = G(|\underline{x}|^2)$ *aus* $CS \cap P\mathfrak{A}D(\mathbf{R}^{n-2};\mathbf{R})$ *stammt. Dann gilt*

$$\varphi(|\underline{x}|) = -\frac{1}{r}\frac{d}{dr}\tilde{G}(r).$$

Beweis: Partielle Integration zeigt für $n > 3$

$$\begin{aligned}
&\frac{n-3}{\tau}\int_0^{\sqrt{a}} \sin(\tau\sqrt{a-y^2})y^{n-4}\,dy = \\
&\frac{n-3}{\tau}\left\{\left(\frac{y^{n-3}}{n-3}\sin(\tau\sqrt{a-y^2})\right)\Bigg|_{y=0}^{\sqrt{a}} + \int_0^{\sqrt{a}} \frac{y^{n-3}}{n-3}\cos(\tau\sqrt{a-y^2})\frac{y\tau}{\sqrt{a-y^2}}\,dy\right\} \\
&= \int_0^{\sqrt{a}} \frac{\cos(\tau\sqrt{a-y^2})}{\sqrt{a-y^2}}y^{n-2}\,dy = I_n(a,\tau).
\end{aligned}$$

Ableitung nach a liefert dann

$$\begin{aligned}
\partial_a I_n(a,\tau) &= \frac{n-3}{\tau}\left\{\int_0^{\sqrt{a}} \partial_a\left\{\sin(\tau\sqrt{a-y^2})y^{n-4}\right\}dy\right. \\
&\quad \left. + \frac{1}{2\sqrt{a}}\sin(\tau\sqrt{a-(\sqrt{a})^2})a^{\frac{n-4}{4}}\right\} \\
&= \frac{n-3}{2}\int_0^{\sqrt{a}} \frac{\cos(\tau\sqrt{a-y^2})}{\sqrt{a-y^2}}y^{n-4}\,dy = \frac{n-3}{2}I_{n-2}(a,\tau).
\end{aligned}$$

Da $I_n(0,\tau) = 0$ gilt, folgt die Rekursion

$$I_n(a,\tau) = \frac{n-3}{2} \int_0^a I_{n-2}(b,\tau)\, db, \quad n > 3.$$

Speziell für $n = 3$ gilt

$$I_3(a,\tau) = \int_0^{\sqrt{a}} \frac{\cos(\tau\sqrt{a-y^2})}{\sqrt{a-y^2}} y\, dy = \frac{\sin(\tau\sqrt{a})}{\tau}.$$

In diesem Fall ist $\Phi(\underline{x}) = \psi(|\underline{x}|^2)$ aus $CS \cap P\mathfrak{A}D(\mathbf{R}^3;\mathbf{R})$ nach Satz 7.8 genau dann, wenn

$$\begin{aligned} 0 \overset{\leq}{\neq} \int_0^1 \psi(a) \frac{\sin(|\underline{\xi}|\sqrt{a})}{|\underline{\xi}|}\, da &= 2\int_0^1 \psi(b^2)\frac{\sin(|\underline{\xi}|b)}{|\underline{\xi}|} b\, db \\ &= 2\int_0^1 G(a)\cos(a|\underline{\xi}|)\, da \end{aligned}$$

mit $G(a) := \int_a^1 \psi(b^2) b\, db$ gilt. Für $n > 3$ folgt aus der Rekursion

$$\begin{aligned} \int_0^1 \psi(a) I_n(a,\tau)\, da &= \frac{n-3}{2}\int_0^1 \psi(a) \int_0^a I_{n-2}(b,\tau)\, db\, da \\ &= \frac{n-3}{2}\left\{ G(a)\int_0^a I_{n-2}(b,\tau)\, db\Big|_{a=0}^1 + \int_0^1 G(a) I_{n-2}(a,\tau)\, da \right\} \\ &= \frac{n-3}{2}\int_0^1 G(a) I_{n-2}(a,\tau)\, da, \end{aligned}$$

mit $G(a) := \int_a^1 \psi(b)\, db$.

Wegen $\tilde{G}(r) := G(r^2)$ folgt aus $-\frac{d}{ds}G(s) = \psi(s)$ mit

$$\frac{d}{dr}G(r^2) = 2r\frac{d}{ds}G(s)$$

gerade

$$-\frac{d}{ds}G(s) = -\frac{1}{2r}\tilde{G}(r) = \varphi(r).$$

Da die Konstanten für die Erzeugung der Funktion φ keine Rolle spielen, setzen wir $-\frac{1}{r}\tilde{G}(r) = \varphi(r)$.
Damit folgt die Aussage des Satzes mit Hilfe von Satz 7.8 für $n \geq 3$. □

Nun sind wir in der Lage, zwei einfache, aber sehr nützliche Folgerungen zu notieren. Wir führen zuerst einen neuen Operator ein.

Definition 7.8 Es bezeichne

$$D_r := -\frac{1}{r}\frac{d}{dr}$$

den radialen Ableitungsoperator.

Damit ergibt sich

Lemma 7.14 *Die Funktion* $\Phi(\underline{x}) = \varphi(|\underline{x}|)$ *ist in* $CS \cap P\mathfrak{A}D(\mathbf{R}^n;\mathbf{R})$ *für* $n \geq 3$ *genau dann, wenn es eine Funktion*

$$\varphi_1 \in CS \cap P\mathfrak{A}D(\mathbf{R}^{n-2};\mathbf{R})$$

mit $\tilde{\varphi}_1(|\underline{x}|) = \varphi_1(\underline{x})$ *gibt, so daß*

$$\varphi(r) = D_r\tilde{\varphi}_1(r)$$

gilt.

Durch wiederholte Anwendung von D_r folgt ebenso leicht

Lemma 7.15 *Die Funktion* $\Phi(\underline{x}) = \varphi(|\underline{x}|)$ *ist in* $CS \cap P\mathfrak{A}D(\mathbf{R}^n;\mathbf{R})$ *für* $n \geq 3$ *genau dann, wenn es eine Funktion*

$$\varphi_1 \in CS \cap P\mathfrak{A}D(\mathbf{R}^{n-2k};\mathbf{R})$$

mit $\tilde{\varphi}_1(|\underline{x}|) = \varphi_1(\underline{x})$ *gibt, so daß*

$$\varphi(r) = D_r^k\tilde{\varphi}_1(r), \quad k \geq 0,$$

gilt. Ist $\varphi_1 \in CS \cap P\mathfrak{A}D(\mathbf{R};\mathbf{R})$ *und existiert* $\varphi(r) = D_r^k\varphi_1(r)$, *dann gilt* $\varphi \in CS \cap P\mathfrak{A}D(\mathbf{R}^{2k+1};\mathbf{R})$.

Benutzen wir, wie Wu in [161], neben Satz 7.9 noch Lemma 7.11, so folgen zwei weitere interessante Ergebnisse.

Lemma 7.16 *Sind die Funktionen* $\mathbf{R}^n \ni \underline{x} \overset{\tilde{\psi}_i}{\longmapsto} \tilde{\psi}_i(\underline{x}) = \psi_i(|\underline{x}|^2) \in \mathbf{R}$, $i = 1, 2, 3$, *Elemente von* $CS \cap P\mathfrak{A}D(\mathbf{R}^n; \mathbf{R})$ *und gilt* $\psi_i \in C^1([0, \infty); \mathbf{R})$, *dann existieren Funktionen* $\mathbf{R}^n \ni \underline{x} \overset{\tilde{\Psi}_i}{\longmapsto} \tilde{\Psi}_i(\underline{x}) = \Psi_i(|\underline{x}|^2) \in \mathbf{R}$ *aus* $CS \cap P\mathfrak{A}D(\mathbf{R}^n; \mathbf{R})$ *mit* $\Psi_i \in C^1([0, \infty; \mathbf{R})$, *so daß*

$$\frac{d}{ds}\Psi_1 = \prod_{i=1}^{3} \frac{d}{ds}\psi_i$$

$$\frac{d}{ds}\Psi_2 = -\prod_{i=1}^{2} \frac{d}{ds}\psi_i$$

gilt.

Lemma 7.17 *Sind die Funktionen* $\mathbf{R}^n \ni \underline{x} \overset{\tilde{\psi}_i}{\longmapsto} \tilde{\psi}_i(\underline{x}) = \psi_i(|\underline{x}|^2) \in \mathbf{R}$, $i = 1, 2$, *Elemente von* $CS \cap P\mathfrak{A}D(\mathbf{R}^n; \mathbf{R})$ *und gilt* $\psi_i \in C^2([0, \infty); \mathbf{R})$, *dann existiert eine Funktion* $\mathbf{R}^n \ni \underline{x} \overset{\tilde{\Psi}}{\longmapsto} \tilde{\Psi}(\underline{x}) = \Psi(|\underline{x}|^2) \in \mathbf{R}$ *aus* $CS \cap P\mathfrak{A}D(\mathbf{R}^n; \mathbf{R})$ *mit* $\Psi \in C^2([0, \infty; \mathbf{R})$, *so daß*

$$\frac{d^2}{ds^2}\Psi = \prod_{i=1}^{2} \frac{d^2}{ds^2}\psi_i$$

gilt.

Für Beispiele, die die Anwendung der vorstehenden Ergebnisse zur Erzeugung neuer radialer Funktionen aus $CS \cap P\mathfrak{A}D(\mathbf{R}^n; \mathbf{R})$ aus B-Splines dokumentieren, siehe die Arbeit von Wu [161].

Wir starten wie Wu mit der Abschneidefunktion

$$\mathbf{R} \ni x \overset{\Phi_k}{\longmapsto} \Phi_k(x) := \left(1 - x^2\right)_+^k,$$

wobei die abgeschnittene Potenzfunktion $(\cdot)_+^k$ durch

$$(\cdot)_+^k := (\max\{0, \cdot\})^k$$

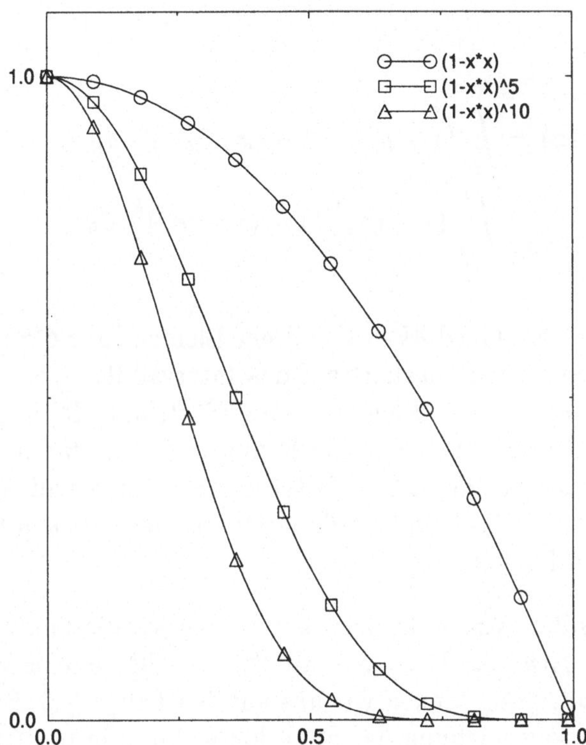

Abb. 7.4 Rechtsseitiger Graph der Funktionen Φ_k, $k = 1, 5, 10$

definiert ist. Abbildung 7.4 zeigt die Graphen von Φ_1, Φ_5 und Φ_{10}. Es gilt $\Phi_k \in C^{k-1}(\mathbf{R}; \mathbf{R})$. Offenbar ist

$$\Phi_k(x) =: \varphi_k(|x|),$$

wenn man nur

$$\varphi_k(r) = (1 - r^2)_+^k$$

mit $r := |x|$ definiert.

Definition 7.9 Die Funktionen

$$w_{k,l}(r) := D_r^l \left(\varphi_k * \varphi_k(r)\right)$$

heißen Wu-Funktionen.

Die Faltung

$$\begin{aligned}\Phi_k * \Phi_k(x) &= \int_{\mathbf{R}} \left(1-y^2\right)_+^k \left(1-(x-y)^2\right)_+^k \, dy \\ &= \int_{-1}^{1} \left(1-y^2\right)^k \left(1-(x-y)^2\right)_+^k \, dy\end{aligned}$$

ist ein Polynom vom Grad $4k+1$ und ein Element aus $CS \cap P\mathfrak{A}D(\mathbf{R};\mathbf{R})$. Eine Wu-Funktion, zurückskaliert auf das Intervall $[0,1]$, ist dann ein Polynom vom Grad $4k-2l+1$, Element von $C^{2k-2l}([0,1];\mathbf{R})$ und nach Lemma 7.15 aus $CS \cap P\mathfrak{A}D(\mathbf{R}^{2k+1};\mathbf{R})$. Die Funktion Φ_k ist damit eine erzeugende Mutterfunktion, aus der durch fortgesetzte Faltung und Anwendung des Operators D_r positiv $\mathfrak{A}$-definite radiale Funktionen mit kompaktem Träger generiert werden können.

Zur Berechnung der Wu-Funktionen betrachten wir die Funktionen $g_1(y) := (1-y^2)_+^k$ und $g_2(y) := (1-(x-y)^2)_+^k$. Da alle beteiligten Funktionen symmetrisch sind, beschränken wir uns auf den Fall $x \geq 0$. Für $x > 0$ ist g_2 offenbar nur die Verschiebung der Funktion g_1 um x in positive y-Richtung, siehe Abbildung 7.5. Damit reduziert sich die durchzuführende Integration auf das Intervall $[x-1,1]$, da außerhalb dieses Intervalles eine der beiden Funktionen g_1, g_2 verschwindet. Damit ergibt sich

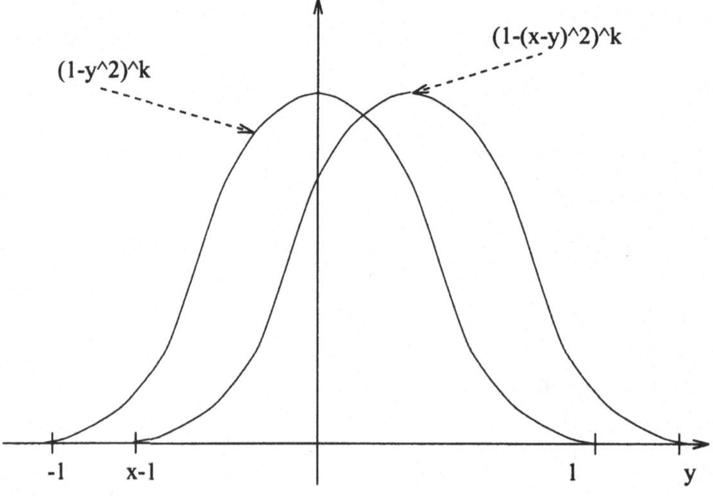

Abb. 7.5 Die Funktionen g_1 und g_2

$$\Phi_k * \Phi_k(x) = \int_{x-1}^{1} \left(1-y^2\right)^k \left(1-(x-y)^2\right)^k dy.$$

Wu hat in seiner Arbeit [161] die auf $[0,1]$ zurückskalierten Funktionen bis $k = l = 3$ mit Hilfe des Symbolmanipulationsprogramms REDUCE [114] berechnet [162]. Die Funktionen finden sich in der nachstehenden Tabelle, die direkt aus [161] übernommen wurde. Das Symbol $\doteq$ bedeutet dabei 'Gleichheit bis auf eine Konstante'.

k	Wu-Funktion
0	$\tilde{w}_{0,0}(r) \doteq (1-r)_+$
1	$\tilde{w}_{1,0}(r) \doteq (1-r)_+^3(1+3r+r^2)$
1	$\tilde{w}_{1,1}(r) = D_r\tilde{w}_{1,0}(r) \doteq (1-r)_+^2(2+r)$
2	$\tilde{w}_{2,0}(r) \doteq (1-r)_+^5(1+5r+9r^2+5r^3+r^4)$
2	$\tilde{w}_{2,1}(r) = D_r\tilde{w}_{2,0}(r) \doteq (1-r)_+^4(4+16r+12r^2+3r^3)$
2	$\tilde{w}_{2,2}(r) = D_r^2\tilde{w}_{2,0}(r) \doteq (1-r)_+^3(8+9r+3r^2)$
3	$\tilde{w}_{3,0}(r) \doteq (1-r)_+^7(5+35r+101r^2+147r^3+101r^4+35r^5+5r^6)$
3	$\tilde{w}_{3,1}(r) = D_r\tilde{w}_{3,0}(r) \doteq (1-r)_+^6(6+36r+82r^2+72r^3+30r^4+5r^5)$
3	$\tilde{w}_{3,2}(r) = D_r^2\tilde{w}_{3,0}(r) \doteq (1-r)_+^5(8+40r+48r^2+25r^3+5r^4)$
3	$\tilde{w}_{3,3}(r) = D_r^3\tilde{w}_{3,0}(r) \doteq (1-r)_+^4(16+29r+20r^2+5r^3)$

Wu-Funktion	Element aus
$\tilde{w}_{0,0}(r)$	$C \cap P\mathfrak{A}D(\mathbf{R};\mathbf{R})$
$\tilde{w}_{1,0}(r)$	$C^2 \cap P\mathfrak{A}D(\mathbf{R};\mathbf{R})$
$\tilde{w}_{1,1}(r)$	$C \cap P\mathfrak{A}D(\mathbf{R}^3;\mathbf{R})$
$\tilde{w}_{2,0}(r)$	$C^4 \cap P\mathfrak{A}D(\mathbf{R};\mathbf{R})$
$\tilde{w}_{2,1}(r) = D_r$	$C^2 \cap P\mathfrak{A}D(\mathbf{R}^3;\mathbf{R})$
$\tilde{w}_{2,2}(r)$	$C \cap P\mathfrak{A}D(\mathbf{R}^5;\mathbf{R})$
$\tilde{w}_{3,0}(r)$	$C^6 \cap P\mathfrak{A}D(\mathbf{R};\mathbf{R})$
$\tilde{w}_{3,1}(r)$	$C^4 \cap P\mathfrak{A}D(\mathbf{R}^3;\mathbf{R})$
$\tilde{w}_{3,2}(r)$	$C^2 \cap P\mathfrak{A}D(\mathbf{R}^5;\mathbf{R})$
$\tilde{w}_{3,3}(r)$	$C \cap P\mathfrak{A}D(\mathbf{R}^7;\mathbf{R})$

Um die Wu-Funktionen auf das Intervall $[0,1]$ zurückzuskalieren, sind die skalierten Funktionen gerade durch

$$\tilde{w}_{k,l}(r) := D_r^l(\varphi_k * \varphi_k(2r))$$

gegeben.

7.2.4 Die Optimalität der Wu-Funktionen

Es ist nun nicht mehr schwer, die Wu-Schaback-Optimalität der Rekonstruktionen mit Wu-Funktionen zu zeigen. Dazu geben wir erst

Definition 7.10 Die Funktion

$$\Phi_{\beta}^{Wu(k,l)}(\underline{x}) := \sum_{j=0}^{M-1} \lambda_j \mathfrak{A}^{\underline{y}}(Z_{i_j}) \tilde{w}_{k,l}\left(\frac{|\underline{x}-\underline{y}|}{\beta}\right)$$

mit $\beta > 0$ heißt lokale radiale Rekonstruktion mit der Wu-Funktion auf Z_{i_j}.

Die Einführung des Parameters β erlaubt die Veränderung des Trägers der Wu-Funktionen, d.h. es gilt

$$\mathrm{supp}\tilde{w}_{k,l}(r/\beta) = [0, \beta].$$

Definieren wir

$$\underline{\underline{M}} :=$$

$$\begin{bmatrix} \mathfrak{A}^{\underline{x}}(Z_{i_0})\mathfrak{A}^{\underline{y}}(Z_{i_0})\tilde{w}_{k,l}(|\underline{x}-\underline{y}|/\beta) & \cdots & \mathfrak{A}^{\underline{x}}(Z_{i_0})\mathfrak{A}^{\underline{y}}(Z_{i_{M-1}})\tilde{w}_{k,l}(|\underline{x}-\underline{y}|/\beta) \\ \vdots & \ddots & \vdots \\ \mathfrak{A}^{\underline{x}}(Z_{i_{M-1}})\mathfrak{A}^{\underline{y}}(Z_{i_0})\tilde{w}_{k,l}(|\underline{x}-\underline{y}|/\beta) & \cdots & \mathfrak{A}^{\underline{x}}(Z_{i_{M-1}})\mathfrak{A}^{\underline{y}}(Z_{i_{M-1}})\tilde{w}_{k,l}(|\underline{x}-\underline{y}|/\beta) \end{bmatrix}$$

und

$$\mathbf{R}^2 \ni \underline{x} \overset{\underline{\mathcal{R}}}{\longmapsto} \underline{\mathcal{R}}(\underline{x}) := \begin{bmatrix} \mathfrak{A}^{\underline{y}}(Z_{i_0})\tilde{w}_{k,l}(|\underline{x}-\underline{y}|/\beta) \\ \vdots \\ \mathfrak{A}^{\underline{y}}(Z_{i_{M-1}})\tilde{w}_{k,l}(|\underline{x}-\underline{y}|/\beta) \end{bmatrix},$$

dann gilt folgender Satz.

Satz 7.10 *Die lokale Rekonstruktion mit Wu-Funktionen $\tilde{w}_{k,l}$ besitzt die Lagrange-Darstellung*

$$\Phi_{\beta}^{Wu(k,l)}(\underline{x}) = \sum_{j=0}^{M-1} \Psi_{\beta,j}^{(k,l)}(\underline{x})\mathfrak{A}(Z_{i_j})u$$

mit Basisfunktionen $\Psi_{\beta,j}^{(k,l)}$, *die die Rekonstruktionsbedingung*

$$\mathfrak{A}(Z_{i_k})\Psi_{\beta,j}^{(k,l)} = \delta_j^k, \quad j,k = 0,\ldots,M-1,$$

erfüllen. Die Basisfunktionen sind Lösungen des Systems

$$\underline{\underline{M}}\,\underline{\Psi}_\beta^{(k,l)}(\underline{x}) = \underline{R}(\underline{x}).$$

Beweis: Wörtliche Übertragung der Argumente für Satz 7.4. □

Eine wörtliche Übertragung des Beweises für Satz 7.5 liefert schließlich

Satz 7.11 *Die lokale radiale Rekonstruktion mit den Wu-Funktionen ist Wu-Schaback-optimal, d.h. die Werte der Lagrangeschen Basisfunktionen* $\underline{\Psi}_\beta^{(k,l)} = (\Psi_{\beta,0}^{(k,l)},\ldots,\Psi_{\beta,M-1}^{(k,l)})$ *in der Darstellung*

$$\Phi_\beta^{Wu(k,l)}(\underline{x}) = \sum_{j=0}^{M-1} \Psi_{\beta,j}^{(k,l)}(\underline{x})\mathfrak{A}(Z_{i_j})u$$

sind Lösungen des Minimierungsproblems

$$\underline{\Psi}_\beta^{(k,l)}(\underline{x}) = \min_{\underline{\Upsilon}\in\mathbf{R}^M}\{\underline{\Upsilon}\cdot\underline{\underline{M}}\,\underline{\Upsilon} - 2\underline{\Upsilon}\cdot\underline{R}(\underline{x}) + \tilde{w}_{k,l}(\underline{0})\}.$$

7.2.5 Numerische Experimente

Als numerischen Test der Wu-Funktionen verwenden wir wieder das Modellproblem des rotierenden Kegels. Da die Wu-Funktion auf das Intervall $|\underline{x}| \in [0,1]$ skaliert sind, verwenden wir die reskalierte Funktion

$$\tilde{w}_{k,l}\left(\frac{|\underline{x}|}{\beta}\right), \quad \beta > 0,$$

um eine Funktion mit Träger in $[0,\beta], \beta > 0$ zu erzeugen. Wir wählen die Funktion $\tilde{w}_{3,1}$, die in $\mathbf{R}^3$ und damit erst recht in $\mathbf{R}^2$ positiv $\mathfrak{A}$-definit ist.

Die lokale radiale Rekonstruktion auf dem Dreieck $T_i \equiv T_{i_0}$ wird durch das Problem

$$\Phi_\beta^{Wu(3,1)}(\underline{x}) = \sum_{j=0}^{M-1} \lambda_j \mathfrak{A}^{\underline{y}}(T_{i_j}) \tilde{w}_{3,1}\left(\frac{|\underline{x}-\underline{y}|}{\beta}\right)$$
$$\mathfrak{A}(T_{i_j})\Phi_\beta^{Wu} = \mathfrak{A}(T_{i_j})u$$

beschrieben. Auf der Triangulierung $\mathcal{T}_{h^1}$ ergeben sich für den Fall $\beta = 1$ die Lösungen aus Abbildung 7.6. Die Courant-Zahl wurde mit CFL=0.5 bzw. CFL=0.9 gewählt. Obwohl die Form des Kegels bei höherer Courant-Zahl etwas gelitten hat, ist die Kegelhöhe sehr eindrucksvoll.

Triangulierung	Min. Wert CFL=0.5/0.9	Kegelhöhe CFL=0.5/0.9
$\mathcal{T}_{h^1}$	-0.0006 / -0.003	0.691 / 0.854

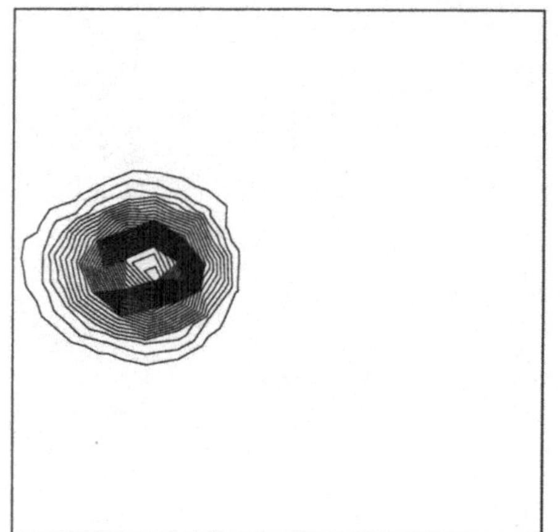
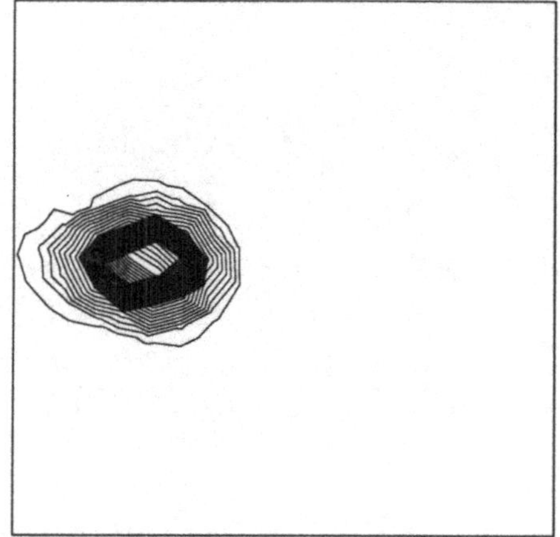

Abb. 7.6 Lokale Rekonstruktion mit Wu-Funktion, $\beta = 1$. CFL=0.5 (links) und CFL=0.9

Im Fall $\beta = 10$ ist der Vergleich in Abbildung 7.7 gezeigt.

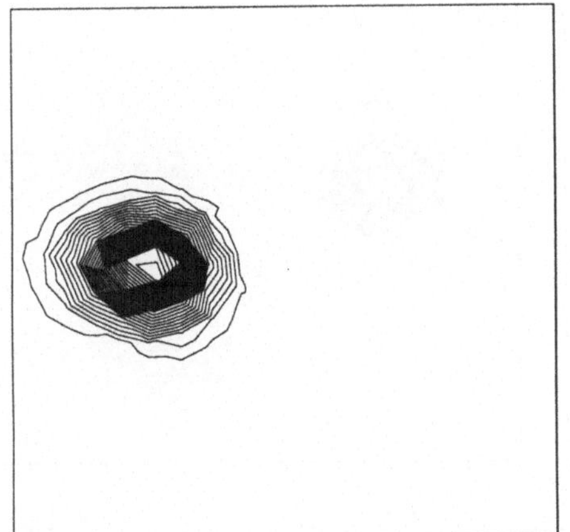
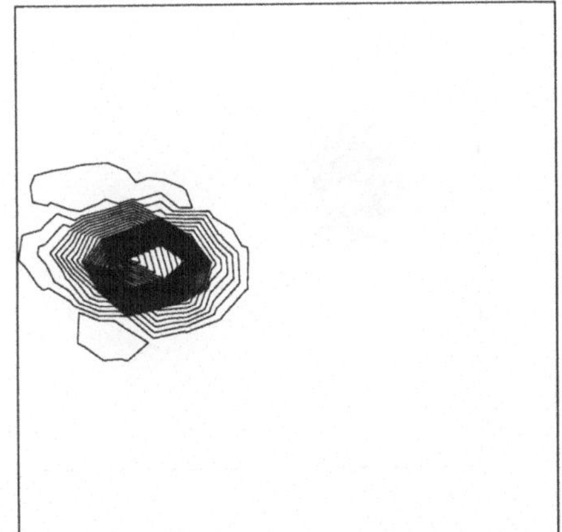

Abb. 7.7 Lokale Rekonstruktion mit Wu-Funktion, $\beta = 10$. CFL=0.5 (links) und CFL=0.9

Ein Vergleich der Kegelhöhen in der folgenden Tabelle zeigt, daß das Verfahren mit lokaler radialer Rekonstruktion bei einem Parameter von $\beta = 10$ tatsächlich instabil wird.

Triangulierung	Min. Wert CFL=0.5/0.9	Kegelhöhe CFL=0.5/0.9
$\mathcal{T}_{h^1}$	-0.021 / -0.0688	0.857 / 1.14596

Zum Abschluß sei noch das Ergebnis einer Rechnung auf dem feinen Netz $\mathcal{T}_{h^2}$ gezeigt. Abbildung 7.8 zeigt das Ergebnis der Berechnung mit $\beta = 1$ und CFL=0.5 (links), bzw. CFL=0.9. Es ist wiederum ersichtlich, daß die

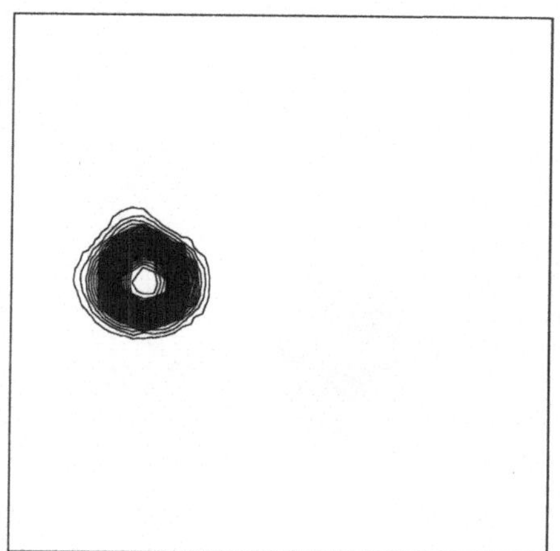
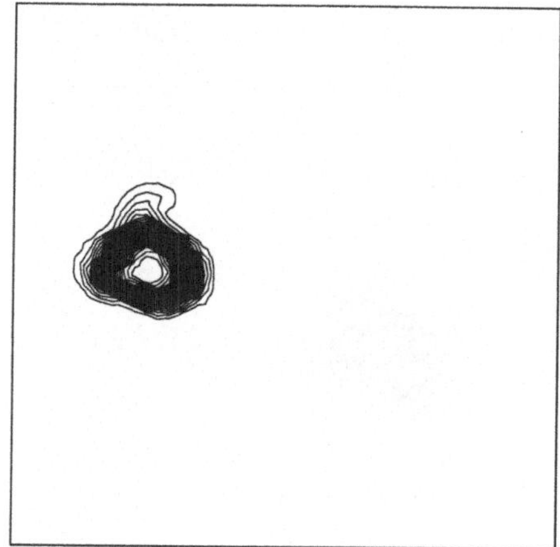

Abb. 7.8 Lokale Rekonstruktion mit Wu-Funktion, $\beta = 1$. CFL=0.5 (links) und CFL=0.9

Wu-Funktion bei der Courant-Zahl von 0.9 keine stabile Berechnung mehr ermöglicht. Die Kegelhöhen in nachstehender Tabelle sind jedoch erstaunlich.

Triangulierung	Min. Wert CFL=0.5/0.9	Kegelhöhe CFL=0.5/0.9
$\mathcal{T}_{h^2}$	-0.001 / -0.08	0.997 / 1.04

Ein vergleichendes Bild der erreichten Kegelhöhen mit den verscheidensten Rekonstruktionen zeigt Abbildung 7.9. Ergebnisse auf der Triangulierung $\mathcal{T}_{h^1}$ sind im Balkendiagramm links, die Ergebnisse auf der feineren Triangulierung $\mathcal{T}_{h^2}$ rechts gezeigt.

Nehmen wir die instabile Berechnung mit quadratischer Rekonstruktion aus der Betrachtung heraus, verbleibt die Rekonstruktion mit Wu-Funktion die herausragende Methode, gefolgt von der Verwendung des Plattensplines.

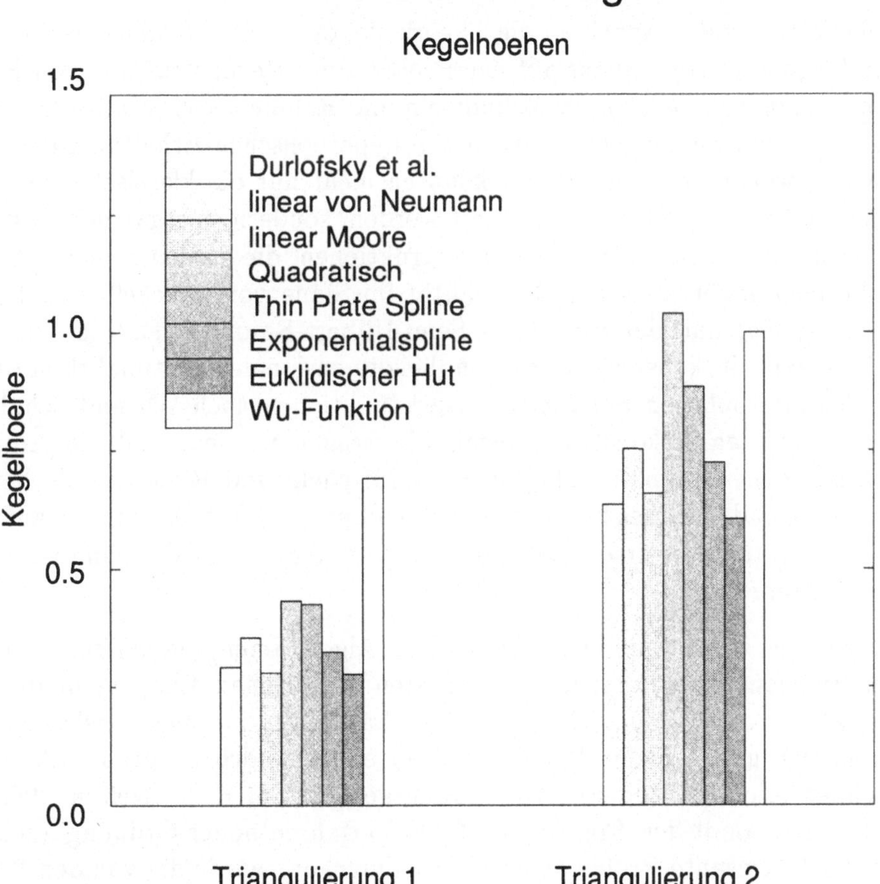

Abb. 7.9 Vergleich der Kegelhöhen

Zusammenfassung und Ausblick

In der vorliegenden Arbeit ist die Theorie der optimalen Rekonstruktion (*optimal recovery*) konsequent auf das Problem der Rekonstruktion von Funktionswerten aus bekannten Zellmitteln im Rahmen von Finite-Volumen-Methoden zur numerischen Lösung von hyperbolischen Erhaltungsgleichungen angewendet worden. Damit konnten nicht nur die klassischen polynomialen ENO-Techniken interpretiert werden, sondern es ergaben sich ganze Klassen von neuen optimalen Rekonstruktionen, die zu den radialen Basisfunktionen gehören. Deren Optimalität im Sinne von Micchelli und Rivlin wurde gezeigt und der zugehörige Semi-Hilbert-Raum im Fall der Plattensplines explizit konstruiert. Ein endlichdimensionales Optimalitätsprinzip bei der Interpolation mit radialen Basisfunktionen nach Wu und Schaback konnte auf den Rekonstruktionsfall übertragen werden, und die Äquivalenz mit dem Optimalitätsbegriff nach Micchelli und Rivlin wurde bewiesen. Neue radiale Basisfunktionen mit kompaktem Träger wurden auf den Rekonstruktionsfall angewendet und zeigten hervorragende numerische Eigenschaften.

Ganz sicher werden die hier vorgestellten Algorithmen, die auf radialen Rekonstruktionen beruhen, in der nächsten Zeit keinen Eingang in die numerische Praxis finden. Dazu sind die Laufzeitunterschiede zwischen polynomialer und radialer Rekonstruktion einfach noch zu groß. Allerdings erschließt sich ein anderes Anwendungsgebiet. Um Rechenzeiten klein zu halten und somit den Einsatz von ENO-Verfahren hoher Ordnung auch für praktisch relevante Probleme nutzbar zu machen, wurde die von den Wavelets bekannte Multiresolutionsanalyse von Harten auf die Rekonstruktion in ENO-Methoden übertragen. Ziel ist die Erkennung wichtiger Strukturen in der Lösung (z.B. Verdichtungsstöße und Kontaktunstetigkeiten), die gezielte Verwendung aufwendiger ENO-Techniken in der Umgebung solcher Phänomene, und die Verwendung einfacher, billiger Verfahren in den Regionen, für die der Detektor keine hervorragende Rolle für die Strömung erkennen konnte. Man siehe dazu die zur Zeit nur als Pre-prints vorliegenden Arbeiten [6], [56], [57], [58], [59]. Bisher sind die verwendeten Detektoren *ad hoc*-Konstruktionen, deren Implementierung durch heuristische Überlegungen geleitet wurde. Hier können radiale Funktionen mit kompaktem Träger nach Wu, Schaback und Wendland ein völlig neues Gebiet erschließen. Systematische Untersuchungen in diesem Bereich haben gerade erst begonnen.

Literaturverzeichnis

[1] R. Abgrall - Design of an Essentially Nonoscillatory Reconstruction Procedure on Finite-Element-Type Meshes. *Preprint submitted to Math. Comp. (1994)*

[2] R. Abgrall - An Essentially Non-Oscillatory Reconstruction Procedure on Finite-Element Type Meshes: Application to Compressible Flows. *Comput. Methods Appl. Mech. Engrg.* **116**, *95-101, (1994)*

[3] R. Abgrall - On Essentially Non-Oscillatory Schemes on Unstructured Meshes: Analysis and Implementation. *J. Comp. Phys.* **114**, *45-58, (1994)*

[4] R. Abgrall, F.C. Lafon - ENO Schemes on Unstructured Meshes. *Lecture Series 1993-04, Computational Fluid Dynamics, von Karman Institutte for Fluid Dynamics, (1993)*

[5] R. Abgrall - persönliche Mitteilung. *Briefwechsel, (1994)*

[6] R. Abgrall, A. Harten - Multiresolution Representation in Unstructured Meshes: I.Preliminary Report. *CAM Report 94-20, University of California, Los Angeles, (1994)*

[7] M. Abramowitz, I.A. Stegun - Pocketbook of Mathematical Functions. *Verlag Harri Deutsch, Thun, Frankfurt/Main, (1984)*

[8] J.H. Ahlberg, E.N. Nilson, J.L. Walsh - The Theory of Splines and Their Applications. *Academic Press, New York and London, (1967)*

[9] P. Alexandroff, H. Hopf - Topologie I. *Springer Verlag, Grundlehren der math. Wissenschaften Band 45 (1974)*

[10] J.D. Anderson - Fundamentals of Aerodynamics. *Mc Graw Hill (1984)*

[11] N. Aronszajn - Theory of Reproducing Kernels. *Trans. Amer. Math. Soc.* **68**, *337-404, (1950)*

[12] T.J. Barth, D.C. Jespersen - The Design and Application of Upwind Schemes on Unstructured Meshes. *AIAA paper 89-0366, (1989)*

[13] J. Baumeister - Stable Solution of Inverse Problems. *Vieweg Verlag, Advanced Lectures in Mathematics, (1987)*

[14] K. Böhmer - Spline-Funktionen. *Teubner Verlag, Stuttgart, (1974)*

[15] C. de Boor, A. Ron - On Multivariate Polynomial Interpolation. *Constr. Approx.* **6**, *287-302, (1990)*

[16] Y. Brenier - Averaged Multivalued Solutions for Scalar Conservation Laws. *SIAM J. Num. Anal.* **21**, *1013-1037, (1984)*

[17] G. Bruhn - Erhaltungssätze und schwache Lösungen in der Gasdynamik. *Math. Meth. in the Appl. Sci.* **7**, *470-479, (1985)*

[18] R. Bürger - Numerische Lösung hyperbolischer Erhaltungsgleichungen mit ENO-Verfahren und nichtoszillatorischen zentralen Differenzenverfahren. *Diplomarbeit, AG Numerische Mathematik, TH Darmstadt, (1993)*

[19] J. Casper, H.L. Atkins - A Finite-Volume High-Order ENO Scheme for Two-Dimensional Hyperbolic Systems. *J. Comp. Phys.* **106**, *62-76, (1993)*

[20] T. Chang, L. Hsiao - The Riemann Problem and Interaction of Waves in Gas Dynamics. *Longman Scientific & Technical, Essex, England, (1989)*

[21] K.-S. Cheng - The Space BV is Not Enough for Hyperbolic Conservation Laws. *J. Math. Anal. Appl.* **91**, *559-561, (1983)*

[22] P.N. Childs - The Characteristic Galerkin Method for Hyperbolic Conservation Laws. *D.Phil. thesis, Oxford University Computing Laboratory, (1988)*

[23] P. Childs, K.W. Morton - Charactersitic Galerkin Methods for Scalar Conservation Laws in One Dimension. *SIAM J. Num. Anal.* **27**, *553-594, (1990)*

[24] A.J. Chorin, J.E. Marsden - A Mathematical Introduction to Fluid Mechanics. *Springer Verlag, 2nd edition (1990)*

[25] C.K. Chui - Multivariate Splines. *Regional Conference Series in Applied Mathematics 54, SIAM, Philadelphia, (1988)*

[26] P.G. Ciarlet - The Finite Element Method for Elliptic Problems. *North-Holland, 2nd edt. (1987)*

[27] P.G. Ciarlet - Introduction to Numerical Linear Algebra and Optimisation. *Cambridge University Press, (1989)*

[28] P.G. Ciarlet, P.A. Raviart - General Lagrange and Hermite Interpolation in $\mathbf{R}^n$ with Applications to Finite Element Methods. *Arch. Rational Mech. Anal.* **46**, *177-199, (1972)*

[29] B. Cockburn, F. Coquel, Ph. LeFloch, C.W. Shu - Convergence of Finite Volume Schemes. *Preprint, (1991)*

[30] R. Courant, K.O. Friedrichs, H. Lewy - Über die partiellen Differenzengleichungen der mathematischen Physik. *Math. Annalen* **100**, *32-74, (1928)*

[31] M. Crandall, A. Majda - Monotone Difference Approximations for Scalar Conservation Laws. *Math. Comp.* **34**, *1-21, (1980)*

[32] P.J. Davis - Interpolation & Approximation. *Blaisdell Publ. Comp., (1963)*

[33] L.J. Durlofsky, B. Engquist, S. Osher - Triangle Based Adaptive Stencils for the Solution of Hyperbolic Conservation Laws. *J. Comp. Phys.* **98**, *64-73, (1992)*

[34] J. Duchon - Interpolation des functions de deux variables suivant le principe de la flexion des plaques minces. *R.A.I.R.O. Analyse numérique* **10**, *5-12, (1976)*

[35] J. Duchon - Splines Minimizing Rotation-Invariant Semi-Norms in Sobolev Spaces. *in: Constructive Theory of Functions of Several Variables, Eds.: W. Schempp, K. Zeller; Springer Verlag, Lecture Notes in Mathematics 571, 85-100, (1977)*

[36] B. Engquist, S. Osher - One-Sided Difference Approximations for Nonlinear Conservation Laws. *Math. Comp.* **36**, *321-351 (1981)*

[37] H. Federer - Geometric Measure Theory. *Springer Verlag, Grundlehren der math. Wissenschaften Band 153, (1969)*

[38] M. Fey - Ein echt mehrdimensionales Verfahren zur Lösung der Eulergleichungen. *Dissertation, ETH Zürich, (1992)*

[39] W. Fischer, I. Lieb - Funktionentheorie. *Friedr. Vieweg & Sohn, Braunschweig, Wiesbaden, (1981)*

[40] G.B. Folland - Real Analysis. *John Wiley & Sons, New York, Chichester, Brisbane, Toronto, Singapore, (1984)*

[41] O. Friedrich - A New Method for Generating Inner Points of Triangulations in Two Dimensions. *Comp. Meth. Appl. Mech. Eng.* **104**, *77-86, (1993)*

[42] M. Geiben, D. Kröner, M. Rokyta - A Lax-Wendroff Type Theorem for Cell-Centered, Finite Volume Schemes in 2-D. *Report No.278, Sonderforschungsbereich 256, Rheinische Friedrich-Wilhelms-Universität, Bonn, (1993)*

[43] D. Gilbarg, N.S. Trudinger - Elliptic Partial Differential Equations of Second Order. *Springer Verlag, Grundlehren der math. Wissenschaften Band 224, 2nd edt., (1983)*

[44] M. Golomb, H.F. Weinberger - Optimal Approximation and Error Bounds. in: *On Numerical Approximation, Edt.: R.E. Langer, The University of Wisconsin Press, Madison, (1959)*

[45] T. Gutzmer - Error Estimates for Reconstruction using Thin Plate Spline Interpolants. *ETH Zürich, Seminar für Angewandte Mathematik, Report 1997-08, (1997)*

[46] W. Hackbusch - Theorie und Numerik elliptischer Differentialgleichungen. *Teubner Verlag, Stuttgart, (1986)*

[47] E. Hairer, S.P. Nørsett, G. Wanner - Solving Ordinary Differential Equations I. *Springer Series in Computational Mathematics 8, Springer Verlag, (1987)*

[48] D. Handscomb - Interpolation and Differentiation of Multivariate Functions and Interpolation of Divergence-Free Vector Fields Using Surface Splines. *Report No. 91/5, Oxford University Computing Laboratory, Oxford, England, (1991)*

[49] D. Handscomb - Local Recovery of a Solenoidal Vector Field by an Extension of the Thin-Plate Spline Technique. *Manuskript, Oxford University Computing Laboratory, Oxford, England, (July 1992)*

[50] D. Handscomb - Pers. Gespräch, Oxford, November 1993.

[51] R.L. Harder, R.N. Desmarais - Interpolation Using Surface Splines. *J. of Aircraft,* **9**, *189-191, (1972)*

[52] A. Harten - High Resolution Schemes for Hyperbolic Conservation Laws. *J. Comp. Phys.* **49**, *357-393, (1983)*

[53] A. Harten - Multiresolution Analysis for ENO Schemes. *ICASE Report No. 91-77, (1991)*

[54] A. Harten - On High-Order Accurate Interpolation for Non-Oscillatory Shock Capturing Schemes. *in: IMA Vol.2, Oscillation Theory, Computation and Methods of Compensated Compactness, Springer Verlag, (1987)*

[55] A. Harten - On the Symmetric Form of Systems of Conservation Laws with Entropy. *J. Comp. Phys.* **49**, *151-164, (1983)*

[56] A. Harten - Adaptive Multiresolution Schemes for Shock Computations. *CAM Report 93-06, University of California, Los Angeles, (1993)*

[57] A. Harten - Multiresolution Representation of Data: II.General Framework. *CAM Report 94-10, University of California, Los Angeles, (1994)*

[58] A. Harten - Discrete Multi-Resolution Analysis and Generalised Wavelets. *undatiertes Manuskript*

[59] A. Harten - Multiresolution Algorithms for the Numerical Solution of Hyperbolic Conservation Laws. *Courant Mathematics and Computing Laboratory, New York University, Report 93-001, (1993)*

[60] A. Harten, S.R. Chakravarthy - Multi-Dimensional ENO Schemes for General Geometries. *ICASE Report No. 91-76, (1991)*

[61] A. Harten, J.M. Hyman, P.D. Lax - On Finite-Difference Approximations and Entropy Conditions for Shocks. *Comm. Pure Appl. Math.* **XXIX**, *297-322, (1976)*

[62] A. Harten, S. Osher, B. Engquist, S.R. Chakravarthy - Some Results on Uniformly High-Order Accurate Essentially Nonoscillatory Schemes. *Appl. Num. Math.* **2**, *347-377, (1986)*

[63] A. Harten, B. Engquist, S. Osher, S.R. Chakravarthy - Uniformly High Order Accurate Essentially Non-Oscillatory Schemes III. *J. Comp. Phys.* **71**, *231-303, (1987)*

[64] A. Harten, S. Osher - Uniformly High Order Accurate Nonoscillatory Schemes I. *SIAM J. Num. Anal.* **24**, *279-309, (1987)*

[65] B. Heinrich - Finite Difference Methods on Irregular Networks. *Birkhäuser Verlag, ISNM Vol.82, (1987)*

[66] H. Heuser - Funktionalanalysis. *B.G. Teubner Verlag, Stuttgart, (1986)*

[67] F.B. Hildebrand - Introduction to Numerical Analysis. *McGraw-Hill, New York, Toronto, London, (1956)*

[68] C. Hirsch - Numerical Computation of Internal and External Flows, Volume 1: Fundamentals of Numerical Discretization. *John Wiley & Sons, (1988)*

[69] C. Hirsch - Numerical Computation of Internal and External Flows, Volume 2: Computational Methods for Inviscid and Viscous Flows. *John Wiley & Sons, (1990)*

[70] L. Hörmander - The Analysis of Linear Partial Differential Operators I. *Springer Verlag, Grundlehren der mathematischen Wissenschaften Band 256 (1983)*

[71] A. Iske - Charakterisierung bedingt positiv definiter Funktionen für multivariate Interpolationsmethoden mit radialen Basisfunktionen. *Dissertation, Institut für Numerische und Angewandte Mathematik, Universität Göttingen, (1994)*

[72] A. Jameson - Computational Transonics. *Comm. Pure Appl. Math.* **XLI**, *507-549, (1988)*

[73] H.-O. Kreiss, T.A. Manteuffel, B. Swartz, B. Wendroff, A.B. White, jr. - Supra-Convergent Schemes on Irregular Grids. *Math. Comp.* **47**, *537-554, (1986)*

[74] M. Křížek, P. Neitaanmäki - Superconvergence Phenomenon in the Finite Element Method Arising from Averaging Gradients. *Num. Math.* **45**, *105-116, (1984)*

[75] D. Kröner, M. Rokyta - Convergence of Upwind Finite Volume Schemes for Scalar Conservation Laws in 2-D. *Report No.208, Sonderforschungsbereich 256, Rheinische Friedrich-Wilhelms-Universität, Bonn, (1992)*

[76] F. Lafon, S. Osher - High Order Filtering Methods for Approximating Hyperbolic Systems of Conservation Laws. *J. Comp. Phys.* **96**, *110-142, (1991)*

[77] F.M. Larkin - Optimal Approximation in Hilbert Spaces with Reproducing Kernel Functions. *Math. Comp.* **24**, *911-921, (1970)*

[78] P.-J. Laurent - Approximation et Optimisation. *Hermann, Paris, (1972)*

[79] P.-J. Laurent - Quadratic Convex Analysis and Splines. *in: International Series of Numerical Mathematics, Vol.76, Birkhäuser Verlag, Basel, 17-43, (1986)*

[80] P.D. Lax - Shock Waves, Increase of Entropy and Loss of Information. in: *Seminar on Nonlinear Partial Differential Equations, Edt.: S.S. Chern, Springer Verlag, (1984)*

[81] P.D. Lax - Hyperbolic Systems of Conservation Laws and the Mathematical Theory of Shock Waves. *Regional Conference Series in Applied Mathematics 11, SIAM, Philadelphia, (1973)*

[82] P.D. Lax, K.O. Friedrichs - Systems of Conservation Equations with a Convex Extension. *Proc. Nat. Acad. Sci. USA,* **68**, *No.8, 1686-1688, (1971)*

[83] P.D.Lax, B. Wendroff - Systems of Conservation Laws. *Comm. Pure Appl. Math.* **XIII**, *217-237, (1960)*

[84] B. van Leer - Towards the Ultimate Conservative Difference Scheme, V: A Second Order Sequel to Godunov's Method. *J. Comp. Phys.* **32**, *101-136, (1979)*

[85] R.J. LeVeque - Numerical Methods for Conservation Laws. *Birkhäuser Verlag, Lectures in Mathematics, (1990)*

[86] L. Lichtenstein - Grundlagen der Hydromechanik. *Springer Verlag, Grundlehren der math. Wissenschaften Band 30 (1929)*

[87] T.-P. Liu - Admissible Solutions of Hyperbolic Conservation Laws. *Memoirs of the American Mathematical Society 30, AMS, Providence, Rhode Island, (1981)*

[88] A. Majda - Compressible Fluid Flow and Systems of Conservation Laws in Several Space Variables. *Springer Verlag, Applied Mathematical Sciences Band 53 (1984)*

[89] W.R. Madych, S.A. Nelson - Multivariate Interpolation and Conditionally Positive Definite Functions. *Approx. Theory & its Appl.* **4**, *77-89, (1988)*

[90] W.R. Madych, S.A. Nelson - Multivariate Interpolation and Conditionally Positive Definite Functions II. *Math. Comp.* **54**, *211-230, (1990)*

[91] T.A. Manteuffel, A.B. White, jr. - The Numerical Solution of Second-Order Boundary Value Problems on Nonuniform Meshes. *Math. Comp.* **47**, *511-535, (1986)*

[92] J. Meinguet - An Intrinsic Approach to Multivariate Spline Interpolation at Arbitrary Points. *in: Polynomial and Spline Approximation, Edt.: B.N. Sahney, D. Reidel Publ. Comp., 163-190, (1979)*

[93] J. Meinguet - Multivariate Interpolation at Arbitrary Points Made Simple. *ZAMP* **30**, *292-304, (1979)*

[94] A. Meister - Ein Beitrag zum DLR-τ-Code: Ein explizites und implizites Finite-Volumen-Verfahren zur Berechnung instationärer Strömungen auf unstrukturierten Gittern. *DLR Institusbericht IB 223-94 A 36, Göttingen, (1994)*

[95] C.A. Micchelli - Interpolation of Scattered Data: Distance Matrices and Conditionally Positive Definite Functions. *Constr. Appr.* **2**, *11-22, (1986)*

[96] C.A. Micchelli, T.J. Rivlin - A Survey of Optimal Recovery. *in: Optimal Estimation in Approximation Theory, Eds.: C.A. Micchelli, T.J. Rivlin, Plenum Press, 1-54, (1977)*

[97] C.A. Micchelli, T.J. Rivlin - Lectures on Optimal Recovery. *in: Numerical Analysis, Lancaster 1984, Ed.: P.R. Turner, Springer Verlag, Lecture Notes in Mathematics 1129, 12-93, (1984)*

[98] C.A. Micchelli, T.J. Rivlin - Optimal Recovery of Best Approximations. *Resultate der Mathematik* **3**, *25-32, (1978)*

[99] M. Mittnacht - Der Satz von Lax und Wendroff. *Diplomarbeit, Mathematisches Institut A der Universität Stuttgart, (1993)*

[100] M.S. Mock - Systems of Conservation Laws of Mixed Type. *J. Diff. Equ.* **37**, *70-88, (1980)*

[101] M. Morimoto - An Introduction to Sato's Hyperfunctions. *Translations of Mathematical Monographs Volume 129, American Mathematical Society, Providence, Rhode Island, (1993)*

[102] C. Morrey jr. - Multiple Integral Problems in the Calculus of Variations and Related Topics. *Publications in Mathematics, University of California Press, Berkeley and Los Angeles, (1954)*

[103] K.W. Morton - pers. Gespräch, Oberwolfach, April 1992.

[104] K.W. Morton, M.F. Paisley - A Finite Volume Scheme with Shock Fitting for the Steady Euler Equations. *J. Comp. Phys.* **80**, *168-203, (1989)*

[105] G. Mühlbach - The General Neville-Aitken-Algorithm and Some Applications. *Numer. Math.* **31**, *97-110, (1978)*

[106] G. Mühlbach - The General Recurrence Relation for Divided Differences and the General Newton-Interpolation-Algorithm with Applications to Trigonometric Interpolation. *Numer. Math.* **32**, *393-408, (1979)*

[107] H. Nessyahu, E. Tadmor - Non-oscillatory Central Differencing for Hyperbolic Conservation Laws. *J. Comp. Phys.* **87**, *408-463, (1990)*

[108] S. Osher - Convergence of Generalized MUSCL Schemes. *SIAM J. Num. Anal.* **22**, *947-961, (1985)*

[109] S. Osher, F. Solomon - Upwind Difference Schemes for Hyperbolic Systems of Conservation Laws. *Math. Comp.* **38**, *339-374, (1982)*

[110] S. Osher, E. Tadmor - On the Convergence of Difference Approximations to Scalar Conservation Laws. *Math. Comp.* **50**, *19-51, (1988)*

[111] S. Ostkamp - Multidimensional Methods for the Euler Equations. *DLR-Institutsbericht IB 221-93 A 24, (1993)*

[112] J. Pike - Grid Adaptive Algorithms for the Solution of the Euler Equations on Irregular Grids, *J. Comp. Phys.* **71**, *194-223, (1987)*

[113] M.J.D. Powell - The Theory of Radial Basis Function Approximation in 1990. *Manuscript, presented at the Numerical Analysis Summer School in Lancaster, July 1990*

[114] G. Rayna - REDUCE. Software for Algebraic Computation. *Springer Verlag, (1987)*

[115] R.D. Richtmyer, K.W. Morton - Difference Methods for Initial-Value Problems. *Interscience Publ. 2nd edt., (1967)*

[116] T.J. Rivlin - The Optimal Recovery of Functions. *in: Contemporary Mathematics 9, American Mathematical Society, 121-151 (1982)*

[117] P.L. Roe - Error Estimates for Cell-Vertex Solutions of the Compressible Euler Equations. *ICASE Report No. 87-6 (1987)*

[118] P.L. Roe - Approximate Riemann Solvers, Parameter Vectors and Difference Schemes. *J. Comp. Phys.* **43**, *357-372, (1981)*

[119] A.M. Rogerson, E. Meiburg - A Numerical Study of the Convergence of ENO Schemes. *J. Sci. Comp.* **5**, *151-167 (1990)*

[120] R. Sanders - On Convergence of Monotone Finite-Difference Schemes with Variable Spatial Differencing. *Math. Comp.* **40**, *91-106, (1983)*

[121] A. Sard - Linear Approximation. *Mathematical Surveys and Monographs Number 9, American Mathematical Society, Third printing (1989)*

[122] R. Schaback - pers. Gespräch, Institut für Numerische und Angewandte Mathematik, Universität Göttingen, 1994

[123] R. Schaback, H. Wendland - Special Cases of Compactly Supported Radial Basis Functions. *Manuskript, Institut für Numerische und Angewandte Mathematik, Universität Göttingen, (1994)*

[124] W. Schempp, B. Dreseler - Einführung in die harmonische Analyse. *B.G. Teubner Verlag, Stuttgart, (1980)*

[125] A. Schönhage - Approximationstheorie. *Walter de Gruyter & Co., Berlin, New York, (1971)*

[126] I.J. Schoenberg - Metric Spaces and Positive Definite Functions. *Trans. Amer. Math. Soc.* **44**, *522-536, (1938)*

[127] I.J. Schoenberg - Metric Spaces and Completely Monotone Functions. *Ann. of Math.* **39**, *811-841, (1938)*

[128] L. Schwartz - Théorie des distributions. *Hermann, Paris, (1966)*

[129] M. Sever - Uniqueness Failure for Entropy Solutions of Hyperbolic Systems of Conservation Laws. *Comm. Pure Appl. Math.* **42**, *173-183, (1989)*

[130] C.-W. Shu - Numerical Experiments on the Accuracy of ENO and Modified ENO Schemes. *J. Sci. Comp.* **5**, *(1990)*

[131] C.-W. Shu, S. Osher - Efficient Implementation of Essentially Non-Oscillatory Shock-Capturing Schemes. *J. Comp. Phys.* **77**, *439-471, (1988)*

[132] C.-W. Shu, S. Osher - Efficient Implementation of Essentially Non-Oscillatory Shock-Capturing Schemes, II. *J. Comp. Phys.* **83**, *32-78, (1989)*

[133] I. Singer - Best Approximation in Normed Linear Spaces by Elements of Linear Subspaces. *Springer Verlag, Grundlehren der math. Wissenschaften Band 171, (1970)*

[134] I. Singer - The Theory of Best Approximation and Functional Analysis. *Regional Conference Series in Applied Mathematics 13, SIAM, Philadelphia, PA. , (1974)*

[135] J. Smoller - Shock Waves and Reaction-Diffusion Equations. *Springer Verlag, Grundlehren der math. Wissenschaften Band 258, (1983)*

[136] G. Sod - Numerical Methods in Fluid Dynamics. *Cambridge University Press, (1985)*

[137] Th. Sonar - Entropy Production in Second-Order Three-Point Schemes. *Numer. Math.* **62**, *371-390, (1992)*

[138] Th. Sonar - On the Design of an Upwind Scheme for Compressible Flow on General Triangulations. *Numerical Algorithms* **4**, *135-149, (1993)*

[139] Th. Sonar - Differenzenverfahren zur Lösung konservativer Systeme. *Diplomarbeit, Universität Hannover, (1986)*

[140] Th. Sonar, E. Süli - A Dual Graph Norm Refinement Indicator for the DLR-τ-Code. *DLR Forschungsbericht, in Vorbereitung, (1994)*

[141] Th. Sonar, E. Süli - A Dual Graph-Norm Refinement Indicator for Finite Volume Approximations of the Euler Equations. *Oxford University Computing Laboratory Report No.94/9, (1994)*

[142] S.P. Spekreijse - Multigrid Solution of the Steady Euler Equations. *Ph.D. thesis, Centrum voor Wiskunde en Informatica, Amsterdam, (1987)*

[143] J.L. Steger, R.F. Warming - Flux Vector Splitting of the Inviscid Gasdynamic Equations with Applications to Finite-Difference Methods. *J. Comp. Phys.* **40**, *263-293, (1981)*

[144] J. Stoer, R. Bulirsch - Introduction to Numerical Analysis. *Springer Verlag, (1980)*

[145] J.C. Strikwerda - Finite Difference Schemes and Partial Differential Equations. *Wadsworth & Brooks/Cole, (1989)*

[146] R. Struijs - A Multi-Dimensional Upwind Discretization Method for the Euler Equations on Unstructured Grids. *Ph.D. thesis, Technische Universiteit Delft, (1994)*

[147] P.K. Sweby - High Resolution Schemes Using Flux Limiters for Hyperbolic Conservation Laws. *SIAM J. Num. Anal.* **21**, *995-1011, (1984)*

[148] E. Tadmor - The Numerical Viscosity of Entropy Stable Schemes for Systems of Conservation Laws I. *Math. Comp.* **49**, *91-103, (1987)*

[149] E. Tadmor - The Large-Time Behaviour of the Scalar, Genuinely Nonlinear Lax-Friedrichs Scheme. *Math. Comp.* **43**, *353-368, (1984)*

[150] E. Tadmor - Numerical Viscosity and the Entropy Condition for Conservative Difference Schemes. *Math. Comp.* **43**, *369-381, (1984)*

[151] E. Tadmor - Entropy Functions for Symmetric Systems of Conservation Laws. *J. Comp. Phys.* **122**, *355-359, (1987)*

[152] J.F, Traub, H. Woźniakowski - A General Theory of Optimal Algorithms. *Academic Press, New York, London, Toronto, Sydney, San Francisco (1980)*

[153] F.I. Utreras - Positive Thin Plate Splines. *Approximation Theory and its Appl.* **1**, *77-108, (1985)*

[154] P. Vankeirsbilck - Algorithmic Developments for the Solution of Hyperbolic Conservation Laws on Adaptive Unstructured Grids. *Doktorarbeit, Katholieke Universiteit Leuven, Faculteit Toegepaste Wetenschappen, Afdeling Numerieke Analyse en Toegepaste Wiskunde, Celestijnenlaan 200A, 3001 Leuven (Heverlee), (1993)*

[155] G. Warnecke - Analytische Methoden in der Theorie der Erhaltungsgleichungen. *Buchmanuskript, Mathematisches Institut A der Universität Stuttgart, (1991)*

[156] H. Wendland - Ein Beitrag zur Interpolation mit radialen Basisfunktionen. *Diplomarbeit, Institut für Numerische und Angewandte Mathematik, Universität Göttingen, (1994)*

[157] M. Weinrich - Charakterisierung von Funktionenräumen bei der Interpolation mit radialen Basisfunktionen. *Dissertation, Institut für Numerische und Angewandte Mathematik, Universität Göttingen, (1994)*

[158] S. Wolfram - Theory and Applications of Cellular Automata. *World Scientific, (1986)*

[159] W.H. Wong - On Constrained Multivariate Splines and Their Approximations. *Numer. Math.* **43**, *141-152, (1984)*

[160] P. Woodward, P. Colella - The Numerical Simulation of Two-Dimensional Fluid Flow with Strong Shocks. *J. Comp. Phys.* **54**, *115-173, (1984)*

[161] Z.-M. Wu - Multivariate Compactly Supported Positive Definite Radial Basis Functions. *Manuskript, Inst. Num. Ang. Math., Universität Göttingen, (1994)*

[162] Z.-M. Wu - persönliches Gespräch. *Inst. Num. Ang. Math., Universität Göttingen, (1994)*

[163] Z.-M. Wu, R. Schaback - Local Error Estimates for Radial Basis Function Interpolation of Scattered Data. *IMA J. Num. Anal.* **13**, *13-27, (1993)*

[164] N.N. Yanenko - The Method of Fractional Steps. *Springer Verlag, (1971)*

[165] O.C. Zienkiewicz - Methode der finiten Elemente. *Carl Hanser Verlag, München, Wien, 2.Auflage (1984)*

Symbolverzeichnis

$\underline{\underline{E}}$	Einheitsmatrix
$\overline{D}$	$\{(\underline{x}, t) \in \mathbf{R}^2 \times \mathbf{R}_0^+\}$
S, S_i, $\hat{S}$	Zustandsraum
$\underline{u}$	konservative Variablen
$\underline{f}_i$	Flußfunktionen
$\nabla_{\underline{u}} \underline{f}_i$	Jacobi-Matrix von $\underline{f}_i$ bezüglich $\underline{u}$
$\underline{u}_0$	Anfangswertfunktion
χ_A	Charakteristische Funktion auf der Menge A
$\eta(\underline{u})$	abstrakte Entropie
$q_i(\underline{u})$	Entropieflüsse
Ω	Gebiet des $\mathbf{R}^2$
Z, Z_i	Kontrollvolumen, $Z \subset \mathbf{R}^2$
T, T_i	Dreieck einer Triangulierung
B, B_i	Box
$\underline{c}_i$	Schwerpunkt der Zelle Z_i
$N(i)$	Menge der Nachbarzellen von Z_i
$K(Z_i)$	Knotenmenge von Z_i
$\mathcal{T}^h$	Triangulierung von $\overline{\Omega}$, primäres Netz
$\mathcal{B}^h$	Sekundäres Netz
$\underline{n}$	Normalenvektor an ein Kontrollvolumen
$\underline{\underline{T}}(\underline{n})$	Drehmatrix
$\tilde{\underline{u}}$	Konservative Variable im gedrehten System, $\tilde{\underline{u}} = \underline{\underline{T}}(\underline{n})\underline{u}$
grad$p$	Grad eines Polynoms p
$\Pi_{r-1}(\mathbf{R}^2; \mathbf{R})$	Raum der Polynome $p : \mathbf{R}^2 \to \mathbf{R}$ mit grad$p < r$
R_k	k-Riemannsche Invariante
$\mathfrak{E}(\mathfrak{d}\mathfrak{t})$	Evolutionsoperator
$\mathfrak{A}(\mathfrak{Z})$	Zellmittelungsoperator
$H, \underline{H}$	numerische Flußfunktion
V	Banachraum
$U \subset V$	Konvexer Unterraum

i_V	Identität auf V
$\underline{\alpha} \in \mathbf{N}^2$	Multiindex
ω_ν	Gewichte der Gaußquadratur
$\mathfrak{F}(\underline{x})$	Eigenschaftsoperator
$\mathfrak{I}_i$	Informationsoperator auf Z_i
$\mathfrak{R}_i(\underline{x})$	Rekonstruktionsoperator auf Z_i
$\mathfrak{T}$	Einschränkungsoperator
$W(p), W_k(p)$	Auswahlkriterien für Polynome
L_i	Limitierungsfunktion auf Z_i
$\pi(u)$	Lagrange-Interpolant zu u
π^T	Lagrange-Interpolant auf Dreieck T
$r(A), d(A)$	Radius bzw. Durchmesser einer Menge A
$B_i(u)$	$= \{v \in U \mid \mathfrak{I}_i v = \mathfrak{I}_i u\}$
$F_i(u)$	$= \{\langle \delta_{\underline{x}}, v\rangle \mid v \in B_i(u)\}$
$d(\delta_{\underline{x}}, \mathfrak{I}_i, U)$	Durchmesser der Information
$r(\delta_{\underline{x}}, \mathfrak{I}_i, U)$	Radius der Information
$E_{\mathfrak{R}_i(\underline{x})}(\delta_{\underline{x}}, \mathfrak{I}_i, U)$	Fehler des Rekonstruktionsoperators $\mathfrak{R}_i(\underline{x})$
$E(\delta_{\underline{x}}, \mathfrak{I}_i, U)$	Eigentlicher Fehler
$\langle \cdot, \cdot \rangle$	Distributionelles Dualitätsprodukt
$\langle \cdot \mid \cdot \rangle_V$	Skalarprodukt im Hilbert-Raum
$[\cdot \mid \cdot]_V$	semidefinite Bilinearform im semi-Hilbert-Raum
C_ϕ	Semi-Hilbert-Raum
S_{C_ϕ}	Semi-Hilbert-Funktion
K_{C_ϕ}	Semi-Kern
BL^m	Beppo-Levi-Raum der Ordnung m
$K(\underline{x}, \underline{y})$	Reproduzierender Kern
BPD^q	Raum der bedingt posotiv $\mathfrak{A}$-definiten Funktionen der Ordnung q
$\mathcal{M}_0$	Raum der Maße mit kompaktem Träger
$\Pi_{m-1}^{\perp}(\mathbf{R}^2; \mathbf{R}) \subset \mathcal{M}_0$	Raum der Maße mit kompaktem Träger, die Polynome vom Grad kleiner m annulieren
$\kappa_{\underline{\Upsilon}}$	Kriging-Funktion
$\mathfrak{X}_\mathfrak{r}$	Schaback-Wendland-Funktion (Euklidischer Hut)
$\tilde{w}_{l,k}$	Skalierte Wu-Funktionen
i	Komplexe Einheit
ρ	Dichte eines Fluids
p	Druck
E	Totalenergie
H	Totalenthalphie

Sachverzeichnis